普通高等教育"十二五"规划教材
高职高专土建类精品规划教材

建筑与装饰材料

主　编　张思梅　陈　霞
副主编　石玉东　李永祥
　　　　蒋　红　尹春娥

中国水利水电出版社
www.waterpub.com.cn

内 容 提 要

　　本教材是根据全国水利水电高职教研会制定的工程造价专业标准、人才培养方案及主干课程教学大纲编写的，编写内容采用了最新的有关国家标准和行业标准。全书内容包括：绪论，建筑与装饰材料的基本性质，气硬性胶凝材料，水泥，混凝土，建筑砂浆，墙体材料，防水材料，建筑钢材，常用建筑装饰材料，绝热材料与吸声材料，建筑与装饰材料试验等。

　　本教材内容新颖、层次明确、结构有序，注重理论与实际相结合，加大了实践运用力度。其基础内容具有系统性、全面性，具体内容具有针对性、实用性，满足专业特点要求。

　　本教材可作为高职高专工程造价及建筑装饰技术等土建类相关专业的教材，也可供相关工程技术人员使用和参考。

图书在版编目（CIP）数据

建筑与装饰材料 / 张思梅，陈霞主编. -- 北京：
中国水利水电出版社，2011.6(2021.8重印)
　普通高等教育"十二五"规划教材. 高职高专土建类
精品规划教材
　ISBN 978-7-5084-8616-1

　Ⅰ. ①建… Ⅱ. ①张… ②陈… Ⅲ. ①建筑材料－高
等职业教育－教材②建筑装饰－装饰材料－高等职业教育
－教材 Ⅳ. ①TU5②TU56

中国版本图书馆CIP数据核字(2011)第114694号

书　　名	普通高等教育"十二五"规划教材 高职高专土建类精品规划教材 **建筑与装饰材料**
作　　者	主　编　张思梅　陈　霞 副主编　石玉东　李永祥　蒋　红　尹春娥
出版发行	中国水利水电出版社 （北京市海淀区玉渊潭南路1号D座　100038） 网址：www.waterpub.com.cn E-mail：sales@waterpub.com.cn 电话：(010) 68367658（营销中心）
经　　售	北京科水图书销售中心（零售） 电话：(010) 88383994、63202643、68545874 全国各地新华书店和相关出版物销售网点
排　　版	中国水利水电出版社微机排版中心
印　　刷	北京瑞斯通印务发展有限公司
规　　格	184mm×260mm　16开本　15.5印张　368千字
版　　次	2011年6月第1版　2021年8月第6次印刷
印　　数	15001—18000册
定　　价	**53.00元**

前言

本教材是根据教育部《关于加强高职高专人才培养工作意见》和《面向 21 世纪教育振兴行动计划》精神，以及全国水利水电高职教研会（中国高职教研会水利行业协作委员会）工程造价、建筑工程、道桥工程、市政工程类专业组拟定的教材编写规划的基本要求而编写的。

随着经济社会的快速发展，我国的工程建设将仍然保持高速发展的趋势。在这种新形势下，国家对建筑与装饰材料的技术标准和技术要求也越来越高，对工程造价等土建类专业人才培养和培训的高职教育也提出了更高、更明确的要求。

本教材是根据教育部对高职高专人才培养目标、培养规格、培养模式以及与之相适应的基本知识、关键技能和素质结构的要求，同时，结合了编者多年从事教学、科研和参加校企合作的实践经验而进行编写的。在编写中力求做到理论联系实际，注重科学性、实用性和针对性，能及时反映建筑与装饰材料的新技术、新标准，并紧密结合工程实际，突出学生应用能力的培养。

本教材由张思梅、陈霞任主编，石玉东、李永祥、蒋红、尹春娥任副主编，张思梅负责全书的统稿工作。具体编写分工如下：安徽水利水电职业技术学院张思梅编写绪论，第4 章 4.1、4.2 节；四川水利职业技术学院陈霞编写第 1 章、第 6 章；沈阳农业大学高等职业技术学院石玉东编写第 2 章、第 3 章；安徽水利水电职业技术学院慕欣编写第 4 章4.3～4.6 节；华北水利水电学院尹春娥编写第 5 章；安徽水利水电职业技术学院李永祥编写第 7 章；杨凌职业技术学院杜旭斌编写第 8 章、第 10 章；黄河水利职业技术学院姚鹏编写第 9 章；安徽水利水电职业技术学院蒋红编写第 11 章。本教材由杨凌职业技术学院张迪任主审。

本教材在编写过程中得到了中国水利水电出版社韩月平编辑及编者所在单位的大力支持，在此一并表示感谢。

限于编者水平，不足之处在所难免，敬请读者提出宝贵意见。

编者

2011 年 3 月

目录

前言

绪论 1
  0.1 建筑与装饰材料的定义及分类 1
  0.2 建筑与装饰材料在建筑工程中的作用 2
  0.3 建筑与装饰材料的发展概况 3
  0.4 建筑与装饰材料的检验与技术标准 4
  0.5 本课程的内容和任务 5
  0.6 本课程的特点与学习方法 5

第1章　建筑与装饰材料的基本性质 6
  1.1 材料的基本物理性质 6
  1.2 材料的基本力学性质 14
  1.3 材料的耐久性与装饰性 18
  复习思考题 19

第2章　气硬性胶凝材料 21
  2.1 石灰 21
  2.2 石膏 24
  2.3 水玻璃 27
  复习思考题 28

第3章　水泥 29
  3.1 硅酸盐水泥 29
  3.2 混合材料及掺混合材料的硅酸盐水泥 38
  3.3 其他品种水泥 44
  复习思考题 47

第4章　混凝土 49
  4.1 概述 49
  4.2 普通水泥混凝土的组成材料 50
  4.3 混凝土的主要技术性质 59
  4.4 普通水泥混凝土的配合比设计 72
  4.5 普通水泥混凝土的质量评定与质量控制 83
  4.6 混凝土的外加剂 88

4.7 其他功能水泥混凝土 ································· 93

　　复习思考题 ··· 103

　　习题 ··· 104

第 5 章　建筑砂浆 ·· 105

5.1 砌筑砂浆 ··· 105

5.2 抹面砂浆 ··· 110

　　复习思考题 ··· 113

　　习题 ··· 113

第 6 章　墙体材料 ·· 114

6.1 烧结砖 ··· 114

6.2 砌块 ··· 121

6.3 墙体板材 ··· 124

　　复习思考题 ··· 128

　　习题 ··· 128

第 7 章　防水材料 ·· 129

7.1 概述 ··· 130

7.2 沥青及沥青防水制品 ································· 132

7.3 改性沥青防水材料 ··································· 139

7.4 合成高分子防水材料 ································· 142

　　复习思考题 ··· 150

第 8 章　建筑钢材 ·· 151

8.1 建筑钢材的主要技术性质 ····························· 151

8.2 建筑钢材的技术标准与选用 ··························· 158

8.3 建筑装饰用钢材制品 ································· 167

8.4 铝、铝合金及其制品 ································· 170

　　复习思考题 ··· 173

第 9 章　常用建筑装饰材料 ································· 175

9.1 建筑玻璃 ··· 175

9.2 建筑饰面材料 ······································· 177

9.3 建筑涂料 ··· 179

9.4 建筑陶瓷 ··· 182

9.5 建筑塑料及胶粘剂 ··································· 184

9.6 木材装饰制品 ······································· 191

　　复习思考题 ··· 196

第 10 章　绝热材料与吸声材料 ····························· 198

10.1 绝热材料 ·· 198

10.2 吸声材料 …………………………………………………………… 201

复习思考题 ……………………………………………………………… 203

第 11 章　建筑与装饰材料试验 …………………………………… 204

11.1 水泥试验 …………………………………………………………… 204

11.2 混凝土用集料性能试验 …………………………………………… 214

11.3 普通混凝土试验 …………………………………………………… 221

11.4 建筑砂浆试验 ……………………………………………………… 226

11.5 石油沥青试验 ……………………………………………………… 230

11.6 钢筋试验 …………………………………………………………… 233

11.7 常用装饰材料试验 ………………………………………………… 236

参考文献 ……………………………………………………………… 242

绪　论

内容概述　绪论部分主要介绍建筑与装饰材料的分类和在建筑工程中的地位及其应具备的性质；阐述了本课程的讲授与学习方法。

学习目标　理解建筑材料质量的标准化和技术标准；了解建筑材料的发展。

0.1　建筑与装饰材料的定义及分类

建筑与装饰材料是土木工程中所使用的各种材料及其制品的总称，它是一切土木工程的物质基础。建筑材料对各类建筑工程的质量、造价、技术的进步等都有着重要的影响。所以从事土木工程的各类技术人员都需要掌握建筑材料的有关知识。

由于建筑与装饰材料的种类繁多、性能各异，可从不同角度对它们进行分类，常用的分类方法有按化学成分和使用功能来进行分类。

0.1.1　按材料的化学成分分类

根据建筑材料的化学成分不同，可分为无机材料、有机材料和复合材料三大类，见表0.1。

表 0.1　　　　　　　　　　　　　建筑材料与装饰材料按化学成分分类

分　类			实　例
无机材料	金属材料	黑色金属	铁、钢、合金钢、不锈钢等
		有色金属	铝、铜、锌及其合金等
	非金属材料	天然石材	砂、石及石材制品等
		烧土制品	黏土砖、瓦、陶瓷制品等
		胶凝材料及制品	石灰、石膏及制品、水泥及水泥混凝土制品、硅酸盐制品等
		玻璃	普通平板玻璃、安全玻璃、绝热玻璃等
		无机纤维材料	玻璃纤维、矿物棉、岩棉等
有机材料	植物材料		木材、竹材、植物纤维及制品等
	沥青材料		煤沥青、石油沥青及其制品等
	合成高分子材料		塑料、涂料、树脂、胶粘剂、合成橡胶等
复合材料	有机材料与无机非金属材料复合		沥青混凝土、聚合物混凝土、玻璃纤维增强塑料等
	金属与无机非金属材料复合		钢筋混凝土、钢纤维混凝土、CY板等
	金属与有机材料复合		铝塑管、有机涂层铝合金板、塑钢等

0.1.2　按材料的使用功能分类

按材料的使用功能不同，建筑材料可分为结构材料和功能材料两大类。

结构材料是指构成建筑物或构筑物结构所使用的材料，即主要承受荷载的材料，如梁、板、柱、承重墙、建筑物基础、框架及其他受力构件或结构等所使用的材料。对于这类材料的技术性能一般主要是要求它的强度和耐久性。功能材料是指具有某些特殊功能的非承重材料，如起防水作用的防水材料，起保温隔热作用的绝热材料，起装饰作用的装饰材料等。此外，对某一种具体材料，它可能兼有多种功能。如承重的砖墙，它既有承重的作用，同时也有一定的隔热保温的功能；又如中空玻璃，它既有保温功能，又有隔声防噪功能等。随着建筑业的发展和人类生活水平的提高，功能材料将会得到更大的发展，一般来说，建筑物的安全性和耐久性，主要取决于结构材料，而建筑物的适用性，主要取决于功能材料。

0.2　建筑与装饰材料在建筑工程中的作用

0.2.1　建筑工程的物质基础

一个优秀的建筑是建筑材料和艺术、技术以最佳方式融合为一个整体的产物。建筑与装饰材料是建筑艺术和技术赖以生存的物质基础，而建筑施工和安装的全过程，实质上是按设计要求把建筑材料逐渐变成一个建筑物的过程，所以说建筑装饰材料是建筑工程的物质基础。

0.2.2　建筑工程质量的保证

建筑与装饰材料的质量是各类建筑工程质量优劣的关键，是工程质量得以保证的前提。只有保证了建筑物所用材料的质量，才有可能保证建筑物的质量。在材料的选择、生产、储运、使用和检验评定等各个环节中，任何一个环节的失误都会影响建筑工程的质量，所以一个合格的建筑工程技术人员只有准确、熟练掌握建筑与装饰材料的有关知识，才能正确地检验和评定建筑与装饰材料的优劣，才能正确选择和合理使用建筑与装饰材料，从而确保建筑的安全、适用、耐久等各项功能要求。

0.2.3　影响建筑工程的造价

在一般建筑工程的总造价中，建筑与装饰材料费用占工程总造价的 $50\% \sim 70\%$。现代市场经济条件下，建筑业面临着新机遇，新挑战，同时也承受着市场竞争的压力。建筑业的生产经营活动总是围绕着降低造价、优质高效而进行的。在竞争中我们要应用所学的建筑与装饰材料知识，优化选择和正确使用材料，充分利用材料的各种性能，提高材料的利用率，在满足使用要求的前提下，降低材料费用，从而显著降低工程造价。

0.2.4　促进建筑工程技术的进步和建筑业的发展

在建筑工程建设过程中，建筑与装饰材料是决定建筑结构形式和施工方式的主要因素，建筑与装饰材料的品种、规格、性能及质量，对建筑结构的形式、使用年限、施工方法和工程造价有着直接的影响。结构工程师只有在掌握了建筑材料性能的基础上，才能根据工程力学计算，确定出建筑构件的尺寸，创造出先进的结构形式。目前建筑工程中普遍使用的钢筋混凝土复合材料由于其自重较大，如用它建造大跨度和高层结构则会受到一定的限制；同时，由于钢筋混凝土自重较大，对于预制板、梁，在施工中必须使用吊车来吊装，提高了施工费用，增加了工程造价。建筑工程中许多技术问题的突破，往往依赖建筑与装饰材料问题的解决，而新的建筑与装饰材料的出现，往往会促进结构设计及施工技术的革新和发展。一个国家、地区建筑业的发展水平，都与该地区建筑与装饰材料的发展情况密切相关，一种新材料的出现，会使结构设计理论大大地向前推进，使一些无法实现的构想变成现实，乃至使整个社会的生产力发生飞跃。

0.3　建筑与装饰材料的发展概况

建筑材料是随着人类社会生产力的发展和科学技术水平的提高逐步发展起来的。远在新石器时期之前，人类就开始利用土、石、木、竹等天然材料进行营造活动。据考证，我国在 4500 年前就有了木架建筑和木骨泥墙建筑，出现了木结构的雏形。随着生产力的发展，人类利用黏土烧制成砖、瓦，出现了人造建筑材料，为较大规模建造房屋创造了基本条件，开始大量修建房屋、寺塔、防御工程等，例如我们雄伟壮观的万里长城，始建于公元前 7 世纪，应用了大量的砖、石灰等人造建筑材料，其中砖石材料达 1 亿 m^3；用黏土、石材、木材和竹材等修建的距今 2000 多年的都江堰水利工程，现在对成都平原的灌溉、排涝仍起着重要的作用；山西五台山木结构的佛光寺大殿，从建造至今已经历了 1100 多年，仍保存完好。

17 世纪 70 年代在工程中开始使用生铁，19 世纪初开始用熟铁建造桥梁和房屋，出现了钢结构的雏形。19 世纪中叶，冶炼出性能良好的建筑钢材，随后又生产出高强钢丝和钢索，钢结构得到了迅速发展，使建筑物和构筑物的跨度由砖石、木结构的几十米发展到几百米乃至现代建筑的上千米。19 世纪 20 年代，英国瓦匠约瑟夫·阿斯普丁发明了波特水泥；发展到 19 世纪 40 年代，出现了钢筋混凝土结构：利用混凝土承受压力，钢筋承受拉力，充分发挥两种材料各自的优点，使钢筋混凝土结构广泛应用于工程建设的各个领域。20 世纪 30 年代又出现了预应力混凝土结构，它克服了钢筋混凝土结构抗裂性能差、刚度低的缺点，使土木工程跨入了飞速发展的新阶段。

随着社会生产力的高速发展和材料科学的形成，建筑与装饰材料在性能上不断得到改善和提高，而且品种大大增加。一些有特殊功能的新型材料不断涌现，如防火材料、绝热材料、吸声材料、防辐射材料及耐腐蚀材料等，为适应现代建筑装修的需要，铝合金、涂料、玻璃等各种新型装饰材料层出不穷。

随着社会的不断发展，人类对建筑工程的功能要求越来越高，从而对其所使用的建筑与装饰材料的性能要求也越来越高，同时随着人们对节约能源、保护环境和可持续发展意识的增强，建筑与材料的发展趋势为：首先，建立节约型的生产体系，做到节能、节土、节水和节约矿产资源等，如空心黏土砖代替了实心黏土砖，不仅节土、节能，还提高了隔热保温的效果；其次，建立有效的环境保护与监控管理体系，大力发展无污染、环境友好型的绿色建筑材料产品，如使用工业废料和地方性材料可以优化环境，保障供应，降低造价；再次，积极采用高科技成果推进建筑材料工业的现代化。如研制出轻质、高强、耐久等高科技产品，提高劳动生产率，降低工程造价。总之，为满足不断提高的人民生活水平和建筑业发展的需要，大力发展功能型和装饰型材料，提供更多更好的绿色化和智能化建筑材料是目前发展的趋势。

0.4　建筑与装饰材料的检验与技术标准

建筑与装饰材料质量的优劣对工程质量起着决定性作用，对所用建筑与装饰材料进行合格性检验，是保证工程质量的基本环节。所以国家标准规定，任何无出厂合格证或没有按规定复试的原材料，不得用于工程建设；在施工现场配制的材料（如钢筋混凝土等），其原材料（钢筋、水泥、石子、砂等）应符合相应的材料标准要求，而其制成品（如钢筋混凝土构件等）的检验及使用方法应符合相应的规范和规程。

各项建筑与装饰材料的试验、检验工作是控制工程施工质量的重要手段，也是工程施工和工程质量验收必需的技术依据，所以在工程的整个施工过程中，始终贯穿着材料的试验和检验工作，它不仅是一项经常性的工作，而且是一项原则性、责任性很强的工作。

建筑与装饰材料的技术标准是生产使用单位验证产品质量是否合格的技术文件。为了保证建筑与装饰材料的质量、现代化生产和科学管理有据可循，必须有一个统一的执行标准。其内容主要包括产品规格、分类、技术要求、检验方法、验收规则、标志、储运注意事项等方面。

世界各国对建设材料均制定了各自的标准。如我国的强制性标准"GB"、德国工业标准"DIN"、美国的材料试验协会标准"ASTM"等，另外还有在世界范围统一使用的国际标准"ISO"。

目前，我国常用的建筑与装饰材料技术标准主要有国家级、行业级、地方级和企业级四类。

（1）国家标准。是对全国经济、技术发展有重要意义而必须在全国范围内统一的标准。国家标准有强制性标准（代号 GB）和推荐性标准（代号 GB/T），强制性标准是全国范围内必须执行的技术指导文件，产品的技术指标不得低于标准中规定的要求，而推荐性标准在执行时也可采用其他相关标准的规定。

（2）行业标准。各行业（或主管部）主要是指全国性的各行业范围内统一的标准。它是由主管部门发布并报送国家标准局备案，如建材行业标准（代号 JC）、建筑行业标准（代号 JG）、水利行业标准（代号 SL）等。

（3）地方标准。地方标准为地方主管部门发布的地方性技术文件（代号 DB），适宜在该地区使用。

（4）企业标准。由企业制定发布的指导本企业生产的技术文件（代号 QB），仅适用于本企业。企业标准所制定的技术要求应高于类似（或相关）产品的国家标准。

标准的一般表示方法是由标准名称、标准代号、标准编号和颁布年份等组成。例如，2007 年制定的国家强制性 175 号通用硅酸盐水泥的强度要求的标准为《通用硅酸盐水泥》（GB 175—2007）；2001 年制定的国家推荐性 14684 号建筑用砂的颗粒级配的标准为《建筑用砂的颗粒级配》（GB/T 14684—2000）。

0.5 本课程的内容和任务

本课程是工程造价及建筑装饰技术等土建类专业的一门专业基础课，又是一门实践性很强的应用型学科。学好本课程是进一步学好建筑结构、施工技术及工程概预算等专业课的前提，同时也为今后从事工程实践和科学研究打下良好基础。

本课程的内容除了介绍建筑与装饰材料的一些基本性质外，主要讲述了建筑工程中常用的气硬性胶凝材料、水泥、混凝土、建筑砂浆、墙体材料、防水材料、建筑金属材料、建筑装饰材料、绝热材料与吸声材料，以及常用建筑与装饰材料的试验方法和质量评定方法。

本课程的学习任务分为理论课学习和试验课学习两大部分。

理论课的学习任务：①掌握常用建筑材料的基本性能和特点，能够根据工程实际条件合理地选择和使用各种建筑材料；②为了进一步加深认识和理解建筑材料的性能和特点，还应了解各种材料的原料、生产、组成、工作机理等方面的知识；③掌握常用建筑与装饰材料储藏和运输时的注意事项，从而确保建筑与装饰材料的质量，降低工程造价。

试验课的学习任务：①掌握常用建筑材料的试验、检验技能，会对常用建筑与装饰材料进行质量合格性判定；②培养严谨、认真的科学态度和分析问题、解决问题的能力。

0.6 本课程的特点与学习方法

建筑材料是一门实践性很强的课程。各种材料性能的检验是通过各种试验进行的，因此，在学习时应注意加强动手能力和试验技能的培养。

建筑材料的性能及技术参数受外界因素影响较大，相同的材料、相同的配合比在不同的环境条件下，其性能不同。所以，在学习时除了分析材料内部因素对材料性能产生影响外，还要注意周围环境的影响。而材料只有在同等试验条件下得出的数据才有可比性，因此建材试验应严格按照有关建材技术标准去操作。随着新型建筑材料的发展，学习时应联系实际，充分利用参观和学习的机会，了解新材料、新技术在工程中的应用，同时还应关注新建材技术标准的颁发等发展动向。

第1章 建筑与装饰材料的基本性质

内容概述 本章主要介绍材料的基本物理性质、力学性质、化学性质和有关参数及计算公式。了解和掌握材料的基本性质，对于合理选用材料至关重要。

学习目标 掌握材料的密度、表观密度、堆积密度、孔隙率及空隙率的定义及计算，掌握材料与水有关的性质、与热和声有关的性质、力学性能以及耐久性和环保性，了解材料孔隙率和孔隙特征对材料性能的影响。

在建筑物或构筑物中，建筑材料要承受各种不同因素的作用，要求其应具有不同性质。例如，用于建筑结构的材料要受到各种外力的作用，因此，选用的材料应具有所需要的力学性能。又如，根据建筑物各种不同部位的使用要求，有些材料应具有防水、绝热、吸声等性能；对于某些工业建筑，要求材料具有耐热、耐腐蚀等性能。此外，对于长期暴露在大气中的材料，要求能经受风吹、日晒、雨淋、冰冻而引起的温度变化、湿度变化及反复冻融等的破坏作用。为了保证建筑物或构筑物经久、耐用，实现一定的装饰效果，就要求在工程设计、施工与装饰中正确地选择和合理地使用材料，因此必须熟悉和掌握各种建筑材料的基本性质。

1.1 材料的基本物理性质

建筑材料在建筑物的各个部位的功能不同，均要承受各种不同的作用，因而要求建筑材料必须具有相应的基本性质。

1.1.1 材料与质量有关的性质

自然界的材料，因其单位体积内所含孔（空）隙程度的不同，其基本的物理性质参数即单位体积的质量也有所区别，这就带来了不同的密度概念。

1.1.1.1 材料的体积构成及含水状态

1. 材料的体积构成

块状材料在自然状态下的体积是由固体物质的体积和材料内部孔隙的体积组成的，即

$$V_0 = V + V_孔 \tag{1.1}$$

材料内部的孔隙按孔隙特征分为连通孔隙和封闭孔隙两种，孔隙按尺寸大小又可分为微孔、细孔和大孔三种。封闭孔隙不吸水，连通孔隙与材料周围的介质相通，材料在浸水时易吸水饱和，如图1.1所示。

散粒材料是指在自然状态下具有一定粒径材料的堆积体，如工程中的石子、砂等。其体积构成是由固体物质体积、颗粒内部孔隙体积和固体颗粒之间的空隙体积组成的，即

$$V_0' = V + V_孔 + V_空 = V_0 + V_空 \tag{1.2}$$

如图1.2所示。

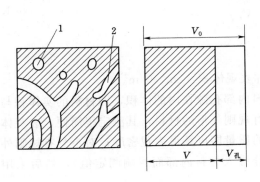

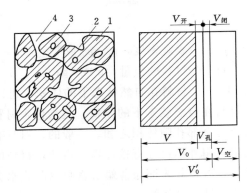

图 1.1　块状材料体积构成示意图 　　　　　图 1.2　散粒材料体积构成示意图

　　1—封闭孔隙；2—连通孔隙　　　　　1—颗粒中固体物质；2—颗粒的连通孔隙；

　　　　　　　　　　　　　　　　　　　　　3—颗粒的封闭空隙；4—颗粒间的空隙

　　2. 材料的含水状态

　　材料在大气中或水中会吸附一定的水分，根据材料吸附水分的情况不同，将其含水状态分为以下四种：干燥状态、气干状态、饱和面干状态、湿润状态，如图 1.3 所示。材料含水状态的不同会对材料的多种性质均产生一定的影响。

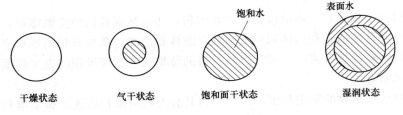

干燥状态　　　　气干状态　　　饱和面干状态　　　　湿润状态

图 1.3　材料的含水状态

1.1.1.2　密度

　　密度是指材料在绝对密实状态下单位体积的质量。用式（1.3）计算，即

$$\rho = \frac{m}{V} \qquad\qquad (1.3)$$

式中　ρ——密度，g/cm^3；

　　　m——材料在干燥状态下的质量，g；

　　　V——干燥材料在绝对密实状态下的体积，或称绝对体积，cm^3。

　　材料在绝对密实状态下的体积，即固体物质的体积，是指不包括材料孔隙在内的实体积。常用建筑材料中，除金属、玻璃、单体矿物等少数接近于绝对密实的材料外，绝大多数材料均含有一定的孔隙，如砖、石材等块状材料。测定含孔材料的密度时，应将材料磨成细粉（粒径一般小于 0.20mm）除去孔隙，经干燥至恒重后，用李氏瓶采用排液的方法测定其实体积。材料磨得越细，所测得的体积越接近实体积，密度值也就越精确。

1.1.1.3　表观密度

　　表观密度是指材料在自然状态下（包含孔隙）单位体积的质量。用式（1.4）计算，即

$$\rho_0 = \frac{m}{V_0} \tag{1.4}$$

式中　ρ_0——表观密度，g/cm^3 或 kg/m^3；

　　　　m——材料的质量，g 或 kg；

　　　　V_0——材料在自然状态下的体积，也称表观体积，cm^3 或 m^3。

材料在自然状态下的体积，是指包含材料内部孔隙在内的体积，即材料的实体积与材料内所含全部孔隙体积之和。一般的，对具有规则外形的材料，其测定很简便，表观体积的测定可用外形尺寸直接计算，再测得材料的质量即可算得表观密度；对不具有规则外形的材料，可在其表面涂薄蜡层密封（防止水分渗入材料内部而影响测定值），然后采用排液法测定其表观体积。

1.1.1.4　堆积密度

堆积密度是指散粒材料（粉状、颗粒状或纤维状材料）在规定的装填条件下，单位体积的质量。用式（1.5）计算，即

$$\rho_0' = \frac{m}{V_0'} \tag{1.5}$$

式中　ρ_0'——堆积密度，kg/m^3；

　　　　m——材料的质量，kg；

　　　　V_0'——材料的堆积体积，m^3。

散粒材料的堆积体积，不但包括其表观体积，还包括颗粒间的空隙体积，即固体物质体积、颗粒内部孔隙体积和固体颗粒之间的空隙体积之和。散粒材料的堆积密度的大小不仅取决于材料颗粒的表观密度，而且还与材料的装填条件（即堆积的密实程度）有关，与材料的含水状态有关。

由于散粒材料堆放的紧密程度不同，可将其分为松散堆积密度、振实堆积密度、紧密堆积密度三种。

在土建工程中，计算材料用量、构件自重、材料堆积体积或占地面积、运输材料的车辆时，经常要用到材料的上述状态参数。常用的有建筑材料的密度、表观密度、堆积密度和孔隙率，见表 1.1。

表 1.1　　　　常用建筑材料的密度、表观密度堆积密度及孔隙率

材 料 名 称	密度 （g/cm^3）	表观密度 （kg/m^3）	堆积密度 （kg/m^3）	孔隙率 （%）
钢材	7.8～7.9	7850	—	0
花岗岩	2.7～3.0	2500～2900		0.5～3.0
石灰岩	2.4～2.6	1800～2600	1400～1700（碎石）	
砂	2.5～2.6		1500～1700	
黏土	2.5～2.7		1600～1800	
水泥	2.8～3.1		1200～1300	
烧结普通砖	2.6～2.7	1600～1900		20～40
烧结空心砖	2.5～2.7	1000～1480		
红松木	1.55～1.60	400～600		55～75

1.1.1.5 视密度

石子、砂及水泥等散粒状材料，在测定其密度时，一般采用排液置换法测定其体积，所得体积一般包含颗粒内部的封闭孔隙体积，并非颗粒绝对密实体积。若按式（1.3）计算，结果并不是散粒材料的真实密度，故将此密度称为散粒材料视密度（ρ'）。

由于所测得的颗粒体积大于其密实体积、小于其自然体积，所以存在以下关系：密度 $\rho>$ 视密度 $\rho'>$ 颗粒表观密度 ρ_0。

1.1.1.6 孔隙率与密实度、空隙率与填充率

1. 孔隙率 P 与密实度 D

（1）孔隙率。孔隙率是指材料内部孔隙体积占材料总体积的百分率。用式（1.6）计算，即

$$P=\frac{V_0-V}{V_0}\times100\%=\left(1-\frac{\rho_0}{\rho}\right)\times100\% \tag{1.6}$$

（2）密实度。密实度是指材料体积内被固体物质充实的程度，即固体物质的体积占总体积的百分率。用式（1.7）计算，即

$$D=\frac{V}{V_0}\times100\%=\frac{\rho_0}{\rho}\times100\% \tag{1.7}$$

材料的孔隙率与密实度是从两个不同的方面反映材料的同一个性质。两者存在以下关系：

$$P+D=1 \tag{1.8}$$

孔隙率和密实度的大小均反映了材料的致密程度。材料的孔隙率越小、密实度越大，则材料就越密实、强度越高、吸水率越小等。此外，建筑材料的许多重要性质，如强度、耐久性、导热性、抗渗性、抗冻性等不但与孔隙率大小有关，还和孔隙的特征有关。一般的，孔隙率较小且连通孔较少的材料，其吸水率较小、强度较高、抗渗性和抗冻性较好，但其保温隔热、吸声隔音性能稍差。

2. 空隙率 P' 与填充率 D'

空隙率是指散粒材料在某容器的堆积体积中，颗粒之间的空隙体积占其堆积总体积的百分率。用式（1.9）计算，即

$$P'=\frac{V_0'-V_0}{V_0'}\times100\%=\left(1-\frac{\rho_0'}{\rho_0}\right)\times100\% \tag{1.9}$$

填充率是指散粒材料在某堆积体积内被其颗粒体积填充的程度。用式（1.10）计算，即

$$D'=\frac{V_0}{V_0'}\times100\%=\frac{\rho_0'}{\rho_0}\times100\% \tag{1.10}$$

同样

$$P'+D'=1 \tag{1.11}$$

空隙率和填充率也是从两个不同方面反映了散粒材料的同一个性质，即散粒材料颗粒间相互填充的程度。在配制混凝土时，砂、石的空隙率可作为控制混凝土集料级配与计算砂率的重要依据。

1.1.2 材料与水有关的性质

1.1.2.1 亲水性与憎水性

材料在空气中与水接触时，被水润湿的程度不同，有些甚至不能被润湿，这一性质称为亲水性或憎水性。故根据材料能否被水润湿，将材料分为亲水性材料和憎水性材料。当材料与水接触时，材料被水润湿的程度可用润湿角 θ 表示。在材料、空气、水三相交界处，沿水滴表面作切线，切线与水和材料的接触面之间的夹角即为 θ，称为润湿角，如图 1.4 所示。

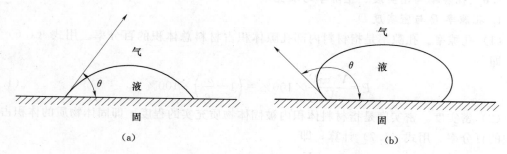

图 1.4　材料的湿润示意图

θ 越小，润湿性越强，表明材料越易被水润湿；反之则越弱。所以水能否润湿材料，与 θ 角大小有关。一般认为：当 $\theta \leqslant 90°$ 时，水分子之间的内聚力小于水分子与材料分子之间的吸引力，水能在材料表面铺展、润湿，该材料称为亲水性材料；特别的，θ 为零时，表示材料完全被水润湿；当 $\theta > 90°$ 时，水分子之间的内聚力大于水分子与材料分子之间的吸引力，水不能吸附在材料上，材料表面不易被水润湿，该材料则称为憎水性材料。

大多数建筑材料，如石料、砖、混凝土、木材等都属于亲水性材料；沥青、石蜡、塑料等属于憎水性材料。亲水性材料被水润湿，并能通过毛细管作用将水吸入材料内部；憎水性材料一般不能被水润湿，并能阻止水分渗入毛细管中，从而降低其吸水性。憎水性材料可作为防水、防潮材料，并可对亲水性材料进行表面处理来降低其吸水性。

1.1.2.2 吸湿性和吸水性

1. 吸湿性

吸湿性是指材料在潮湿空气中吸收水分的性质。由于材料的亲水性及连通孔隙的存在，大多数材料具有吸水性，所以材料中常含有水分。吸湿性的大小用含水率表示，即材料中所含水的质量占材料干燥质量的百分率。用式（1.12）计算，即

$$W_h = \frac{m_2 - m_1}{m_1} \times 100\% \tag{1.12}$$

式中　W_h——材料的含水率，%；

　　　m_2——材料含水时的质量，g 或 kg；

　　　m_1——材料在干燥状态下的质量，g 或 kg。

材料含水率的大小，除与材料的孔隙率、孔隙特征有关外，还受周围环境的温度、湿度的影响。长期处于空气中的材料，其所含水分会与空气中的湿度达到平衡，这时材料处于气干状态。材料在气干状态下的含水率称为平衡含水率。故平衡含水率不是固定不变

的，干的材料在空气中能吸收空气中的水分而变湿，湿的材料在空气中能失去水分而变干，这样达到平衡。

2. 吸水性

吸水性是指材料在水中吸收水分的性质，材料的吸水性用吸水率表示。吸水率是评定材料吸水性大小的指标，有质量吸水率和体积吸水率两种表示方法。

（1）质量吸水率。质量吸水率是指材料在吸水达到饱和时，内部所吸水分的质量占材料干燥质量的百分率。用式（1.13）计算，即

$$W_m = \frac{m_2 - m_1}{m_1} \times 100\% \qquad (1.13)$$

式中　W_m——材料的质量吸水率，%；

　　　m_2——材料吸水后的质量，g 或 kg；

　　　m_1——材料在干燥状态下的质量，g 或 kg。

（2）体积吸水率。体积吸水率是指材料在吸水达饱和时，内部所吸水分的体积占干燥材料自然体积的百分率。用式（1.14）计算，即

$$W_v = \frac{V_w}{V_0} \times 100\% = \frac{(m_2 - m_1)/\rho_w}{V_0} \times 100\% \qquad (1.14)$$

式中　W_v——材料的体积吸水率，%；

　　　V_w——材料吸水饱和时水的体积，cm³；

　　　V_0——干燥材料在自然状态下的体积，cm³；

　　　ρ_w——水的密度，g/cm³；

　　　m_1、m_2 意义同上。

W_m 和 W_v 之间的关系如下：

$$W_v = \frac{W_m \rho_0}{\rho_w} \qquad (1.15)$$

通常，吸水率均指质量吸水率，但对某些轻质材料，由于连通且微小的孔隙很多，体积吸水率能更直观地反映材料的吸水程度。

材料的吸水性，不仅取决于其亲水性或憎水性，也与孔隙率的大小和孔隙特征有关。一般来说，孔隙率越大，吸水性越强。封闭的孔隙水分不易进入，粗大连通的孔隙又不易吸满、存留水分，所以在相同的孔隙率情况下，材料内部微小连通的孔隙越多，吸水性越强。

水对材料有很多不良的影响，它使材料的导热性增大、强度降低、体积膨胀、易受冰冻破坏，因此材料的吸湿性和吸水性均会对材料的各项性能产生不利影响。所以，有些材料在工程中应用时要注意采取有效的防护措施。

1.1.2.3　耐水性

耐水性是指材料抵抗水的破坏作用的能力，即材料长期处于饱和水的作用下不破坏、强度也不显著降低的性质。材料的耐水性用软化系数 K_R 表示，用式（1.16）计算，即

$$K_R = \frac{f_b}{f_g} \qquad (1.16)$$

式中　K_R——材料的软化系数；

f_b——材料在饱和水状态下的抗压强度，MPa；

f_g——材料在干燥状态下的抗压强度，MPa。

K_R 值的变化范围为 $0\sim1$，K_R 值的大小表明材料在吸水饱和后强度降低的程度。K_R 值越小，说明材料吸水后强度降低越多，耐水性就越差。通常 K_R 值大于 0.85 的材料称为耐水材料，适用于长期处于水中或潮湿环境的重要结构物；对于受潮较轻或次要的结构物材料的 K_R 值不得小于 0.75。一般认为金属 $K_R=1$，黏土 $K_R=0$。

1.1.2.4　抗渗性

抗渗性又称不透水性，是指材料抵抗压力水渗透的性质。材料的抗渗性用渗透系数表示。渗透系数的物理意义是：一定厚度的材料，在一定水压力下，在单位时间内透过单位面积的水量。用式（1.17）计算，即

$$K=\frac{Qd}{AtH} \tag{1.17}$$

式中　K——渗透系数，cm/h；

Q——渗透水量，cm^3；

d——试件厚度，cm；

A——渗水面积，cm^2；

t——渗水时间，h；

H——静水压力水头，cm。

K 值越小，表示材料渗透的水量越少，即抗渗性越好；K 值愈大，表示材料渗透的水量愈多，即抗渗性愈差。

对于防水、防潮材料，如沥青、油毡、沥青混凝土等材料常用渗透系数表示其抗渗性；对于混凝土、砂浆等材料，常用抗渗等级来表示其抗渗性。抗渗等级是以规定的试件、在标准试验方法下所能承受的最大静水压力来确定，用符号"Pn"表示，其中 n 为该材料所能承受的最大水压力的 10 倍数，如 P4、P6、P8、P10、P12 等，分别表示材料能承受 0.4MPa、0.6MPa、0.8MPa、1.0MPa、1.2MPa 的水压而不渗水。材料的抗渗等级越高，其抗渗性越强。

材料抵抗其他液体渗透的性质，也属于抗渗性。材料抗渗性的大小与材料的孔隙率和孔隙特征有密切关系。孔隙率大，且孔隙是大尺寸的连通孔隙时，材料具有较高的渗透性。

1.1.2.5　抗冻性

抗冻性是指材料在吸水饱和状态下，能经受多次冻融循环作用而不被破坏，其强度也不显著降低的性质。

冰冻对材料的破坏作用是由于材料内部连通孔隙内充满的水分结冰时，体积膨胀所引起的。材料的抗冻性用抗冻等级来表示。抗冻等级是以规定的试件、在标准试验条件下进行冻融循环试验，以试件强度降低及质量损失值不超过规定要求，且无明显损坏和剥落时所能经受的最大冻融循环次数来确定。一般要求强度降低不超过 25%，且质量损失不超过 5% 时所能承受的最多的冻融循环次数来表示。记作"Fn"，n 为最大冻融循环次数，如 F25、F50 等。

材料的抗冻性取决于其孔隙率、孔隙特征、充水程度。材料的变形能力大、强度高、软化系数大时其抗冻性较高。抗冻性良好的材料对抵抗气温变化、干湿交替等破坏作用的能力较强，所以抗冻性常作为考查材料耐水性的一项重要指标。

材料抗冻等级的选择，是根据结构物的种类、使用条件、气候条件等来决定的。

1.1.3 材料与热有关的性质

1.1.3.1 导热性

导热性是指材料传导热量的能力。当材料两面存在温度差时，热量就会从高温的一面传导到低温的一面。导热性的大小用导热系数表示，用式（1.18）计算，即

$$\lambda = \frac{Qd}{At\Delta T} \tag{1.18}$$

式中　λ——导热系数，W/(m·K)；

　　　Q——通过材料传导的热量，J；

　　　d——材料的厚度或传导的距离，m；

　　　A——材料的传热面积，m^2；

　　　t——传递热量 Q 所需的时间，s；

　　　ΔT——材料两侧的温度差，K。

导热系数是确定材料绝热性的重要指标。λ 值越小，则材料的绝热性越好。影响材料导热性的因素很多，其中最主要的有材料的孔隙率、孔隙特征及含水率等。材料内微小、封闭、均匀分布的孔隙越多，则 λ 就越小，保温隔热性也就好；反之则差。

材料的导热性对建筑物的隔热和保温具有重要意义，有保温隔热要求的建筑物宜选用导热系数小的材料做围护结构。几种材料的导热系数见表1.2。

表1.2　　　　　　　　　　几种材料的导热系数及比热

材　料		导热系数 [W/(m·K)]	比热 [10^2J/(kg·K)]	材　料		导热系数 [W/(m·K)]	比热 [10^2J/(kg·K)]
钢		58	4.6	松木	顺纹	0.35	25
花岗岩		2.80~3.49	8.5		横纹	0.17	
普通混凝土		1.50~1.86	8.8	泡沫塑料		0.03~0.04	13~17
普通黏土砖		0.42~0.63	8.4	石膏板		0.19~0.24	9~11
泡沫混凝土		0.12~0.20	11.0	水		0.55	42
普通玻璃		0.70~0.80	8.4	密闭空气		0.023	10

1.1.3.2 比热及热容量

材料具有受热时吸收热量、冷却时放出热量的性质。当材料温度升高（或降低）1K时，所吸收（或放出）的热量，称为该材料的热容量（J/K）。1kg材料的热容量，称为该材料的比热，用式（1.19）计算，即

$$c = \frac{Q}{m(t_2 - t_1)} \tag{1.19}$$

式中　Q——材料吸收或放出的热量，J；

　　　c——材料的比热，J/(kg·K)；

m——材料的质量，kg；

t_1、t_2——材料受热前后的温度，K。

材料的热容量对保持室内的温度稳定有很大的作用。热容量高的材料，能对室内温度起调节作用，使温度变化不致过快，冬季或夏季施工队材料进行加热或冷却处理时，均需考虑材料的热容量。表 1.2 列出了几种材料的比热值。

1.2　材料的基本力学性质

材料的力学性质，是指材料在外力（荷载）作用下的有关变形性质和抵抗破坏的能力。外力作用于材料，或多或少会引起材料的变形，外力增大时，变形也相应增加，直至被破坏。

1.2.1　材料的变形性质

材料在外力作用下或外力发生改变时，都会发生变形。

材料的变形性质，是指材料在荷载作用下发生形状及体积变化的有关性质。主要有弹性变形、塑性变形、徐变与应力松弛等。

1.2.1.1　弹性变形与塑性变形

材料在外力作用下产生形状、体积的改变，当外力去掉后，变形可自行消失并能恢复原有形状的性质，称为材料的弹性，这种可恢复的变形即为弹性变形。弹性变形是可逆的，其数值大小与外力成正比，其比例系数称为弹性模量 E，等于应力 σ 与应变 ε 的比值。弹性模量是衡量材料抵抗变形能力的一个指标，其值越大，材料越不易变形，亦即刚度越好。弹性模量是结构设计时的重要参数。

塑性变形则是指材料在外力的作用下产生变形而不破坏，在外力去除后，材料不能自行恢复到原来的形状，而保留变形后的形状和尺寸的性质，又称为残余变形或永久变形。

实际上，工程材料具有完全弹性或完全塑性变形是没有的。通常一些材料在外力不大时，仅产生弹性变形，而当外力超过一定限度后，就产生塑性变形，如低碳钢；而也有一些材料受力时，弹性变形和塑性变形同时产生，当外力去掉后，弹性变形能恢复，而塑性变形则不能，如混凝土。

1.2.1.2　徐变与应力松弛

固体材料在特定外力的长期作用下，变形随时间的延长而逐渐增长的现象，称为徐变。徐变产生的原因：对于非晶体材料，是由于在外力的作用下发生了黏性流动；对于晶体材料，是由于晶格位错运动及晶体的滑移。徐变的发展与材料所受应力大小有关。当应力未超过某一极限值时，徐变的发展会随时间延长而增加，最后导致材料破坏。

材料在荷载作用下，若所产生的变形因受约束而不能发展时，则其应力将随时间延长而逐渐减小，这一现象称为应力松弛。应力松弛产生的原因：由于随着荷载作用时间延长，材料内部塑性变形逐渐增大、弹性变形逐渐减小（总变形不变）而造成的。材料所受应力水平越高，应力松弛越大。通常材料所处环境的温度越高、湿度越大时，徐变和应力松弛也越大。一般材料的徐变越大，应力松弛也越大。

1.2.2 材料的强度

1.2.2.1 强度

强度是材料在外力（荷载）的作用下抵抗破坏的能力，是材料试件按规定的试验方法，在静荷载作用下达到破坏时的极限应力值表示。当材料承受外力作用时，内部就产生应力，外力增大时应力也随之增大，当材料不能再承受时，材料即破坏。

材料在建筑物上承受的外力主要有压、拉、弯（折）、剪等4种形式，因此在使用材料时根据外力作用的方式不同，材料的强度分为抗压强度、抗拉强度、抗弯（折）强度及抗剪强度，见表1.3。

表1.3　　材料的抗压、抗拉、抗剪、抗弯强度计算公式

强度类别	受力作用示意图	强度计算式	附　注
抗压强度 f_c（MPa）		$f_c = \dfrac{F}{A}$	
抗拉强度 f_t（MPa）		$f_t = \dfrac{F}{A}$	F—破坏荷载，N； A—受荷面积，mm^2；
抗剪强度 f_v（MPa）		$f_v = \dfrac{F}{A}$	l—跨度，mm； b—断面宽度，mm； h—断面高度，mm
抗弯强度 f_{tm}（MPa）		$f_{tm} = \dfrac{3Fl}{2bh^2}$	

材料的抗压强度、抗拉强度、抗剪强度均以材料受外力破坏时单位面积上所承受的力的大小来表示，用式（1.20）计算，即

$$f = \frac{F_{max}}{A} \tag{1.20}$$

式中　f——材料的抗压、抗拉、抗剪强度，MPa；

F_{max}——材料受破坏时的荷载，N；

A——材料的受力面积，mm^2。

材料的抗弯强度（也称抗折强度）与试件的几何外形及荷载施加情况有关。对于矩形截面的条形试件，当其两支点间的中间作用集中荷载时，其抗弯强度可用式（1.21）计算，即

$$f_{tm} = \frac{3F_{max}l}{2bh^2} \tag{1.21}$$

式中　f_{tm}——材料的抗弯（折）强度，MPa；

F_{max}——材料受弯破坏时的荷载，N；

l——两支点间的距离，mm；

b、h——材料横截面的宽度、高度，mm。

材料的这些强度是通过静力试验来测定的，故总称为静力强度。材料的静力强度是通过标准试件的破坏试验而测得的，是大多数材料划分等级的依据，必须严格按照国家规定的试验方法标准进行。

影响材料强度的外界因素：材料的强度除与其本身的组成与结构等内部因素有关外，还与测试条件和方法等外部因素有很大关系。外界的主要影响因素有：试件装置情况（端部约束情况）、试件的形状和尺寸、加荷速度、试验环境的温湿度、承压面的平整度等。

在工程应用中，材料强度的大小及强度等级的划分具有重要的意义：能保证产品的质量，有利于使用者掌握性能指标，合理地选用材料，正确设计和控制工程质量。常用建筑材料的强度见表 1.4。

表 1.4   常用建筑材料的强度   单位：MPa

材　料	抗压强度	抗拉强度	抗弯强度
花岗岩	100～250	5～8	10～14
烧结普通砖	7.5～30	—	1.8～4.0
普通混凝土	7.5～60	1～4	—
松木（顺纹）	30～50	80～120	60～100
建筑钢材	235～1600	235～1600	—

1.2.2.2 比强度及强度等级

比强度是指材料单位质量的强度，其值等于材料强度与表观密度的比值。现代建筑材料的发展方向之一就是研制轻质高强材料。一般比强度越大的材料，轻质高强的特点越明显，可用作高层、大跨度工程的结构材料。几种主要材料的强度及比强度见表 1.5。

表 1.5   钢材、木材和混凝土的强度比较

材　料	表观密度 ρ_0（kg/m³）	抗压强度 f_c（MPa）	比强度 f_c/ρ_0
低碳钢	7860	415	0.053
松木	500	34.3（顺纹）	0.069
普通混凝土	2400	29.4	0.012

为了方便设计及对工程材料进行质量评价和选用，对于以力学性质为主要性能指标的材料，通常按材料的极限强度划分为若干不同的强度等级。强度等级越高的材料，所能承受的荷载越大。一般情况下，脆性材料按抗压强度划分强度等级，韧性材料按抗拉强度划分强度等级。

1.2.3 材料的脆性与韧性

在规定的温度、湿度、加荷速度条件下施加外力，当外力达到一定限度，发生突然破坏且无显著塑性变形的材料称为脆性材料，这种性质称为脆性。脆性材料的抗压强度远大于抗拉强度，可高达数倍甚至数十倍，其抵抗冲击、振动荷载的能力差，所以脆性材料不能承受振动和冲击荷载，也不宜用作受拉构件，只适于用作承压构件。建筑材料中大部分

无机非金属材料均为脆性材料，如天然岩石、陶瓷、玻璃、普通混凝土等。

在冲击或振动荷载作用下，能吸收较大的能量，产生一定的变形而不致破坏的材料称为韧性材料，这种性质称为韧性，如建筑钢材、木材等属于韧性较好的材料。材料的韧性值用冲击韧性指标 α_K 表示。冲击韧性指标系指用带缺口的试件做冲击破坏试验时，断口处单位面积所吸收的功，用式（1.22）计算，即

$$\alpha_K = \frac{A_K}{A} \tag{1.22}$$

式中　α_K——材料的冲击韧性指标，J/mm^2；

　　　A_K——试件破坏时所消耗的功，J；

　　　A——试件受力净截面积，mm。

韧性材料抗冲击、振动荷载的能力强，在土建工程中，常用于桥梁、吊车梁等承受冲击荷载的结构和有抗震要求的结构。但是，材料呈现脆性还是韧性，不是固定不变的，可随温湿度、加荷速度及受力情况的不同而改变，如沥青材料在常温及缓慢加荷时呈现韧性，在低温及快速加荷时，则表现为脆性。

1.2.4　材料的硬度与耐磨性

1.2.4.1　硬度

硬度是材料表面能抵抗其他较硬物体压入或刻划的能力。不同材料的硬度测定方法不同，通常采用的有刻划法、压入法和回弹法三种。刻划法常用于测定天然矿物的硬度。矿物硬度分为 10 级（莫氏硬度），其递增的顺序为：滑石 1，石膏 2，方解石 3，萤石 4，磷灰石 5，正长石 6，石英 7，黄玉 8，刚玉 9，金刚石 10。钢材、木材及混凝土等的硬度常用钢球压入法测定（布氏硬度 HB）。回弹法常用于测定混凝土构件表面的硬度，以此推算混凝土的抗压强度。

1.2.4.2　耐磨性

耐磨性是材料表面抵抗磨损的能力。材料磨损后其体积和质量均会减小，若减小仅因摩擦引起的称为磨损，若由摩擦和冲击两种作用引起的称为磨耗。材料的硬度愈大，则其耐磨性愈好，强度愈高，但不易机械加工。

材料的耐磨性用磨损率（B）表示，其用式（1.23）计算，即

$$B = \frac{m_1 - m_2}{A} \tag{1.23}$$

式中　B——材料的磨损率，g/cm^2；

　　m_1、m_2——材料磨损前、后的质量，g；

　　　A——试件受磨损的面积，cm^2。

磨损率越低，表明材料的耐磨性越好。材料的耐磨性与材料的组成成分、结构、强度、硬度等有关。在建筑工程中，对于用作踏步、台阶、地面、路面等的材料，应具有较高的耐磨性。一般来说，强度较高且密实、韧性好的材料，其硬度较大，耐磨性较好。

1.3　材料的耐久性与装饰性

1.3.1　材料的耐久性

1.3.1.1　耐久性概念

材料的耐久性是指材料在使用过程中，能抵抗其自身及外界环境因素的破坏，长久地保持其原有使用性能且不变质、不破坏的能力。

影响材料长期使用的破坏因素往往是复杂多样的，这些破坏作用有的是内因引起的，有的是外因引起的，耐久性是材料的一种综合性质，诸如抗冻性、抗风化性、抗老化性、耐化学腐蚀性等均属耐久性的范围。此外，材料的强度、抗渗性、耐磨性等也与材料的耐久性有密切关系。

1.3.1.2　环境影响因素

材料在建筑物使用过程中长期受到周围环境和各种自然因素的破坏作用，一般可分为物理作用、化学作用、机械作用、生物作用等。如钢材易受氧化而锈蚀；无机金属材料常因氧化、风化、碳化、溶蚀、冻融、热应力、干湿交替作用而破坏；有机材料因腐烂、虫蛀、老化而变质。

物理作用包括材料的干湿变化、温度变化及冻融变化等。这些变化会使材料体积发生收缩与膨胀，或产生内应力造成材料内部裂缝扩展，久而久之，使材料逐渐破坏。

化学作用包括大气和环境水中的酸、碱、盐等溶液或其他有害气体对材料产生的侵蚀作用，以及日光、紫外线等对材料的作用，使材料产生质的变化而破坏。

生物作用是昆虫、菌类等对材料所产生的蛀蚀、腐朽等破坏作用。

不同材料起主导作用的破坏因素是不同的，如砖、石、混凝土等矿物质材料，大多是由于物理作用而破坏，当其处于水中时也常会受到化学破坏作用；金属材料主要受到化学和电化学作用所引起的腐蚀；木材等纤维类物质常因生物作用而破坏（腐蚀和腐朽）；沥青及高分子合成材料，在日光、紫外线、热等的作用下会逐渐老化，使材料变脆、开裂而逐渐破坏。

在实际工程中，材料遭到破坏往往是在上述多个因素同时作用下引起的，所以材料的耐久性是一项综合性质。为提高材料的耐久性，可根据使用情况和材料特点采取相应的措施。如减轻环境的破坏作用、提高材料本身的密实性等以增强其抵抗性，或表面采取保护措施等。

1.3.2　材料的装饰性

建筑不仅要满足人们的物质生活需要，同时，也应作为人们艺术审美的对象，成为人类物质文化形式的一个重要类别。正因为如此，建筑装饰作为建筑的重要组成部分而诞生。无论是从装饰工程看建筑还是从装饰艺术看建筑，建筑装饰性的体现，很大程度上受到材料装饰性的制约，尤其受到材料的光泽、质地、质感、图案、花纹等装饰特性的影响。如：高层建筑外墙面的装饰以玻璃幕墙和铝板幕墙的光亮夺目、绚丽多彩的特有效果向人们展示光亮派现代建筑。各种变幻莫测、主体感极强的新型涂料创造了一个有限空间向无限空间延伸的感觉。因此，具有装饰性的材料是建筑装饰工程的物质基础。

只有了解或掌握材料的装饰性能，按照建筑物及使用环境条件合理选用装饰材料，充分发挥装饰材料的长处，才能满足建筑装饰的各项要求。

1.3.2.1 装饰材料的功能性原则

根据建筑物和各个房间的不同使用性质来选定装饰材料，以充分发挥装饰材料所具有的特殊功能。例如，用于浴室和卫生间等部位的装饰材料应防水、易清洁；厨房的装饰材料则要求易擦洗、耐脏、防火，所以不宜选用纸质或布质的装饰材料，材料的表面也不宜有凹凸不平的花纹；卧室地面可以使用木地板或地毯等具有保温隔声效果的材料；公共场所就应该使用耐磨性良好的天然石材或陶瓷地砖。

1.3.2.2 装饰材料的经济性原则

从经济角度考虑装饰材料的选择，应有一个总体的概念。既要考虑到一次性投资的多少，也要考虑到日后的维修费用，还要考虑装饰材料今后的发展趋势，保证整体上的经济合理性。

装饰效果是否优美，并不是金钱和昂贵材料堆砌而成的。在建筑装饰中，一味追求高档材料，不但会使工程造价昂贵，而且会因材料过多过杂，难以形成一定的艺术风格。通过对装饰材料的合理组合和搭配，就可以获得既美观大方又经济实惠的效果。

1.3.2.3 装饰材料的耐久性原则

装饰材料处于建筑物的最外层，在使用过程中要承受各种环境因素的侵蚀作用，为保证装饰层的使用效果（即在使用过程中不会出现褪色、起皮、起泡、掉皮、脱落等现象），装饰材料必须具备一定的耐久性。

复 习 思 考 题

1. 解释以下名词并写出计算公式：①密度；②表观密度；③堆积密度；④孔隙率；⑤空隙率；⑥含水率；⑦吸水率；⑧比强度。

2. 何谓材料的吸水性、吸湿性、耐水性、抗渗性和抗冻性？各用什么指标表示？

3. 简述材料的孔隙率和孔隙特征与材料的表观密度、强度、吸水性、抗渗性、抗冻性、保温隔热性能等的关系。

4. 建筑材料的亲水性和憎水性在建筑工程中有什么实际意义？

5. 何谓材料的强度？根据外力作用方式不同，各种强度如何计算？其单位如何表示？

6. 亲水性材料与憎水性材料在实际工程中有何意义？

7. 材料的质量吸水率和体积吸水率有何不同？两者存在什么关系？什么情况下采用体积吸水率或质量吸水率来反映材料的吸水性？

8. 何谓材料的耐久性？它包括哪些内容？

9. 弹性变形与塑性变形有何不同？

10. 脆性材料和韧性材料各有何特点？它们分别适合承受哪种外力？

11. 软化系数是反映材料什么性质的指标？为什么要控制这个指标？

12. 建筑物的屋面、外墙、内墙、基础所使用的材料各应具备哪些性质？

13. 从室外取来质量为2700g的一块普通黏土砖，浸水饱和后的质量为2850g，而绝干时的质量为2600g，求此砖的含水率、吸水率、干表观密度、连通孔隙率（砖的外形尺寸为 240mm ×115mm×53mm）。

14. 某石灰石的密度为 2.70g/cm³，孔隙率为 1.2%，将该石灰石破碎成石子，石子的堆积密度为 1580kg/m³，求此石子的表观密度和空隙率。

15. 某河砂试样 500g，烘干至恒重时质量为 486g，求其含水率。

16. 已知室内温度为 15℃，室外月平均最低温度为 −15℃，外墙面积 100m²，每天烧煤 20kg，煤的发热量为 42×10³kJ/kg，砖的导热系数 λ＝0.78W/(m·K)，问外墙需要多厚？

第2章 气硬性胶凝材料

内容概述 本章主要介绍石灰、石膏与水玻璃的水化硬化过程，石灰、石膏与水玻璃的主要技术性质及应用。

学习目标 掌握石灰、石膏、水玻璃这三种常用气硬性胶凝材料的性质、技术要求和应用；明确石灰、石膏、水玻璃的水化（熟化）、凝结、硬化的规律，了解石灰、石膏、水玻璃的原料和生产及石灰装饰板材的种类及应用。

凡能在物理、化学作用下，从具有可塑性的浆体逐渐变成坚固石状体的过程中，能将其他物料胶结为整体并具有一定力学强度的物质，统称为胶凝材料，又称胶结料。

胶凝材料可分为无机和有机两大类。各种树脂和沥青属于有机胶凝材料。无机胶凝材料按其硬化条件，又可分为水硬性和非水硬性两种。水硬性胶凝材料在拌水后既能在空气中硬化，又能在水中硬化并具有强度，统称为水泥，如硅酸盐水泥、铝酸盐水泥、硫铝酸盐水泥等。非水硬性胶凝材料不能在水中硬化，但能在空气中或其他条件下硬化。只能在空气中硬化的胶凝材料，称为气硬性胶凝材料，如石灰、石膏、水玻璃、菱苦土等。

2.1 石 灰

石灰是一种古老的建筑材料，建筑及装饰工程中使用较早的胶凝材料之一，属于气硬性胶凝材料，具有原材料来源广、生产工艺简单、成本低等特点。因此，在目前建筑工程中石灰仍是应用广泛的建筑材料之一。

2.1.1 石灰的原料及生产

石灰的原材料有石灰石、白云石和石垩等，其主要化学成分为碳酸钙，其次为碳酸镁，其他还有黏土等杂质，一般要求原料中的黏土杂质控制在8%以内。此外，还可以利用化学工业副产品作为石灰的生产原料，如用碳化钙制取乙炔时所产生的主要成分为氢氧化钙的电石渣等。

在实际生产过程中，为了加速碳酸钙的分解，煅烧温度常常控制在 1000～1100℃。由于原材料中常含有碳酸镁，使得产品中常含有氧化镁。根据氧化镁的含量，生石灰可以分为钙质生石灰（氧化镁含量不大于5%）和镁质生石灰（氧化镁含量大于5%）。

在石灰生产过程中，由于石灰石的块度（石灰块的大小）和火候不均，导致石灰产品中不可避免地含有过火石灰和欠火石灰。

块状生石灰根据加工方式不同，可制得工程中常用的生石灰粉、熟石灰粉和石灰膏。

2.1.2 石灰的熟化和硬化

2.1.2.1 石灰的熟化（也称为消化）

石灰的熟化也称为消化。在生石灰内加入适量的水，可熟化成以氢氧化钙为主要成分的熟石灰（又称为消石灰）：

$$CaO + H_2O \longrightarrow Ca(OH)_2 + 64.9 \times 10^3 J$$

石灰石熟化过程中会放出大量的热并伴随着体积膨胀（一般体积增大 1～2.5 倍）。根据加水量和用途不同，石灰的熟化方式有两种。

1. 石灰膏

块状生石灰在化灰池中加入过量的水（约为块状生石灰体积的 3～4 倍），应不停地搅拌。因为生石灰熟化过程中放出大量的热，搅拌以利于热量的散失，否则内部温度较高，使部分氢氧化钙分解为氧化钙。石灰水通过筛网流入储灰坑，经沉淀，除去上面的水后，剩余的为石灰膏。

欠火石灰中含有未分解的碳酸钙，会降低石灰的利用率；过火石灰表面常被融化形成的玻璃釉状物包裹，熟化十分缓慢，它在石灰硬化后，才开始熟化，体积膨胀，形成放射状裂缝。为了消除过火石灰的危害，常将石灰膏在储灰坑中放置两周以上，这一过程称为"陈伏"。陈伏期间为防止石灰膏表层的碳化，应在石灰膏的表面留一层水分。

2. 熟石灰粉

在生石灰中加入适量的水（一般为生石灰重量的 60%～80%），以能充分熟化而又不过湿成团为宜。工地上常采用分层浇水，分层厚度约为 0.5m。熟石灰在使用以前，也应有相应的"陈伏"时间。

2.1.2.2 石灰的硬化

石灰浆体的硬化过程包括干燥硬化和碳化硬化两个同时进行的过程。

1. 干燥硬化

由于水分的蒸发，氢氧化钙晶体从饱和溶液中析出，晶体长大、连生和相互交错，并产生强度，干燥硬化主要在石灰内部进行。

2. 碳化硬化

氢氧化钙与空气中的二氧化碳反应生成碳酸钙结晶，并释放出水分：

$$Ca(OH)_2 + CO_2 + nH_2O \longrightarrow CaCO_3 + (n+1)H_2O$$

这个反应在没有水分的条件下无法进行；当水分过多，二氧化碳渗入量少，此时，碳化硬化仅限于表层；在孔壁充水而孔内无水的条件下碳化最快。石灰碳化硬化后，石灰密实度进一步增加，强度进一步提高，因此，碳化层越厚，石灰强度越高。

2.1.3 石灰的特性与应用

2.1.3.1 石灰的特性

1. 可塑性好

当生石灰熟化成石灰浆时，能形成极细颗粒（直径约为 $1\mu m$）呈胶体分散状态的氢氧化钙，表面吸附着一层厚厚的水膜。因此具有良好的可塑性。将石灰掺入水泥砂浆中，可显著改善其可塑性。

2. 凝结硬化慢，强度低

由于空气中二氧化碳含量低，碳化缓慢而且仅限于表层，致密的碳化层既不利于二氧化碳渗入也不利于内部水分的蒸发。因此，石灰的凝结硬化缓慢，硬化后强度低。配合比为 1：3（石灰：砂）的石灰砂浆，28d 的强度仅有 0.2～0.5MPa。

3. 耐水性差

石灰硬化缓慢，强度低。在潮湿环境条件下，未干燥硬化的石灰，由于水分无法蒸发而终止硬化。未碳化的氢氧化钙溶于水，使其强度降低甚至溃散。在石灰中，加入少量的磨细粒化高炉矿渣和粉煤灰，可提高石灰的耐水性。

4. 硬化时体积收缩大

石灰浆体在硬化过程中，游离水的大量蒸发，引起硬化石灰毛细管收缩，导致显著体积收缩，使硬化石灰体表面出现大量的无规则裂纹。因此，石灰不宜单独使用，实际工程中，应加入适量纤维状材料（如麻刀、纸筋等）或骨料（砂）来抑制石灰的收缩。

2.1.3.2 石灰的应用

石灰在建筑工程中应用广泛，分列如下。

1. 拌制石灰乳涂料和砂浆

在熟石灰粉和石灰膏加入过量的水，可配制成石灰乳涂料，主要用于内墙和天棚的刷白。石灰膏和熟石灰粉可以用于配制石灰砂浆和水泥石灰砂浆，主要用做砌筑砂浆和抹灰砂浆。

2. 拌制灰土和三合土

将生石灰粉和熟石灰粉和黏土按一定比例混合，可配制成灰土；如在灰土中加入适量的砂、炉渣等材料配制成三合土。灰土和三合土经夯实后可获得一定的强度和耐久性。因为石灰中氧化钙或者氢氧化钙与黏土中的二氧化硅和三氧化二铝，在有水存在条件下，反应生成了具有水硬性的水化硅酸钙和水化铝酸钙，能把黏土颗粒黏结在一起，因此提高了黏土的强度和耐久性。主要应用于建筑物基础、地面的垫层，还可应用于路面垫层。

3. 生产硅酸盐制品

以生石灰粉或熟石灰粉与硅质材料（如粉煤灰、矿渣、砂等）为主要原材料，经配料、搅拌、成型和养护（一般采用蒸汽养护或压蒸养护）等工序，可制得硅酸盐制品。因为在蒸养或蒸压条件下，生成的主要产物为水化硅酸钙，故此得名。产品包括蒸压粉煤灰砖、蒸压灰砂砖和蒸压加气混凝土砌块，还可以用于生产蒸压加气板材，主要用做墙体材料。

4. 生产无熟料水泥

将生石灰粉或熟石灰粉与粉煤灰按一定比例混合，加入适量的激发剂，可配制成无熟料石灰粉煤灰硅酸盐水泥。因为其强度较低，主要用于配制砂浆。

5. 加固地基

块状生石灰可用于加固含水的软土地基，也称为石灰桩。将块状生石灰灌入桩孔内，由于生石灰的熟化膨胀而使地基密度提高。

6. 生产碳化石灰板

把生石灰粉、纤维状材料（如玻璃纤维）和轻质骨料（如炉渣）等，按一定比例混合，加水拌和，成型并进行人工碳化，可制得轻质碳化石灰板。它具有保温隔热性和加工性能好的特点，一般可用于非承重内墙隔板、天花板等。

块状生石灰放置太久，会吸收空气中的水分自然熟化，再与二氧化碳反应生成碳酸钙，而失去胶结能力。因此储存石灰应注意防潮，储存期不宜过久。最好是将石灰运到工地立即熟化成石灰膏，把储存期变为陈伏期。由于石灰熟化过程中，放出大量的热并伴随着体积膨胀，因此，生石灰在储运过程中应注意安全。

2.2　石　膏

石膏是一种应用历史悠久的材料。我国的石膏资源丰富，分布很广。有自然界存在的天然二水石膏（又称软石膏或生石膏）、天然无水石膏（又称硬石膏）和各种工业副产品或废料（化学石膏）。石膏及其制品具有许多良好的性能，如质轻、保温、不燃、防火、吸声、形体饱满、线条清晰、表面光滑而细腻、装饰性好等，因而是建筑室内工程常用的装饰材料之一。它与石灰、水泥并列为无机胶凝材料中的三大支柱，主要用途是石膏胶凝材料和石膏制品。

近几年来随着建筑业的飞速发展，石膏及制品用作建筑装饰材料发展很快。建筑装饰工程用石膏主要有建筑石膏、模型石膏、高强石膏、粉刷石膏等。

2.2.1　石膏的原料与生产

石膏的主要原材料为含硫酸钙天然石膏和含有硫酸钙的化学工业副产品石膏废渣（如磷石膏、氟石膏等），其化学式为 $CaSO_4 \cdot 2H_2O$。石膏胶凝材料的主要生产过程是破碎、煅烧和磨细。根据其煅烧温度的不同，可生产出不同的石膏产品。

天然二水石膏或工业副产品石膏在干燥条件下加热至 $107 \sim 170℃$，脱去部分水即得熟石膏 $CaSO_4 \cdot 0.5H_2O$（也称半水石膏）。因加热方式不同，可生成不同的半水石膏，有 α 型和 β 型两种形态。其化学反应式如下：

$$CaSO_4 \cdot 2H_2O \longrightarrow CaSO_4 \cdot \frac{1}{2}H_2O + \frac{3}{2}H_2O$$

建筑装饰工程用石膏主要有建筑石膏、模型石膏、高强石膏、粉刷石膏等。

2.2.2　建筑石膏的凝结与硬化

建筑石膏与水拌和后，最初形成的是可塑性浆体，很快失去可塑性，但是尚无强度，此过程称为石膏的凝结，然后浆体开始产生强度，最后逐渐发展成具有一定强度的固体，称此过程为石膏的硬化。

建筑石膏在凝结硬化过程中，发生了一系列物理化学反应，化学反应式如下：

$$CaSO_4 \cdot \frac{1}{2}H_2O + \frac{3}{2}H_2O \longrightarrow CaSO_4 \cdot 2H_2O$$

加水时，半水石膏迅速溶解并达到平衡状态，即饱和状态。由于半水石膏在水中的溶解度是二水石膏溶解度的 $4 \sim 5$ 倍。半水石膏的饱和溶液对于二水石膏来说就是过饱和溶液，因此发生了上述水化反应。二水石膏的以胶体微粒形式从溶液中析出，从而破坏了半水石膏溶解平衡，半水石膏继续溶解，达到平衡和水化。此循环过程一直进行到所有的半水石膏都转化为二水石膏为止。在此过程进行中，浆体中的水分由于水化和蒸发而减少，二水石膏的胶体微粒不断增多，浆体稠度逐渐增大，直到完全失去可塑性，此过程称为石膏的凝结。浆体开始失去可塑性的凝结称为初凝。其后随着水化的进一步进行，二水石膏胶体微粒凝聚并转变为晶体。晶体颗粒逐渐长大，且晶体颗粒间相互搭接、交错、共生（两个以上晶粒生长在一起）形成结晶结构，使之逐渐产生强度，即浆体产生了硬化，这就是终凝。随着浆体变稠，集体微粒凝聚成晶体，晶体逐渐长大、连生和互相交错，浆体开始产生强度，这一过程不断进行，直至浆体完全干燥，强度不再增加，最后发展成具有一定强度的固体，称为石膏的硬化过程。

2.2.3 建筑石膏的特性与应用

2.2.3.1 建筑石膏的特性

1. 凝结硬化快

建筑石膏加水拌和后，凝结硬化快，凝结时间（包括初凝时间和终凝时间）很短，约一周时间完全硬化。因初凝时间较短，为满足施工的要求，一般均需加入建筑石膏用量0.1%～0.2%的动物胶（经石灰处理），或掺入1%的亚硫酸酒精废液以延缓凝结时间满足施工要求，也可使用硼砂、纸浆废液等，但掺缓凝剂后，石膏制品的强度将有所降低。

2. 硬化后体积微膨胀

建筑石膏在凝结硬化初期会产生微膨胀，一般膨胀率为0.5%～1%。因此，石膏制品的表面光滑、细腻、轮廓清晰、尺寸精确、形体饱满、装饰性好，干燥时不会产生收缩裂缝，加之石膏制品洁白，特别适合制作建筑装饰制品，还可用于制作雕塑。

3. 孔隙率大

建筑石膏的理论需水量仅为18.6%。为满足施工要求的可塑性，加水量常常为60%～80%。多余水分的蒸发使硬化后的石膏中产生了较高的孔隙率（约为50%～60%），体积密度为800～1000kg/m³，属轻质材料。由此具有以下性质：

（1）强度较低。一等建筑石膏凝结硬化一天的强度约为5～8MPa，7d后达到的最高强度约为8～12MPa。

（2）保温隔热性能好，吸声性强。由于硬化的建筑石膏中具有许多开口和闭口孔隙，因此，建筑石膏保温隔热性和吸音性能好。一般为0.121～0.205W/(m·K)。

（3）吸湿性大，耐水性和抗冻性差。建筑石膏的吸湿性大，可以调节室内的温湿度。在潮湿条件下，石膏吸湿后，水分减弱晶粒之间的吸引力，导致石膏的强度降低（软化系数约为0.3～0.45）。如果长时间浸在水中，会因为二水石膏晶体的溶解，导致石膏破坏。石膏制品吸水后受冻，由于其孔隙率大，强度低，很容易因抗冻性差遭到破坏。

4. 防火性能好、耐火性差

建筑石膏制品导热系数小，传热慢，且遇火时，结晶水蒸发，降低了制品表面的温度，同时在其制品表面形成了水蒸气幕，能阻碍火势的蔓延。起到防火作用，但二水石膏脱水后，强度下降，因而耐火性差。

5. 可加工性好

硬化后建筑石膏具有良好的可加工性能，如可钉、可锯和可刨等，这为安装施工提供了很大的方便。

2.2.3.2 石膏的应用

在装饰工程中，建筑石膏主要用于生产各种石膏板材、装饰制品、人造大理石及室内粉刷等，如纸面石膏板、装饰石膏板、石膏线条、石膏花等。

1. 室内抹灰、粉刷

建筑石膏用于室内抹灰、粉刷具有优良的特性。建筑石膏加水、砂和缓凝剂拌成的石膏砂浆用于室内的高级抹灰，细腻光滑、洁白美观、不开裂。石膏浆也可作为油漆的底层，可直接涂刷或粘贴墙布（墙纸）。建筑石膏加水和缓凝剂拌成的石膏浆体，用于室内的粉刷涂料。

2．生产硅酸盐水泥

适量掺入硅酸盐水泥熟料中用来调节水泥凝结时间。

3．生产石膏装饰制品——石膏板

在建筑装饰工程中，建筑石膏和高强石膏往往先加工成装饰石膏板和石膏装饰制件等，然后镶贴、安装在基层或龙骨支架上。石膏装饰制品主要有装饰板、装饰吸声板、装饰线角、花饰、装饰浮雕壁画、画框、挂饰及建筑艺术造型等，这些制品都充分发挥了石膏胶凝材料的装饰性，有较好的装饰效果。石膏装饰制品具有不老化、无污染、对人体健康无害等独到的优点。目前，采用石膏制品装饰已呈日益增多的趋势。

（1）纸面石膏板。纸面石膏板是以建筑石膏为主要原料，掺入适量纤维增强材料和外加剂等，在与水搅拌后浇注于护面纸的面纸与备纸之间，并与护面纸牢固地黏结在一起的普通、耐水、耐火建筑板材。护面纸（专用的厚质纸）主要起到提高板材抗弯、抗冲击的作用。耐水纸面石膏板是以建筑石膏掺入适量外加剂构成耐水芯材，并与耐水的护面纸牢固黏结在一起的轻质建筑板材。耐火纸面石膏板是以建筑石膏掺入适量无机耐火纤维增强材料构成芯材，并与护面纸牢固地黏结在一起的耐火轻质建筑材料。根据《纸面石膏板》（GB/T 9775—2008）标准，纸面石膏板按其功能分为普通纸面石膏板、耐水纸面石膏板、耐火纸面石膏板和耐水耐火纸面石膏板，代号分别为 P、S、H、SH。

应用普通纸面石膏板适用于办公楼、影剧院、饭店、宾馆、候车室、候机楼、住宅等建筑的室内吊顶、墙面、隔断、内隔墙等的装饰。普通纸面石膏板适用于干燥环境中，不宜用于厨房、卫生间、厕所以及空气相对湿度大于 70% 的潮湿环境中。普通纸面石膏板的表面还需要进行饰面处理。普通纸面石膏板与轻钢龙骨构成的墙体体系称为轻钢龙骨石膏板体系（简称 QST）。该体系的自重仅为同厚度红砖的 10%，并且墙体薄、占地面积小，可增大房间的有效使用面积。墙体内的空腔还可方便管道、电线等的埋设。

耐水纸面石膏板主要用于厨房、卫生间、厕所等潮湿场合的装饰。其表面也需再进行饰面处理以提高装饰性。耐火纸面石膏板主要用作防火等级要求高的建筑物的装饰材料，如影剧院、体育馆、幼儿园、展览馆、博物馆、候机（车）大厅、售票厅、商场、娱乐厅、商场、娱乐场所及其通道、楼梯间、电梯间等的吊顶、墙面、隔断等。

（2）装饰石膏板。装饰石膏板是以建筑石膏为主要原料，加入适量的纤维增强材料、胶黏剂、改性剂等辅料，与水拌和成料浆，经浇注成型、干燥而成的不带护面纸的有多种图案、花饰的板材，如石膏印花板、穿孔吊顶板、石膏浮雕吊顶板等。它是一种新型的室内装饰材料，适用于中高档装饰，这种板材质地洁白、美观大方、图案饱满、细腻、色泽柔和，具有轻质、美观、吸声、防火、隔热、变形小、防潮、加工性能好、安装简单、施工方便、易加工等优点，用于装饰房间，给人以赏心悦目之感。特别是新型树脂仿型饰面防水石膏板板面覆以树脂，饰面仿型花纹，其色调图案逼真，新颖大方，板材强度高、耐污染、易清洗，可用于装饰墙面，做护墙板及踢脚板等，是较理想的顶棚吸声板及墙面装饰板材。装饰石膏板按其板面特征又分为平板、孔板及浮雕板三种。

装饰石膏板广泛用于商场、宾馆、餐厅、礼堂、音乐厅、练歌房、影剧院、会议室、医院、幼儿园、办公室、住宅等的吊顶、墙面等。对湿度较大的场所使用防潮板。

（3）特种耐火石膏板。特种耐火石膏板是以建筑石膏的芯材内掺入多种添加剂，生产工艺与纸面石膏板相似。

特种耐火石膏板按燃烧性属于 A 级防火建筑材料。板的自重略小于普通纸面石膏板和耐火纸面石膏板。板面可丝网印刷、压滚花纹。板面上有直径 1.5～2.0mm 的透气孔，吸声系数为 0.34。因石膏与毡纤维相互牢固地黏合在一起，遇火时黏结剂虽可燃烧炭化，但玻璃纤维与石膏牢固连接，支撑板材整体结构抗火不破坏。其遇火稳定时间可达 1h，热导率为 0.16～0.18W/(m·K)。适用于防火等级要求高的建筑物或重要的建筑物，作为吊顶、墙面、隔断等的装饰材料。

（4）装饰石膏线角、花饰、造型。装饰石膏线角、花饰、造型等石膏艺术制品可统称为石膏浮雕装饰件。它可划分为平板、浮雕板系列，浮雕饰线系列（阴角饰线及阳角饰线），艺术顶棚、灯圈、角花系列，艺术廊柱系列，浮雕壁画、画框系列，艺术系列及人体造型系列。

建筑石膏及其制品在运输和储存时，应注意防潮。一般储存期不应超过 3 个月（3 个月后强度约降低 30%），过期后应重新鉴定强度等级。

2.3 水 玻 璃

水玻璃俗称泡花碱，是一种能溶于水的硅酸盐，属于气硬性胶凝材料。它是由不同比例碱金属氧化物和二氧化硅结合而成，在耐酸工程和耐热工程中常用于配制水玻璃胶泥、水玻璃砂浆和水玻璃混凝土。也可单独使用水玻璃或以水玻璃为主要原料配制涂料。

2.3.1 水玻璃的生产

水玻璃的化学式为 $R_2O \cdot nSiO_2$，其中 R_2O 为碱金属氧化物，为二氧化硅与碱金属氧化物的物质的量之比，称为水玻璃的模数，n 值越大，胶体组分越多，水玻璃黏度越大，黏结力、强度、耐酸和耐热性越高，但越难溶于水，也不便施工。

生产方法有两种，即湿法和干法。湿法是将石英砂加入到氢氧化钠溶液中，进行蒸压，使其直接反应生成液态水玻璃。干法是把石英砂和碳酸钠按比例混合磨细，在 1300～1400℃高温的熔炉内熔化，生成固态水玻璃。同一模数的水玻璃，浓度越大，黏结力越强。

2.3.2 水玻璃的硬化

水玻璃在空气中吸收二氧化碳，析出二氧化硅凝胶，并逐渐脱水干燥成为氧化硅而硬化，其反应如下：

$$Na_2O \cdot nSiO_2 + CO_2 + mH_2O = Na_2CO_3 + nSiO_2 \cdot mH_2O$$

水玻璃的硬化过程十分缓慢。为了加速水玻璃的硬化，常常加入适量氟硅酸钠作为促硬剂，氟硅酸钠加速了二氧化硅凝胶的析出，其反应如下：

$$Na_2O \cdot nSiO_2 + Na_2SiF_6 + mH_2O \longrightarrow 6NaF + (2n+1)SiO_2 \cdot mH_2O$$

硅氟酸钠的适宜掺量应为水玻璃质量的 12%～15%，如掺量过少，不但硬化速度缓慢，而且强度降低。掺量过多，会引起凝结速度过快，不便于施工，而且强度和抗渗性均

降低。加入氟硅酸钠后，水玻璃的初凝时间可缩短到 30~60min，终凝时间可缩短到 240
~360min，7d 即可达到其最高强度。

2.3.3 水玻璃性质与应用

2.3.3.1 水玻璃的性质与应用

水玻璃在凝结硬化后，具有以下性质：

（1）黏结力强、强度较高。

（2）耐酸性和耐热性好。

（3）耐碱性和耐水性差。

2.3.3.2 水玻璃的应用

1. 涂刷材料表面提高抗风化性能

用密度为 $1.3g/cm^3$ 的水玻璃浸渍或涂刷多孔材料表面，可提高其密实度、强度、耐
水性、抗渗性和抗冻性。如涂刷硅酸盐制品、混凝土和砖等均具有良好的效果。

2. 配制耐酸和耐热砂浆和混凝土

以水玻璃为胶凝材料，与耐酸骨料可配制成耐酸砂浆和混凝土，应用于耐酸工程中；
在水玻璃中加入耐热骨料可配制耐热砂浆和混凝土，长期在高温条件下，强度也不降低，
应用于耐热工程中。

3. 修补砖墙裂缝

将水玻璃、粒化高炉矿渣、砂和氟硅酸钠按适当比例拌和后，直接压入砖墙裂缝，可
起到黏结和补强作用。

4. 配制速凝防水剂

水玻璃掺入适量的两种、三种或四种矾配制成两矾、三矾或四矾速凝防水剂。速凝防
水剂与水泥浆混合可用于堵塞漏洞、裂缝和局部抢修。

5. 加固土壤

将水玻璃和氯化钙溶液交替压入土壤中，生成的硅胶黏结土壤颗粒并填充其孔隙，因
吸收土壤中的水分而处于膨胀状态，从而使土壤固结，提高了地基承载力，增强了地基的
不透水性。

复习思考题

1. 什么是气硬性胶凝材料？什么是水硬性胶凝材料？两者有何区别？

2. 生石灰在熟化时为什么需要陈伏两周以上？为什么在陈伏时需在熟石灰表面保留
一层水？

3. 建筑石膏的特性如何？用途如何？

4. 建筑石膏与高强石膏的性能有何不同？

5. 石灰的用途如何？在储存和保管时需要注意哪些方面？

6. 水玻璃的用途如何？

第3章 水　　泥

内容概述　本章主要介绍水泥的水化硬化过程，掺混合材料水泥的技术特点及应用，硅酸盐水泥的主要技术性质及应用。

学习目标　掌握硅酸盐水泥熟料的矿物组成及其特性，掌握硅酸盐水泥的组成材料、凝结硬化过程、技术性质、质量试验方法及其应用。明确水泥强度的影响因素、水泥石的腐蚀与防止。了解其他水泥品种水泥的特性及应用。

水泥是水硬性胶凝材料。粉末状的水泥与水混合经过一系列的物理化学反应，由可塑性浆体变成坚硬的水泥石块体，并能将散粒材料或块状材料黏结成为一个整体。水泥不仅能在空气中凝结硬化，而且能更好地在水中凝结硬化并保持强度增长。

水泥根据其水硬性成分不同可分为硅酸盐水泥、铝酸盐水泥和硫铝酸盐水泥等系列。其中硅酸盐水泥系列产量最大，应用最广。硅酸盐水泥系列按其用途不同可分为通用水泥、专用水泥和特性水泥3种。通用水泥包括硅酸盐水泥、普通硅酸盐水泥、矿渣硅酸盐水泥、火山灰质硅酸盐水泥、粉煤灰硅酸盐水泥和复合硅酸盐水泥6种。专用水泥如道路硅酸盐水泥和砌筑硅酸盐水泥等。特性水泥如快硬硅酸盐水泥、白色和彩色硅酸盐水泥等。

水泥是最主要的建筑材料之一，主要用于配制混凝土和砂浆，广泛应用于建筑、水利、道桥和国防等工程中，工程中多是依据建筑所处的环境合理选用水泥。就水泥的性质而言，硅酸盐水泥是最基本的，本章对硅酸盐水泥的性质作详细阐述，对其他品种水泥的性质只作简要介绍。

3.1　硅 酸 盐 水 泥

通用硅酸盐水泥是以硅酸盐水泥熟料和适量的石膏及规定的混合材料制成的水硬性胶凝材料，现行标准为《通用硅酸盐水泥》（GB 175—2007）。

通用硅酸盐水泥按混合材料的品种和掺量分为硅酸盐水泥、普通硅酸盐水泥、矿渣硅酸盐水泥、火山灰质硅酸盐水泥、粉煤灰硅酸盐水泥和复合硅酸盐水泥6种。

根据 GB 175—2007 标准，凡是由硅酸盐水泥熟料、0～5%石灰石或粒化高炉矿渣、适量石膏磨细制成的水硬性胶凝材料，称为硅酸盐水泥（波特兰水泥）。硅酸盐水泥根据其是否掺有混合材料可分为Ⅰ型硅酸盐水泥（不掺混合材料）和Ⅱ型硅酸盐水泥（掺0～5%石灰石或粒化高炉矿渣混合材料），其代号分别为 P·Ⅰ和 P·Ⅱ。

3.1.1　硅酸盐水泥生产工艺和熟料的矿物组成

1. 硅酸盐水泥的生产

硅酸盐水泥的生产过程简称为"两磨一烧"。先将几种原材料按一定比例混合磨细制成生料；然后将生料入窑进行高温（温度为 1450℃）煅烧得到熟料；在熟料中加入适量石膏

（和混合材料）混合磨细即得到硅酸盐水泥。硅酸盐水泥的生产流程简图如图 3.1 所示。

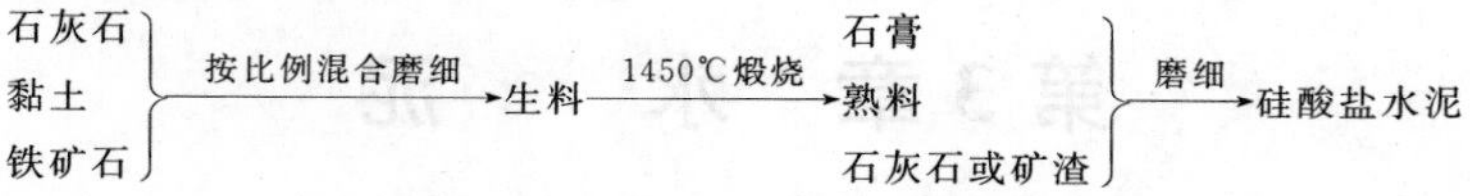

石灰石
黏土　　　按比例混合磨细 → 生料　1450℃煅烧　石膏 熟料　磨细 → 硅酸盐水泥
铁矿石　　　　　　　　　　　　　　　　　　　 石灰石或矿渣

图 3.1　硅酸盐水泥的生产流程简图

硅酸盐水泥的原料主要是石灰质原料（石灰石、白垩和石灰质凝灰岩等，主要提供 CaO）和黏土质原料（黏土、页岩和黄土等，主要提供 SiO_2、Al_2O_3 和少量的 Fe_2O_3）。原料配比的确定，应满足原料中氧化钙含量占 75%～78%，氧化硅、氧化铝及氧化铁含量占 22%～25%。为满足上述各矿物含量要求，原料中有时还需要加入富含某种矿物成分的辅助原料，如铁矿石、砂岩等，以弥补 Fe_2O_3 的不足。为了改善煅烧条件，常常加入少量的矿化剂等。

2. 硅酸盐水泥熟料的矿物组成

硅酸盐水泥熟料的主要矿物成分有 4 种，其名称及含量范围见表 3.1。

表 3.1　　　　　　　　　　　　硅酸盐水泥熟料的主要矿物成分

矿物名称	分子式	缩写简式	含量（%）	
硅酸三钙	$3CaO \cdot SiO_2$	C_3S	37～60	75～82
硅酸二钙	$2CaO \cdot SiO_2$	C_2S	15～37	
铝酸三钙	$3CaO \cdot Al_2O_3$	C_3A	7～15	18～25
铁铝酸四钙	$4CaO \cdot Al_2O_3 \cdot Fe_2O_3$	C_4AF	10～18	

除 4 种主要矿物成分外，硅酸盐水泥熟料中还含有少量游离氧化钙、游离氧化镁及碱类物质（K_2O 及 Na_2O），国家标准明确规定其总量不超过水泥熟料的 10%。

3.1.2　硅酸盐水泥的水化与凝结硬化

水泥熟料矿物与水反应称为硅酸盐水泥的水化，水泥加水拌和后，最初水化形成的是具有可塑性浆体，随着水化时间的延长，水泥浆体逐渐变稠开始失去可塑性（但尚无强度），这一过程称为水泥的初凝。当水泥浆体完全失去可塑性并开始具有一定强度时称为终凝。由初凝到终凝的过程称为水泥的凝结。随后，水泥浆体开始产生明显的强度并逐渐发展提高，而成为坚硬的石状体——水泥石，这一过程称为水泥的硬化。水泥的凝结和硬化是人为划分的，实际上水泥的凝结和硬化是一个连续的、复杂的物理化学变化过程，这些变化决定了水泥石的某些性质，对水泥的应用具有重要的意义。

1. 水泥的水化

水泥熟料与水发生化学反应生成一系列新的化合物，并放出一定的热量（水化热），简称为水泥的水化。硅酸盐水泥熟料单矿物水化反应式如下：

$$2(3CaO \cdot SiO_2) + 6H_2O = 3CaO \cdot 2SiO_2 \cdot 3H_2O + 3Ca(OH)_2$$

硅酸三钙　　　　　　　水化硅酸钙　　　氢氧化钙

$$2CaO \cdot SiO_2 + 4H_2O = 3CaO \cdot 2SiO_2 \cdot 3H_2O + Ca(OH)_2$$

硅酸二钙　　　　　　　水化硅酸钙　　　氢氧化钙

$$3CaO \cdot Al_2O_3 + 6H_2O = 3CaO \cdot Al_2O_3 \cdot 6H_2O$$

铝酸三钙　　　　　　　水化铝酸三钙

$$4CaO \cdot Al_2O_3 \cdot Fe_2O_3 + 7H_2O = 3CaO \cdot Al_2O_3 \cdot 6H_2O + CaO \cdot Fe_2O_3 \cdot H_2O$$

铁铝酸四钙　　　　　　水化铝酸三钙　　　　　水化铁酸一钙

由于铝酸三钙的水化反应极快，使水泥产生瞬时凝结，为了方便施工，在生产硅酸盐水泥时需掺加适量（3％左右）的石膏，达到调节凝结时间的目的。石膏和铝酸三钙的水化产物水化铝酸钙发生反应，生成难溶于水的水化硫铝酸钙针状晶体（钙矾石）附着在水泥颗粒表面，减缓了水泥的水化反应速度。反应式如下：

$$3CaO \cdot Al_2O_3 \cdot 6H_2O + 3(CaSO_4 \cdot 2H_2O) + 19H_2O = 3CaO \cdot Al_2O_3 \cdot 3CaSO_4 \cdot 31H_2O$$

由上述可以看出，如忽略一些次要成分，硅酸盐水泥水化的主要产物有水化硅酸钙和水化铁酸钙凝胶体，氢氧化钙、水化铝酸钙和水化硫铝酸钙晶体。在完全水化的水泥石中，水化硅酸钙约占70％，它不溶于水，并立即以胶体微粒析出，并逐渐成为水化硅酸钙（C—S—H）凝胶，氢氧化钙晶体约占20％，高硫型水化硫铝酸钙和低硫型水化硫铝酸钙约占7％。

2. 水泥熟料矿物的水化特性

硅酸盐水泥熟料四种主要矿物的水化特性各不相同，主要表现在对水泥强度、凝结硬化速度和水化热的影响，就目前的认识，铝酸三钙立即发生水化反应，而后是硅酸三钙和铁铝酸四钙也很快水化，硅酸二钙水化最慢。各主要矿物成分的水化特性见表3.2。

表3.2　　　　　　　　　　各熟料矿物成分的水化特性

性能指标		熟料矿物名称			
		硅酸三钙（C_3S）	硅酸二钙（C_2S）	铝酸三钙（C_3A）	铁铝酸四钙（C_4AF）
水化、凝结硬化速度		快	慢	最快	快
28d 水化热		多	少	最多	中
强度	早期	高	低	低	低
	后期	高	高	低	低
耐化学侵蚀		中	良	差	优
干缩性		中	小	大	小

掌握水泥熟料矿物的水化特性，对分析判断水泥的工程性质、合理选用水泥以及改良水泥品质，研发水泥新品种，具有重要意义。例如，提高熟料中的C_3S的含量，可制得强度高的水泥；减少C_3A和C_3S的含量，提高C_2S的含量，可制得水化热低的水泥；生产快硬水泥，可以提高水泥熟料中C_3S和C_3A的含量。

3. 水泥的凝结硬化及水泥石结构

水泥加水拌和后，未水化的水泥颗粒分散在水中，形成了水泥浆体，如图3.2（a）所示。水化首先是水泥颗粒的矿物成分溶解，然后与水发生化学反应，或水直接进入水泥颗粒内部发生水化反应，形成相应的水化产物。由于水化产物较少，包有水化产物膜层的水泥颗粒仍然是分离的，水泥浆体具有良好的可塑性，如图3.2（b）所示。

随着水泥颗粒的继续水化，水化产物不断增多，水泥颗粒的包裹层不断增厚而破裂，使水泥颗粒之间的空隙逐渐缩小，带有包裹层的水泥颗粒逐渐接近，甚至相互接触，在水泥颗粒之间形成了网状结构，水泥浆体的稠度不断增大，失去可塑性，但是不具有强度，这一过程称为水泥的凝结。即水泥的凝结硬化的第二阶段——凝结阶段，如图 3.2（c）所示。

随着水化反应继续缓慢地进行，水化产物不断生成、增多并填充在浆体的毛细孔中，毛细孔不断减少，整个结构的孔隙率降低，密实度增加，水泥浆体开始逐渐硬化产生强度并最后发展成具有一定强度的石状体，这就是水泥凝结硬化的第三阶段——硬化阶段，如图 3.2（d）所示。

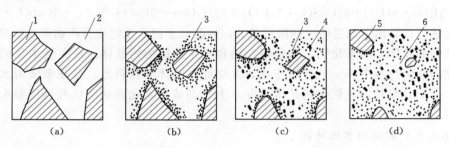

图 3.2 水泥凝结硬化过程示意图

（a）分散在水中未水化的水泥颗粒；（b）在水泥颗粒表面形成水化产物膜层；
（c）膜层增厚并互相连接；（d）水化产物进一步增多，填充毛细孔隙
1—水泥颗粒；2—水；3—凝胶；4—晶体；5—未水化的水泥颗粒内核；6—毛细管孔隙

硬化的水泥石是由水化产物（凝胶体和晶体）、未水化的水泥颗粒内核、水（自由水和吸附水）和孔隙（毛细孔和凝胶孔）组成的一非均质体。

水泥熟料各矿物成分对硅酸盐水泥强度发展的贡献各不相同，一般认为，硅酸三钙在 28d 以内对水泥的强度起决定性作用，是决定水泥强度等级的主要矿物成分。硅酸二钙在 28d 以后才发挥其强度作用，是决定水泥后期强度的主要矿物成分。

4. 影响硅酸盐水泥凝结硬化的主要因素

（1）水泥熟料矿物成分及其含量的影响。水泥熟料矿物成分及其组分的比例是影响水泥凝结硬化的最主要因素。不同矿物成分单独与水反应的特点是不同的。如提高水泥熟料中 C_3A 的含量，将使水泥凝结硬化加快，同时水化热大。

（2）石膏掺量。为了调节水泥的凝结硬化速度，在硅酸盐水泥熟料磨细以前掺入适量石膏。如不掺入石膏或石膏掺量不足，水泥浆在很短时间内迅速凝结硬化（也称为急凝）。当掺入适量石膏时，石膏与铝酸三钙反应，生成了难溶于水的高硫型水化硫铝酸钙覆盖在水泥颗粒周围，减少了溶液中三价铝离子的含量，因此，延缓了水泥的凝结硬化速度。但是如果石膏掺量超过规定的限量，使凝结硬化速度加快，会引起水泥强度降低，严重时会引起硬化水泥石膨胀开裂（即水泥体积安定性不良）。

石膏的掺量决定于熟料中铝酸三钙含量和石膏中 SO_3 含量。也与水泥细度及熟料中的 SO_3 含量有关。一般为水泥质量的 3%～5%，具体掺量应通过实验确定。

（3）水泥细度的影响。细度越大，水泥颗粒越细，比表面积越大，水化反应越容易进行，水泥的凝结硬化越快，早期强度越高。但水泥磨得越细，耗能多、成本高，过细水泥

石收缩也较大。

（4）养护条件（温度和湿度）的影响。保持合适的环境温度和湿度，使水泥水化反应不断进行的措施，称为养护。水泥的水化反应随温度升高，反应加快。负温条件下，水化反应停止，甚至水泥石结构有冻坏的可能。水泥水化反应必须在潮湿的环境中才能进行，潮湿的环境能保证水泥浆体中的水分不蒸发，水化反应得以维持。

（5）养护龄期的影响。水泥凝结硬化过程的实质是水泥水化反应不断进行的过程。水化反应时间越长，水泥石的强度越高。水泥石强度增长在早期较快，后期逐渐减缓，28d以后显著变慢。

3.1.3 硅酸盐水泥的技术要求

根据《通用硅酸盐水泥》（GB 175—2007），硅酸盐水泥的技术要求如下。

3.1.3.1 化学指标

应符合表 3.3 规定。

表 3.3　　　　　　　　　　　　硅酸盐水泥的化学指标　　　　　　　　　　　　%

品种	代号	不溶物 （质量分数）	烧失量 （质量分数）	三氧化硫 （质量分数）	氧化镁 （质量分数）	氯离子 （质量分数）
硅酸盐水泥	P·I	≤0.75	≤3.0	≤3.5	≤5.0	≤0.06
	P·II	≤1.50	≤3.5			

注 1. 如果水泥压蒸试验合格，则水泥中氧化镁的含量（质量分数）允许放宽至 6.0%。
2. 如果水泥中氧化镁的含量（质量分数）大于 6.0% 时，需进行水泥压蒸安定性试验并合格。
3. 当有更低要求时，该指标由买卖双方协商确定。

3.1.3.2 碱含量

水泥熟料中含有少量的碱，如 Na_2O 和 K_2O。碱含量过高将导致碱—骨料膨胀反应破坏。水泥中碱含量按 $Na_2O+0.658K_2O$ 计算值表示。若使用活性骨料，用户要求提供低碱水泥时，水泥中的碱含量应不大于 0.60% 或由买卖双方协商确定。

3.1.3.3 物理指标

1. 凝结时间

硅酸盐水泥初凝不小于 45min，终凝不大于 390min。

水泥的凝结时间分为初凝时间和终凝时间。初凝时间是指从水泥加水拌和起到水泥标准稠度净浆开始失去可塑性所需时间。终凝时间是指从水泥加水拌和起，到水泥标准稠度净浆完全失去可塑性，并开始产生强度所需时间。

水泥的凝结时间在水泥混凝土工程施工中具有重要意义，施工时要求"初凝时间不宜过早，终凝时间不宜过迟"。初凝时间不宜过早，以便有足够的时间，完成混凝土搅拌、运输、浇筑和振捣等工序。终凝时间不宜过迟，混凝土浇捣完毕后，尽快硬化并达到一定强度，以利于下一步工序的进行。

GB 175—2007 规定，标准稠度用水量、凝结时间和安定性按 GB/T 1346 进行试验。

水泥凝结时间的测定采用标准稠度水泥净浆，在规定的温湿度条件下，用凝结时间测定仪来测定。在实际工程中，可掺入不同品种的外加剂来调整水泥的凝结时间。

2. 安定性

体积安定性是指水泥凝结硬化过程中，水泥石体积变化的均匀性。如水泥硬化中，发生不均匀的体积变化，称为体积安定性不良。体积安定性不良的水泥会使混凝土构件因膨胀而产生裂缝，降低工程质量，甚至导致严重的工程事故。

引起水泥体积安定性不良的原因是由于水泥熟料中存在过多的游离氧化钙和游离氧化镁或者由于水泥熟料中石膏掺量过多。游离氧化钙和氧化镁均是过烧的，熟化很缓慢，在水泥硬化并产生一定强度后，才开始水化（熟化）。由于它们在熟化过程中，体积膨胀，引起水泥石不均匀的体积变化，使水泥石产生裂缝。

水泥熟料中石膏掺量过多，水泥硬化后，石膏还会与固态的水化铝酸钙反应生成含有31个结晶水的高硫型水化硫铝酸钙，体积膨胀约1.5倍以上，导致水泥体积安定性不良，使水泥石开裂。

沸煮法将标准稠度的净浆制成规定尺寸和形状的试饼，凝结后沸煮3h，如不开裂不翘曲定为合格，否则为不合格。国家标准规定，硅酸盐水泥熟料中氧化镁含量不得超过5.0%，硅酸盐水泥中三氧化硫含量不得超过3.5%，以保证水泥的体积安定性。

3. 强度

水泥的强度是水泥的主要技术指标。由于硅酸盐水泥硬化过程中，其强度随着龄期而提高，在28d以内强度发展较快，一般以28d的抗压强度来表征硅酸盐水泥的强度等级。

目前水泥强度的测定采用《水泥胶砂强度检验方法（ISO法）》（GB/T 17671—1999）规定的方法。水泥与ISO标准砂的比为1∶3，水灰比为0.5，按规定的方法制成40mm×40mm×160mm条形试件，在标准温度（20±1）℃的水中养护，分别测定3d、28d的抗折与抗压强度。

硅酸盐水泥的强度等级分为42.5、42.5R、52.5、52.5R、62.5、62.5R 6个等级。其中代号R属于早强型水泥。

不同强度等级的硅酸盐水泥，其不同各龄期的强度应符合表3.4的规定。

表 3.4　　　　　　　　　　　硅酸盐水泥强度等级要求　　　　　　　　　　单位：MPa

品　　种	强度等级	抗压强度		抗折强度	
		3d	28d	3d	28d
硅酸盐水泥	42.5	≥17.0	≥42.5	≥3.5	≥6.5
	42.5R	≥22.0		≥4.0	
	52.5	≥23.0	≥52.5	≥4.0	≥7.0
	52.5R	≥27.0		≥5.0	
	62.5	≥28.0	≥62.5	≥5.0	≥8.0
	62.5R	≥32.0		≥5.5	

4. 细度

硅酸盐水泥以比表面积表示，不小于300m²/kg。

比表面积是指单位质量水泥粉末具有的总表面积，采用勃氏透气仪测定，应按GB/T 8074进行试验。其原理是根据一定量空气通过一定空隙和厚度水泥层时，因受阻力而引起流速变化来测定水泥的比表面积，其单位为 m^2/kg 或 cm^2/g。

国家标准规定：硅酸盐水泥经抽样检验，化学指标、凝结时间、安定性、强度均符合上述标准规定的技术要求为合格品，经抽样检验化学指标、凝结时间、安定性、强度 4 项中任何一项不符合技术要求为不合格品。

3.1.4 硅酸盐水泥的腐蚀与防止

硅酸盐水泥硬化后，在一般使用条件下，具有较高的耐久性。但是当水泥石长期处于有某些腐蚀性介质环境中时，会使其强度和耐久性降低，甚至导致混凝土结构破坏。

3.1.4.1 软水侵蚀（溶出性侵蚀）

暂时硬度较低的水称为软水，如雨水、雪水、蒸馏水和冷凝水均为软水，有些重碳酸盐含量较低的湖水和河水也可看做软水。

当水泥石长期处在软水中时，由于水化产物都不同程度地溶解于水，其中氢氧化钙溶解度最大。氢氧化钙首先溶出，并很快达到其饱和溶液。如果水是静止的或是无压水，氢氧化钙的溶出仅限于水泥石表面，因此，对水泥石影响不大。相反在流动水或者有压水中，水泥石中的氢氧化钙溶出并被水带走，水泥石中的氢氧化钙浓度会不断地降低，当水泥石中氢氧化钙的浓度降到一定值时，其他水化产物如水化硅酸钙、水化铝酸钙和水化硫铝酸钙等所赖以存在的环境遭到破坏，它们将相继分解溶蚀。使水泥石结构不断遭到破坏，强度逐渐降低，最终将导致整个水泥混凝土和钢筋混凝土工程的破坏。

3.1.4.2 硫酸盐腐蚀

在海水、盐沼水、地下水和某些工业污水中常含有钠、钾和铵等硫酸盐，它们与水泥石中的氢氧化钙发生复分解反应，产物硫酸钙沉积在已硬化的水泥石表面孔隙内，结晶膨胀导致水泥石开裂。如生成的硫酸钙较多，新生成的硫酸钙活性高，容易与水泥石中固态水化铝酸钙反应：

$$4CaO \cdot Al_2O_3 \cdot 6H_2O + 3(CaSO_4 \cdot 2H_2O) + 19H_2O = 4CaO \cdot Al_2O_3 \cdot 3CaSO_4 \cdot 31H_2O$$

生成了带有 31 个结晶水的高硫型水化硫铝酸钙，膨胀为原体积的 1.5 倍以上，对水泥石结构造成的破坏更为严重。由于高硫型的水化硫铝酸钙是针状晶体，因此称为"水泥杆菌"。

值得注意的是，在生产硅酸盐水泥时，为了调节硅酸盐水泥的凝结时间，加入了适量石膏。石膏与水化铝酸钙反应也生成了高硫型的水化硫铝酸钙，但是它是在水泥浆尚具有一定可塑性时生成的。因此，不具有破坏作用。

3.1.4.3 镁盐腐蚀

在海水、地下水和盐沼水中，常常含有大量的以硫酸镁和氯化镁为主的镁盐，它们与水泥石中的氢氧化钙发生复分解反应：

$$MgSO_4 + Ca(OH)_2 + H_2O = CaSO_4 \cdot 2H_2O + Mg(OH)_2$$

$$MgCl_2 + Ca(OH)_2 = CaCl_2 + Mg(OH)_2$$

产物中氢氧化镁松散没有胶结能力，而氯化钙易溶于水，二水石膏则会产生硫酸盐的腐蚀。因此，硫酸镁对水泥石具有镁盐和硫酸盐双重破坏作用。

3.1.4.4 酸的腐蚀

1. 碳酸的腐蚀

在工业废水和地下水中，常常溶解有较多的二氧化碳，这种水对水泥石腐蚀是通过以下方式进行的。首先是水泥石中的氢氧化钙和二氧化碳作用，生成不溶于水的碳酸钙；碳酸钙与二氧化碳反应生成了易溶于水的碳酸氢钙：

$$Ca(OH)_2 + CO_2 + H_2O \Longrightarrow CaCO_3 + 2H_2O$$
$$CaCO_3 + H_2O + CO_2 \Longrightarrow Ca(HCO_3)_2$$

由于水中溶解的二氧化碳较多，使上述反应向右进行，水泥石中氢氧化钙转化成易溶于水的碳酸氢钙而流失。当水泥石中氢氧化钙浓度降低到一定值时，其他水化产物相继分解，使水泥石结构遭到破坏。

2. 一般酸的腐蚀

工业废水、地下水和沼泽水中常含有无机酸和有机酸。各种酸对水泥石腐蚀程度不同，它们与水泥石中的氢氧化钙发生反应，其产物或者是易溶于水，或者结晶膨胀，均会降低水泥石的强度。如盐酸与水泥石中的氢氧化钙反应生成易溶于水的氯化钙：

$$2HCl + Ca(OH)_2 \Longrightarrow CaCl_2 + 2H_2O$$

产物硫酸钙在水泥石的孔隙中结晶膨胀。如硫酸钙生成量较多，还会与水泥石中的固态水化铝酸钙反应，生成高硫型的水化硫铝酸钙，结晶膨胀 1.5 倍以上，对水泥石的危害更大。

3.1.4.5 强碱的腐蚀

硅酸盐水泥水化后，由于水化产物中的氢氧化钙存在，使水泥石显碱性（pH 值一般为 12.5～13.5），所以一般碱浓度不高时，对水泥石不产生腐蚀。如果水泥中铝酸盐含量较高时，遇到强碱介质，两者反应生成易溶于水的铝酸钠：

$$3CaO \cdot Al_2O_3 + 6Na(OH) \Longrightarrow 3Na_2O \cdot Al_2O_3 + 3Ca(OH)_2$$

氢氧化钠浸透水泥石后，在空气中，氢氧化钠与二氧化碳反应生成碳酸钠：

$$2Na(OH) + CO_2 \Longrightarrow Na_2CO_3 + H_2O$$

碳酸钠在水泥石孔隙中结晶膨胀，导致水泥石产生裂缝，强度降低。

综上所述，从结果来看，水泥石腐蚀的类型可分为两类：一类是水泥中的某些水化产物逐渐溶失；另一类是水泥石水化产物与腐蚀性介质反应，产物或者是易溶于水，或者是松散无胶结能力，或者是结晶膨胀。造成水泥石腐蚀的外在原因为腐蚀性介质。内在原因包括两方面：一方面是水泥石中存在着氢氧化钙和水化铝酸钙等易腐蚀的组分；另一方面水泥石本身不密实，内部存在着很多腐蚀性介质容易进入的毛细孔通道。

3.1.4.6 水泥石腐蚀的防止

根据以上腐蚀环境特点和水泥石腐蚀的内在原因的分析，在实际工程中，可采取以下防止措施：

（1）根据侵蚀环境特点，合理选择水泥品种。水泥石中易引起腐蚀的组分是氢氧化钙和水化铝酸钙，如选用水化产物中氢氧化钙含量少的水泥（掺有混合材料的水泥）可有效防止软水和镁盐（硫酸镁除外）等介质的侵蚀；如选用铝酸盐含量较少的水泥，可显著提高水泥石抵抗硫酸盐侵蚀的能力。

（2）提高水泥石的密实度。提高水泥石的密实度，可以有效阻止侵蚀性介质的侵入，提高水泥石的抗腐蚀能力。在实际工程中一般采取降低水灰比、选择级配良好的骨料、掺入混合材料和外加剂、改善施工工艺等方法来提高混凝土的密实度。此外还可在混凝土表面进行碳化或氟硅酸处理，生成了难溶的碳酸钙外壳或者氟化钙及硅胶薄膜，提高表面的密实度，减少侵蚀性介质侵入内部。

（3）加做保护层。如遇到较强的腐蚀性介质时，在上述措施的基础上，可在混凝土表面用耐腐蚀石料、陶瓷、塑料、防水材料等覆盖，形成不透水的保护层，以防止腐蚀介质与水泥石直接接触。

3.1.5 硅酸盐水泥的特性与应用

（1）强度发展快，强度高。由于硅酸盐水泥熟料中硅酸三钙和铝酸三钙含量高，凝结硬化快，强度高，尤其是早期（包括 3d 和 28d）强度高，因此强度等级高。主要用于重要结构的高强混凝土、预应力混凝土和有早强要求的混凝土工程。

（2）抗冻性强。由于硅酸盐水泥凝结硬化快，早期强度高，而且其拌和物不易发生泌水，密实度高。因此适用于寒冷地区和严寒地区遭受反复冻融的混凝土工程。

（3）抗碳化性能好。由于硅酸盐水泥凝结硬化后，水化产物中氢氧化钙浓度高，水泥石的碱度高。再加上硅酸盐水泥混凝土的密实度高，开始碳化生成的碳酸钙填充混凝土表面的孔隙，使混凝土表面更密实，有效阻止了进一步碳化。因此，硅酸盐水泥抗碳化性能高，可用于有碳化要求的混凝土工程中。

（4）耐腐蚀性差。由于硅酸盐水泥熟料中硅酸三钙和铝酸三钙含量高，其水化产物中易腐蚀的氢氧化钙和水化铝酸三钙含量高。因此，耐腐蚀性差。不宜长期使用在含有侵蚀性介质（如软水，酸和盐）的环境中。

（5）水化热高。由于硅酸盐水泥熟料中硅酸三钙和铝酸三钙含量较高，水化热高，而且释放集中。因此，不宜用于大体积混凝土工程，但是可应用于冬季施工的工程中。

（6）耐热性差。硅酸盐水泥混凝土在温度不高时（一般为 100～250℃），尚存的游离水的水化继续进行，混凝土的密实度进一步增加，强度有所提高。当温度高于 250℃时，水泥中的水化产物氢氧化钙分解为氧化钙，如再遇到潮湿的环境时，氧化钙熟化体积膨胀，使混凝土遭到破坏。因此，硅酸盐水泥不宜应用于有耐热性要求的混凝土工程。

（7）耐磨性好。硅酸盐水泥混凝土强度高、耐磨性好，可应用于路面和机场跑道等混凝土工程。

3.1.6 硅酸盐水泥的储存和运输

硅酸盐水泥的储运过程中，应十分注意防水防潮。水泥遇水后，凝结硬化结块，丧失部分胶结能力，强度降低，甚至不能应用于实际工程。

水泥的存放应按不同品种、不同强度等级以及出厂日期分别堆放，并加贴标志。散装水泥应分库储存，袋装水泥堆放高度应不超过 10 袋，同时应掌握先到先用的原则。即使储存条件良好，水泥也不宜长时间存放。因为它易吸收空气中的水分和二氧化碳，在颗粒表面进行缓慢的凝结硬化和碳化，失去部分胶结能力，强度降低。因此，储存期一般不超过 6 个月，6 个月后应重新鉴定水泥强度等级，如符合要求可按实际强度等级使用。

如在一般条件下储存，3 个月后水泥强度约降低 10％～20％；6 个月后强度降低约

15％～30％，经过 1 年以后，水泥强度约降低 25％～40％。

3.2 混合材料及掺混合材料的硅酸盐水泥

国家标准规定：通用硅酸盐水泥按混合材料的品种和掺量分为硅酸盐水泥、普通硅酸盐水泥、矿渣硅酸盐水泥、火山灰质硅酸盐水泥、粉煤灰硅酸盐水泥和复合硅酸盐水泥。在生产水泥时，加入的人工或天然的矿物材料称为水泥混合材料。在水泥熟料中加入混合材料的目的是：改善水泥性能，调整水泥强度，增加水泥品种，提高产量，降低成本，以扩大水泥的使用范围，同时既节约了熟料，又可以综合利用工业废渣和地方材料。

3.2.1 混合材料

用于水泥中的混合材料分为活性混合材料和非活性混合材料两大类。

1. 活性混合材料

具有火山灰活性或潜在水硬性的混合材料称为活性混合材料，所谓火山灰活性是指混合材料磨成细粉与石灰加水拌和后，在常温下，能生成具有水硬性水化产物的性质。而潜在水硬性一般是指磨细的混合材料和石灰与石膏（硫酸盐激发剂）加水拌和，在湿空气中才能生成水硬性水化产物的性质。常用的活性混合材料有粒化高炉矿渣、火山灰质混合材料和粉煤灰三种。

（1）粒化高炉矿渣。粒化高炉矿渣的活性取决于其化学成分含量和玻璃体含量，高炉矿渣的主要化学成分为 CaO、MgO、Al_2O_3 和 SiO_2 等，其中活性二氧化硅和活性三氧化二铝含量越高，高炉矿渣的活性越高。高炉矿渣中玻璃体含量越高，其活性越高。

（2）火山灰质混合材料。凡具有火山灰性天然的或人工的矿物质材料，统称为火山灰质混合材料。火山灰质混合材料中含有较多的活性氧化硅及活性氧化铝，能与石灰在常温下反应，生成水化硅酸钙及水化铝酸钙。

（3）粉煤灰。粉煤灰的主要化学成分为二氧化硅及三氧化二铝，含少量氧化钙，具有火山灰性。

在这三种活性混合材料中，主要活性成分为二氧化硅和三氧化二铝，在饱和的氢氧化钙溶液中，发生了明显的水化反应：

$$x Ca(OH)_2 + SiO_2 + m_1 H_2O = x CaO \cdot SiO_2 \cdot n_1 H_2O$$
$$y Ca(OH)_2 + Al_2O_3 + m_2 H_2O = y CaO \cdot Al_2O_3 \cdot n_2 H_2O$$

由此可见，氢氧化钙可激发活性混合材料的潜在活性，称这种物质为激发剂。激发剂分为碱性激发剂和硫酸盐激发剂，硫酸盐激发剂一般采用二水石膏和半水石膏。硫酸盐激发剂必须在有碱性激发剂的条件下才能充分发挥。如在上述反应中，存在硫酸盐时，它与水化铝酸钙反应生成水化硫铝酸钙，使凝结硬化强度进一步提高。

2. 非活性混合材料

凡是不具有活性或活性很低的天然或人工矿物质材料称为非活性混合材料，它与水泥的水化产物基本不发生化学反应。在水泥中掺入非活性混合材料的目的是：调整水泥强度等级，增加产量，降低水化热。也就是说非活性混合材料仅起填充作用。

3. 混合材料在建筑工程中的应用

将适量的混合材料按一定比例和水泥熟料、适量石膏共同磨细，可制得普通硅酸盐水泥、矿渣硅酸盐水泥、火山灰质硅酸盐水泥、粉煤灰硅酸盐水泥和复合硅酸盐水泥。或在活性混合材料掺入适量石灰、石膏共同磨细，可制成各种无熟料或少熟料水泥。

在建筑工地拌制混凝土或砂浆时掺入适量的混合材料，可节约水泥，改善施工性能。在混凝土搅拌站，将适量的混合材料拌入混凝土中可节约水泥，降低成本，而且可改善混凝土的某些性能。

3.2.2　普通硅酸盐水泥

凡是由硅酸盐水泥熟料、大于5％且不大于20％混合材料、适量石膏磨细制成的水硬性胶凝材料，称为普通硅酸盐水泥，简称普通水泥，代号为 P·O。混合材料的掺量按质量百分比计。

活性混合材料掺量不得超过20％，其中允许用不超过水泥质量8％的非活性混合材料或不超过水泥质量5％的窑灰代替。

普通硅酸盐水泥的技术要求如下。

1. 化学指标

烧失量（质量分数）含量不大于5.0％，三氧化硫、氧化镁、氯离子（质量分数）含量与硅酸盐水泥要求相同。如果水泥压蒸试验合格，则水泥中氧化镁的含量（质量分数）允许放宽至6.0％。当氯离子（质量分数）含量有更低要求时，该指标由买卖双方协商确定。

2. 碱含量（选择性指标）

按 $Na_2O+0.658K_2O$ 计算值表示。若使用活性骨料，用户要求提供低碱水泥时，水泥中的碱含量应不大于0.60％或由买卖双方协商确定。与硅酸盐水泥要求相同。

3. 物理指标

（1）凝结时间。初凝时间不得早于45min，终凝不得迟于600min。

（2）安定性。沸煮法合格，要求与硅酸盐水泥要求相同。

（3）强度。普通硅酸盐水泥的强度等级分为42.5、42.5R、52.5和52.5R四个强度等级，各强度等级不同龄期强度应符合表3.5的规定的数值。

表 3.5　普通硅酸盐水泥强度等级要求　　　　　　　　　单位：MPa

品　　种	强度等级	抗压强度		抗折强度	
		3d	28d	3d	28d
普通硅酸盐水泥	42.5	≥17.0	≥42.5	≥3.5	≥6.5
	42.5R	≥22.0		≥4.0	
	52.5	≥23.0	≥52.5	≥4.0	≥7.0
	52.5R	≥27.0		≥5.0	

4. 细度（选择性指标）

普通硅酸盐水泥细度以比表面积表示，不小于 $300m^2/kg$。

3.2.3　矿渣硅酸盐水泥、火山灰质硅酸盐水泥、粉煤灰硅酸盐水泥

3.2.3.1　定义、代号

《通用硅酸盐水泥》（GB 175—2007）规定：凡由硅酸盐水泥熟料和粒化高炉矿渣、适量石膏磨细制成的水硬性胶凝材料称为矿渣硅酸盐水泥（简称矿渣水泥），代号 P·S。水泥中粒化高炉矿渣掺加量按重量百分比计为"大于 20％且不大于 70％"。A 型矿渣掺加量"大于 20％且不大于 50％"，代号 P·S·A；B 型矿渣掺加量"大于 50％且不大于 70％"，代号 P·S·B。

GB 175—2007 规定：凡由硅酸盐水泥熟料和火山灰质混合材料、适量石膏磨细制成的水硬性胶凝材料称为火山灰质硅酸盐水泥（简称火山灰水泥），代号 P·P。火山灰质硅酸盐水泥中火山灰质混合材料掺量为"大于 20％且不大于 40％"。

凡由硅酸盐水泥熟料和粉煤灰、适量石膏磨细制成的水硬性胶凝材料称为粉煤灰硅酸盐水泥（简称粉煤灰水泥），代号 P·F。水泥中粉煤灰掺加量按重量百分比计为 20％～40％。

3.2.3.2　技术要求

1. 氧化镁

熟料中氧化镁的含量不超过 5.0％，如果水泥经压蒸安定性试验合格，则熟料中氧化镁的含量允许放宽到 6.0％。熟料中氧化镁的含量为 5.0％～6.0％时，如矿渣水泥中混合材料总掺加量大于 40％或火山灰水泥和粉煤灰水泥中混合材料总掺加量大于 30％，制成的水泥可不作压蒸试验。

2. 三氧化硫

矿渣水泥中不得超过 4.0％；火山灰水泥、粉煤灰水泥中不得超过 3.5％。

3. 细度

80μm 方孔筛筛余不得超过 10.0％或 45μm 方孔筛筛余不大于 30％。

4. 凝结时间

初凝不得早于 45min，终凝不得迟于 10h。

5. 安定性

用沸煮法检验必须合格。

6. 强度

水泥强度等级按规定龄期的抗压强度和抗折强度划分，三种水泥各强度等级、各龄期强度不得低于表 3.6 的数值。

表 3.6　　矿渣、粉煤灰和火山灰水泥各强度等级、各龄期强度值　　　单位：MPa

强度等级	抗 压 强 度		抗 折 强 度	
	3d	28d	3d	28d
32.5	10	32.5	2.5	5.5
32.5R	15.0	32.5	3.5	5.5
42.5	15.0	42.5	3.5	6.5
42.5R	19.0	42.5	4.0	6.5
52.5	21.0	52.5	4.0	7.0
52.5R	23.0	52.5	4.5	7.0

7. 碱

水泥中碱含量按（NaO+0.658K₂O）计算值来表示，若使用活性集料，用户要求需提供低碱水泥时，水泥中的碱含量应不大于 0.60% 或由双方协商确定。

3.2.3.3 特性与应用

从 P·S、P·P、P·S（P·S·A、P·S·B）这三种水泥的组成可以看出，它们的区别仅在于掺加活性混合材料的不同，而由于三种活性混合材料的化学组成和化学活性基本相同，其水泥的水化产物及凝结硬化速度相近，因此这三种水泥的大多数性质和应用相同或相近，即这三种水泥在许多情况下可替代使用。同时，又由于这三种活性混合材料的物理性质和表面特征及水化活性等有些差异，使得这三种水泥分别具有某些特性。总之，这三种水泥与硅酸盐水泥或普通硅酸盐水泥相比，具有以下特点。

1. 三种水泥的共性

（1）早期强度低、后期强度发展高。其原因是这三种水泥的熟料含量少且二次水化反应（即活性混合材料的水化）慢，故早期（3d、7d）强度低。后期由于二次水化反应的不断进行和水泥熟料的不断水化，水化产物不断增多，强度可赶上或超过同强度等级的硅酸盐水泥或普通硅酸盐水泥。活性混合材料的掺量越多，早期强度越低，但后期强度增长越多。三种水泥不适合用于早期强度要求高的混凝土工程，如冬季施工现浇工程等。

（2）对温度敏感，适合高温养护。这三种水泥在低温下水化明显减慢，强度较低。采用高温养护可大大加速活性混合材料的水化，并可加速熟料的水化，故可大大提高早期强度，且不影响常温下后期强度的发展。

（3）耐腐蚀性好。这三种水泥的熟料数量相对较少，水化硬化后水泥石中的氢氧化钙和水化铝酸钙的数量少，且活性混合材料的二次水化反应使水泥石中氢氧化钙的数量进一步降低，因此耐腐蚀性好，适合用于有硫酸盐、镁盐、软水等侵蚀作用的环境，如水工、海港、码头等混凝土工程。但当侵蚀介质的浓度较高或耐腐蚀性要求高时，仍不宜使用。

（4）水化热小。三种水泥中的熟料含量少，因而水化放热量少，尤其是早期放热速度慢，放热量少，适合用于大体积混凝土工程。

（5）抗冻性较差。矿渣和粉煤灰易泌水形成连通孔隙，火山灰一般需水量较大，会增加内部的孔隙含量，故这三种水泥的抗冻性均较差。

（6）抗碳化性较差。由于这三种水泥在水化硬化后，水泥石中的氢氧化钙的数量少，故抵抗碳化的能力差。因而不适合用于二氧化碳浓度含量高的工业厂房，如铸造、翻砂车间等。

2. 三种水泥的特性

（1）矿渣硅酸盐水泥。由于粒化高炉矿渣玻璃体对水的吸附能力差，即对水分的保持能力差（保水性差），与水拌和时易产生泌水造成较多的连通孔隙，因此，矿渣硅酸盐水泥的抗渗性差，且干缩较大。矿渣本身耐热性好，且矿渣硅酸盐水泥水化后氢氧化钙的含量少，故矿渣硅酸盐水泥的耐热性较好。矿渣硅酸盐水泥适合用于有耐热要求的混凝土工程，不适合用于有抗渗要求的混凝土工程。

（2）火山灰质硅酸盐水泥。火山灰质混合材料内部含有大量的微细孔隙，故火山灰质硅酸盐水泥的保水性好；火山灰质硅酸盐水泥水化后形成较多的水化硅酸钙凝胶，使水泥石结构致密，因而其抗渗性较好；火山灰质硅酸盐水泥的干缩大，水泥石易产生微细裂纹，且空气中的二氧化碳能使水化硅酸钙凝胶分解成为碳酸钙和氧化硅的混合物，使水泥石的表面产生起粉现象。火山灰质硅酸盐水泥的耐磨性也较差。火山灰质硅酸盐水泥适合用于有抗渗性要求的混凝土工程，不宜用于干燥环境中的地上混凝土工程，也不宜用于有耐磨性要求的混凝土工程。

（3）粉煤灰硅酸盐水泥。粉煤灰是表面致密的球形颗粒，其吸附水的能力较差，即保水性差、泌水性大，其在施工阶段易使制品表面因大量泌水产生收缩裂纹（又称失水裂纹），因而粉煤灰硅酸盐水泥抗渗性差；粉煤灰硅酸盐水泥的干缩较小，这是因为粉煤灰的比表面积小，拌和需水量小的缘故。粉煤灰硅酸盐水泥的耐磨性也较差。粉煤灰硅酸盐水泥适合用于承载较晚的混凝土工程，不宜用于有抗渗性要求的混凝土工程，且不宜用于干燥环境中的混凝土及有耐磨性要求的混凝土工程。

前面所述的硅酸盐水泥、普通硅酸盐水泥、矿渣硅酸盐水泥、火山灰硅酸盐水泥、粉煤灰硅酸盐水泥及复合硅酸盐水泥是我国广泛使用的六大通用水泥，其组成、性质及适用范围见表3.7。

表 3.7 　　　　　　　　　　　　　　6 种常用水泥的组成、性质及应用的异同点

项目	硅酸盐水泥 （P·Ⅰ、P·Ⅱ）	普通硅酸盐水泥 （P·O）	矿渣硅酸盐水泥 （P·S） （P·S·A、 P·S·B）	火山灰硅 酸盐水泥 （P·P）	粉煤灰硅 酸盐水泥 （P·F）	复合硅 酸盐水泥 （P·C）
组成	硅酸盐水泥熟料、适量石膏					
组成	无或很少（0%～5%）的混合材料	少量（5%～20%）混合材料	（20%～70%）粒化高炉矿渣（其中 A 型 20%～50%，B 型50%～70%）	（20%～40%）火山灰质	（20%～40%）粉煤灰	（20%～50%）两种或以上的混合材料
性质	早期、后期强度高、耐腐蚀性差、水化热大、抗碳化性好、抗冻性好、耐磨性好、耐热性差	早期强度稍低，后期强度高、耐腐蚀性稍差、水化热略小、抗碳化性好、抗冻性好、耐磨性好	早期强度低、后期强度高			早期强度较高
性质			1. 对温度敏感，适合高温养护； 2. 耐腐蚀性好； 3. 水化热小； 4. 抗冻性较差； 5. 抗碳化性较差			
性质			泌水性大、抗渗性差、耐热性较好、干缩较大	保水性好、抗渗性好、耐磨性较差、干缩较大	泌水性大、抗渗性差、耐磨性较差、干缩小、抗裂性好	干缩较大
优先应用条件	早期强度要求高的混凝土，有耐磨要求的、严寒地区反复遭受冻融循环的混凝土、抗碳化性要求较高的混凝土		水下混凝土、海港混凝土、大体积混凝土、耐腐蚀性要求较高的混凝土、高温下养护的混凝土		
优先应用条件	高强混凝土	有抗渗要求的混凝土、受干湿交替的混凝土	有耐热要求的混凝土	有抗渗要求的混凝土	受载较晚的混凝土	

项目	硅酸盐水泥 (P·Ⅰ、P·Ⅱ)	普通硅酸盐水泥 (P·O)	矿渣硅酸盐水泥 (P·S) (P·S·A P·S·B)	火山灰硅 酸盐水泥 (P·P)	粉煤灰硅 酸盐水泥 (P·F)	复合硅 酸盐水泥 (P·C)
不宜使用条件	大体积混凝土、耐腐蚀性要求高的混凝土		早期要求高的混凝土			
			抗冻性要求高的混凝土、低温或冬季施工混凝土、抗碳化要求高的混凝土			
	耐热混凝土、高温养护混凝土		抗渗性要求高的混凝土	干燥环境中的混凝土、有耐磨要求的混凝土		
					有抗渗要求的混凝土	

3.2.4 水泥的验收与储运

水泥出厂前同品种、同强度等级按规定进行编号和取样。经确认水泥各项技术指标及包装质量符合要求时方可出厂。

1. 出厂检验报告

水泥出厂前，生产厂家应按国家标准规定的取样规则和检验方法对水泥进行检验，并向用户提供试验报告。试验报告内容应包括出厂检验项目、细度、混合材料品种和掺加量、石膏和助磨剂的品种及掺加量、属旋窑或立窑生产及合同约定的其他技术要求。当用户需要时，生产者应在水泥发出之日起 7d 内寄发除 28d 强度以外的各项检验结果，32d 内补报 28d 强度的检验结果。

2. 交货与验收

交货时水泥的质量验收可抽取实物试样以其检验结果为依据，也可以生产者同编号水泥的检验报告为依据。采取何种方法验收由买卖双方商定，并在合同或协议中注明。以抽取实物试样的检验结果为验收依据时，买卖双方应在发货前或交货地共同取样和签封。取样方法按 GB 12573 进行，取样数量为 20kg，缩分为两等份。一份由卖方保存 40d，一份由买方按本标准规定的项目和方法进行检验。在 40d 以内，买方检验认为产品质量不符合本标准要求，而卖方又有异议时，则双方应将卖方保存的另一份试样送省级或省级以上国家认可的水泥质量监督检验机构进行仲裁检验。水泥安定性仲裁检验时，应在取样之日起 10d 以内完成。以生产者同编号水泥的检验报告为验收依据时，在发货前或交货时买方在同编号水泥中取样，双方共同签封后由卖方保存 90d，或认可卖方自行取样、签封并保存 90d 的同编号水泥的封存样。在 90d 内，买方对水泥质量有疑问时，则买卖双方应将共同认可的试样送省级或省级以上国家认可的水泥质量监督检验机构进行仲裁检验。

3. 包装

水泥可以散装或袋装，袋装水泥每袋净含量为 50kg，且应不少于标志质量的 99%；随机抽取 20 袋总质量（含包装袋）应不少于 1000kg。其他包装形式由供需双方协商确定，但有关袋装质量要求，应符合上述规定。

4. 标志

水泥包装袋上应清楚标明：执行标准、水泥品种、代号、强度等级、生产者名称、生产许可证标志（QS）及编号、出厂编号、包装日期、净含量。包装袋两侧应根据水泥的品种采用不同的颜色印刷水泥名称和强度等级，硅酸盐水泥和普通硅酸盐水泥采用红色，矿渣硅酸盐水泥采用绿色；火山灰质硅酸盐水泥、粉煤灰硅酸盐水泥和复合硅酸盐水泥采用黑色或蓝色。散装发运时应提交与袋装标志相同内容的卡片。

5. 运输与储存

水泥在运输与储存时不得受潮和混入杂物，不同品种和强度等级的水泥在储运中避免混杂。

3.3　其他品种水泥

在实际工程中，除使用通用水泥外，有时还使用一些特性水泥和专用水泥，本节介绍部分特性水泥和专用水泥。

3.3.1　铝酸盐水泥

以铝矾土和石灰石为原材料，经高温煅烧得到的以铝酸钙（氧化铝含量大于 50%）为主要成分的熟料，磨细制成水硬性胶凝材料称为铝酸盐水泥，又称高铝水泥。铝酸盐水泥是一种硬化快、早期强度高、水化热高、耐热和耐腐蚀性能好的水泥。

根据《铝酸盐水泥》（GB 201—2000）的规定，铝酸盐水泥按三氧化二铝成分的含量不同，可分为 4 个品种：$CA-50$（$50\% \leqslant Al_2O_3 < 60\%$）、$CA-60$（$60\% \leqslant Al_2O_3 < 68\%$）、$CA-70$（$68\% \leqslant Al_2O_3 < 77\%$）、$CA-80$（$77\% \leqslant Al_2O_3$）。

铝酸盐水泥的主要矿物成分为铝酸一钙（$CaO \cdot Al_2O_3$，简写为 CA）和二铝酸一钙（$CaO \cdot 2Al_2O_3$，简写为 CA_2），还含有少量的硅酸二钙和其他铝酸盐。

1. 技术性质

（1）细度。比表面积不得小于 $300m^2/kg$ 或筛孔尺寸为 0.045mm 方孔筛的筛余量不大于 30%。

（2）凝结时间。$CA-50$、$CA-70$ 和 $CA-80$ 的初凝时间不得早于 30min，终凝时间不得迟于 6h；$CA-60$ 的初凝时间不得早于 60min，终凝时间不得迟于 18h。

（3）强度。铝酸盐水泥是按 1d 和 3d 的抗压强度和抗折强度确定强度等级的，不同强度等级各龄期强度值不得低于表 3.8 规定的数值。

表 3.8　　　　　　　铝酸盐水泥各龄期强度要求　　　　　　　单位：MPa

水泥类性	抗 压 强 度				抗 折 强 度			
	6h	1d	3d	28d	6h	1d	3d	28d
CA－50	20	40	50	—	3.0	5.5	6.5	—
CA－60	—	20	45	85	—	2.5	5.0	10.0
CA－70	—	30	40	—	—	5.0	6.0	—
CA－80	—	25	30	—	—	4.0	5.0	—

2. 铝酸盐水泥的特性和应用

（1）快硬早强。当温度较低时（约 15℃左右时），铝酸盐水泥凝结硬化后 1d 的强度可达 3d（强度等级）的 80％ 以上。故此，它凝结硬化快，早期强度高。因此，铝酸盐水泥适用于紧急抢修工程和有早强要求的混凝土工程，不宜用于高温施工的工程，更不适合湿热养护的混凝土工程。

（2）水化热大。铝酸盐水泥水化时，集中放出大量的水化热，1d 放出的水化热约为总热量的 70％～80％；但铝酸盐水泥早期强度高。因此，铝酸盐水泥适用于冬季施工的混凝土工程，不宜用于大体积混凝土工程中。

（3）抗侵蚀性强（除碱外）。由于铝酸盐水泥水化后，产物中没有易受侵蚀的组分氢氧化钙和水化铝酸钙，而且水泥石结构密实，因此，具有较高的抗渗性和抗（软水、酸和盐）侵蚀性。铝酸盐水泥可用于有抗渗性和有抗（软水、酸和盐）侵蚀要求的混凝土工程中。

（4）较高的耐热性。虽然铝酸盐水泥不宜在高温条件下施工，但是硬化的铝酸盐水泥石具有较高的耐热性。如在 1300℃，仍具有较高强度。因为在高温条件下，硬化水泥石中的组分发生了固相反应，形成了陶瓷胚体。因此，铝酸盐水泥可作为耐高温混凝土的胶凝材料，适宜用于耐热混凝土的配制。

3.3.2 白色和彩色硅酸盐水泥

1. 白色硅酸盐水泥

由氧化铁含量少的硅酸盐水泥熟料、适量石膏及相关混合材料，磨细制成水硬性胶凝材料称为白色硅酸盐水泥（简称"白水泥"），代号 P·W。熟料中氧化镁的含量不宜超过 5.0％；如果水泥经压蒸安定性试验合格，则熟料中氧化镁的含量允许放宽到 6.0％。

白色硅酸盐水泥的技术性能基本与硅酸盐水泥相同，《白色硅酸盐水泥》（GB 2015—2005）规定：

（1）三氧化硫。水泥中三氧化硫含量应不超过 3.5％。

（2）细度。80μm 方孔筛筛余量不得超过 10％。

（3）凝结时间。初凝不得早于 45min，终凝不得迟于 12h。

（4）安定性。用沸煮法检验必须合格。

（5）水泥白度。水泥白度值应不低于 87。

（6）强度。水泥强度等级按规定的抗压强度和抗折强度来划分，各强度等级的各龄期强度应不低于表 3.9 的数值。

表 3.9　　　　　　　　　白色硅酸盐水泥各龄期强度要求　　　　　　　　　单位：MPa

强 度 等 级	抗 压 强 度		抗 折 强 度	
	3d	28d	3d	28d
32.5	12.0	32.5	3.0	6.0
42.5	17.0	42.5	3.5	6.5
52.5	22.0	52.5	4.0	7.0

2. 彩色硅酸盐水泥

彩色硅酸盐水泥主要用于装饰。根据《彩色硅酸盐水泥》（JC/T 870—2000），凡由硅酸盐水泥熟料及适量石膏（或白色硅酸盐水泥）、混合材料及着色剂磨细或混合制成的带有色彩的水硬性胶凝材料称为彩色硅酸盐水泥。

彩色硅酸盐水泥是以白色硅酸盐水泥熟料、适量石膏和耐碱矿物颜料为原料，共同磨细制成的。彩色硅酸盐水泥对耐碱矿物颜料要求是：对水泥无害、分散性好、耐大气稳定性好等。在生产颜色较深的彩色硅酸水泥时，可采用普通硅酸盐水泥代替白色硅酸盐水泥作为原料。

彩色硅酸盐水泥技术要求如下：

（1）三氧化硫。水泥中三氧化硫的含量不得超过 4.0%。

（2）细度。80μm 方孔筛筛余不得超过 6.0%。

（3）凝结时间。初凝不得早于 1h，终凝不得迟于 10h。

（4）安定性。用沸煮法检验必须合格。

（5）强度。各强度等级水泥的各龄期强度不得低于表 3.10 的规定。

表 3.10 　　　　　　　　　　彩色硅酸盐水泥各龄期强度要求 　　　　　　　　　单位：MPa

强度等级	抗 压 强 度		抗 折 强 度	
	3d	28d	3d	28d
27.5	7.5	27.5	2.0	5.0
32.5	10.0	32.5	2.5	5.5
42.5	15.0	42.5	3.5	6.5

白色硅酸盐水泥和彩色硅酸盐水泥主要用于建筑装饰工程，常用于配制各类彩色水泥浆、水泥砂浆，用于饰面刷浆或陶瓷铺贴勾缝。配制装饰混凝土、彩色水刷石、人造大理石及水磨石等制品，也可制成雕塑艺术和各种装饰制品部件。

3.3.3 砌筑水泥

凡由一种或一种以上的水泥混合材料，加入适量的硅酸盐水泥熟料和石膏，经磨细制成的工作性较好的水硬性胶凝材料，称为砌筑水泥。

根据《砌筑水泥》（GB/T 3183—2003）规定，其技术性质如下：

（1）三氧化硫。水泥中三氧化硫的含量应不大于 4.0%。

（2）细度。80μm 方孔筛筛余不大于 10.0%。

（3）凝结时间。初凝不得早于 60min，终凝不迟于 12h。

（4）安定性。用沸煮法检验应合格。

（5）保水率。保水率应不低于 80%。

（6）强度。各等级水泥的各龄期强度不得低于表 3.11 的规定。

表 3.11 　　　　　　　　　　　砌筑水泥各龄期强度要求 　　　　　　　　　　单位：MPa

强 度 等 级	抗 压 强 度		抗 折 强 度	
	7d	28d	7d	28d
12.5	7.0	12.5	1.5	3.0
22.5	10.0	22.5	2.0	4.0

砌筑水泥标号较低，但是能满足砌筑砂浆强度要求。由于采用了大量活性混合材料，

降低了水泥成本。砌筑水泥主要用于配制砌筑砂浆和抹面砂浆、垫层混凝土等，不得用于结构混凝土，作其他用途时必须通过试验来确定。

复 习 思 考 题

1. 硅酸盐水泥熟料的主要矿物组成是什么？这些矿物成分对水泥的性质有何影响？

2. 硅酸盐水泥的主要水化产物是什么？硬化水泥石的结构是什么？

3. 制造硅酸盐水泥时为什么必须掺入适量的石膏？石膏掺得太少或过多时，将产生什么情况？

4. 何谓水泥的凝结时间？国家标准为什么要规定水泥的凝结时间？

5. 引起硅酸盐水泥产生体积安定性不良的原因是什么？如何检验水泥的安定性？

6. 影响硅酸盐水泥凝结硬化的主要因素有哪些？怎样影响？

7. 为什么生产硅酸盐水泥时掺适量石膏对水泥石不起破坏作用，而硬化水泥石在有硫酸盐的环境介质中生成石膏时就有破坏作用？

8. 硅酸盐水泥腐蚀的类型有哪些？腐蚀后水泥石破坏的形式有哪几种？

9. 何谓活性混合材料和非活性混合材料？它们加入硅酸盐水泥中各起什么作用？硅酸盐水泥常掺入哪几种活性混合材料？

10. 活性混合材料产生水硬性的条件是什么？

11. 某工地材料仓库存有白色胶凝材料3桶，原分别标明为磨细生石灰、建筑石膏和白水泥，后因保管不善，标签脱落，问可用什么简易方法来加以辨认？

12. 测得硅酸盐水泥标准试件的抗折和抗压破坏荷载见表3.12，试评定其强度等级。

表 3.12　　　　　　硅酸盐水泥标准试件的抗折和抗压破坏荷载

龄　　期	抗折破坏荷载（N）		抗压破坏荷载（kN）	
	3d	28d	3d	28d
试验 结果 读数	1400	3100	51 58	112 132
	1900	3200	62 67	136 150
	1800	3200	58 60	140 138
平均值				

13. 在下列混凝土工程中，试分别选用合适的水泥品种，并说明选用的理由。

(1) 早期强度要求高、抗冻性好的混凝土。

(2) 抗软水和硫酸盐腐蚀较强、耐热的混凝土。

(3) 抗淡水侵蚀强、抗渗性高的混凝土。

(4) 抗硫酸盐腐蚀较高、干缩小、抗裂性较好的混凝土。

(5) 夏季现浇混凝土。

(6) 紧急军事工程。

(7) 大体积混凝土。

（8）水中、地下的建筑物。

（9）在我国北方，冬季施工混凝土。

（10）位于海水下的建筑物。

（11）填塞建筑物接缝的混凝土。

第4章 混 凝 土

内容概述 本章主要介绍了混凝土的技术性质、组成材料、设计方法和质量控制。同时对混凝土的外加剂、其他品种混凝土等也作了简要介绍。

学习目标 掌握混凝土的主要技术性能及其影响因素、配合比设计和质量评定方法；明确混凝土的主要组成材料及其对混凝土性能的影响，了解混凝土外加剂、其他品种混凝土等内容。

4.1 概 述

水泥混凝土是现代土木结构中用量最大的建筑材料之一，广泛应用于建筑工程、水利工程、道桥工程、地下工程和国防工程等。

水泥混凝土是以水泥和水形成的水泥浆体为黏结介质，是以将矿质材料胶结成为具有一定力学性能的一种复合材料。

水泥混凝土可根据其组成、特性与功能等的不同从以下角度进行分类。

（1）按表观密度的大小，水泥混凝土可分为

1）普通混凝土。表观密度约为 $2400kg/m^3$（通常在 $2350\sim2500kg/m^3$ 之间波动），它是用天然（或人工）砂、石为集料配制而成的混凝土，是建筑工程、道桥工程中较为常用的混凝土。

2）轻混凝土。表观密度可轻达 $1900kg/m^3$，现代大跨度钢筋混凝土桥梁为减轻结构自重，往往采用各种轻集料配制成轻集料结构混凝土，达到轻质高强，以增大桥梁跨度的目的。

3）重混凝土。表观密度可达 $3200kg/m^3$，是用特别密实的集料（如钢屑、重晶石、铁矿石等）配制而成的混凝土，它可用作防辐射材料。

（2）按抗压强度的大小，水泥混凝土可分为

1）低强混凝土。抗压强度小于 30MPa。

2）中强混凝土。抗压强度为 $30\sim60MPa$。

3）高强混凝土。抗压强度大于 60MPa。

此外，为改善水泥混凝土的性能，适应现代土建工程的需要，还发展了不同功能的混凝土，如：加气混凝土、防水混凝土、泵送混凝土、纤维加筋混凝土、补偿收缩混凝土、道路混凝土、水工混凝土等。

普通水泥混凝土有如下优点：

（1）混凝土在凝结前具有良好的塑性，可浇筑成各种形状和大小的构件或结构物。

（2）混凝土与钢筋之间具有牢固的结合力，可做成钢筋混凝土构件或结构物。

（3）混凝土硬化后具有抗压强度高和耐久性良好的特性，可作为长期使用的承重构件

或结构物。

(4) 其组成材料中的砂石等地方性材料的用量很大，符合就此取材和经济实惠的原则。

(5) 配制较为灵活，可以通过改变材料的组成来满足工程的要求。

普通水泥混凝土也存在如下缺点：

(1) 混凝土抗拉强度太低，不宜作为受拉构件。

(2) 混凝土抵抗变形的能力较差，易开裂发生脆性破坏。

(3) 混凝土的自重及体积都太大，给施工和使用均带来较大的不便。

(4) 混凝土干缩性强，生产工艺复杂而易产生质量波动，容易产生裂纹、缺棱、掉角、麻面、蜂窝、露筋等常见的质量通病。

由于水泥混凝土具有以上的优点，因此它在建筑、市政、水利等工程中能得到广泛的应用。

4.2 普通水泥混凝土的组成材料

普通水泥混凝土（简称混凝土）是由水泥、水、砂、石组成，其技术性质很大程度上是由原材料的性质及其含量决定的，要得到优质的混凝土，应正确地选用原材料。

4.2.1 水泥

水泥是混凝土的胶结材料，混凝土的性能很大程度上取决于水泥的质量，在选择水泥时应对水泥的品种和强度等级加以正确的选择。

1. 水泥品种的选择

配制混凝土用水泥通常可采用第 3 章所述的 6 大品种水泥，在特殊情况下可采用特种水泥。常用 6 大品种水泥应依据工程特点、混凝土所处的环境与气候条件、工程部位以及水泥的供应情况等综合考虑。具体选择时可见表 4.1。

表 4.1　　　　　　　　　　　常用水泥品种的选用

	混凝土工程特点或所处环境条件	优先使用	可以使用	不可使用
普通混凝土	1. 普通气候条件下的混凝土	硅酸盐水泥 普通水泥		
	2. 干燥环境中的混凝土	硅酸盐水泥 普通水泥	矿渣水泥	火山灰水泥 粉煤灰水泥
	3. 在高湿度环境中或长期处于水下的混凝土	矿渣水泥	普通水泥 火山灰水泥 粉煤灰水泥	
	4. 厚大体积混凝土	矿渣水泥 火山灰水泥 粉煤灰水泥	硅酸盐水泥 普通水泥	

混凝土工程特点或所处环境条件		优先使用	可以使用	不可使用
有特殊要求的混凝土	1. 快硬高强（≥C30）的混凝土	硅酸盐水泥 快硬硅酸盐水泥	高强度等级水泥	矿渣水泥
	2. 快硬高强（≥C50）的混凝土	高强度等级水泥	硅酸盐水泥 普通水泥 快硬硅酸盐水泥	火山灰水泥 粉煤灰水泥
	3. 严寒地区的露天混凝土，严寒地区处于水位升降范围内的混凝土	普通水泥 （强度等级≥32.5） 硅酸盐水泥	矿渣水泥 （强度等级≥32.5）	火山灰水泥 粉煤灰水泥
	4. 有耐磨要求的混凝土	普通水泥 （强度等级≥32.5）	矿渣水泥 （强度等级≥32.5）	火山灰水泥 粉煤灰水泥
	5. 有抗渗要求的混凝土	普通水泥 火山灰水泥	硅酸盐水泥 粉煤灰水泥	矿渣水泥
	6. 处于侵蚀性环境中的混凝土	根据侵蚀性介质的种类、浓度等 具体条件按专门的规定选用		

2. 强度等级的选择

应根据混凝土的强度等级要求来确定，使水泥的强度等级与混凝土的强度等级相适应，即高强度等级的混凝土应选用高强度等级的水泥；低强度等级的混凝土应选用低强度等级的水泥。经验表明，一般水泥的强度等级应为混凝土强度等级的 1.0～1.5 倍。

4.2.2 细集料

混凝土中粒径范围一般为 0.15～4.75mm 的集料为细集料。工程中一般采用天然砂（如河砂、海砂及山砂等），因为它们是岩石风化所形成的大小不等、由不同矿物散粒组成的混合物。配制混凝土所用细集料的质量应满足以下几个方面的要求。

1. 颗粒级配与细度模数

砂子的颗粒级配是指粒径大小不同的砂子颗粒相互组合搭配的比例情况。级配良好的砂应该是粗大颗粒间形成的空隙被中等粒径的砂粒所填充，而中等粒径的砂粒间形成的空隙又被比较细小的砂粒所填充，使砂子的空隙率达到尽可能得小。用级配良好的砂子配制混凝土，不仅可以减少水泥浆用量，而且因水泥石含量小而使得混凝土的密度得到提高，强度和耐久性也得以加强。

综上所述，混凝土用砂的同时要考虑砂的粗细程度和颗粒级配。当砂的颗粒较粗且级配较好时，砂的空隙率和总表面积就较小，这样不仅可节约水泥，还可提高混凝土的强度和密实度。因此，控制混凝土用砂的粗细程度和颗粒级配有很高的技术经济意义。

砂的粗细程度和颗粒级配常用筛分析的方法进行评定。筛分析法即用一套孔径为 4.75mm、2.36mm、1.18mm、0.60mm、0.30mm、0.15mm 的标准方孔筛，将预先通过孔径为 9.50mm 筛子的干砂试样（500g）由粗到细依次过筛，然后称取各筛上筛余砂样的质量（分计筛余量），则可计算出各筛上的"分计筛余百分率"（分计筛余量占砂样总质量的百分数）及"累计筛余百分率"（各筛和比该筛粗的所有分计筛余百分率之和）。砂的分计筛余量、分计筛余百分率、累计筛余百分率的关系列于表 4.2。

表 4.2　　　　　　　　　筛余量、分计筛余百分率、累计筛余百分率的关系

筛孔尺寸	分 计 筛 余		累计筛余（%）
	质量（g）	百分率（%）	
4.75mm	m_1	$a_1 = \dfrac{m_1}{500} \times 100$	$A_1 = a_1$
2.36mm	m_2	$a_2 = \dfrac{m_2}{500} \times 100$	$A_2 = a_1 + a_2$
1.18mm	m_3	$a_3 = \dfrac{m_3}{500} \times 100$	$A_3 = a_1 + a_2 + a_3$
0.60mm	m_4	$a_4 = \dfrac{m_5}{500} \times 100$	$A_4 = a_1 + a_2 + a_3 + a_4$
0.30mm	m_5	$a_5 = \dfrac{m_5}{500} \times 100$	$A_5 = a_1 + a_2 + a_3 + a_4 + a_5$
0.15mm	m_6	$a_6 = \dfrac{m_6}{500} \times 100$	$A_6 = a_1 + a_2 + a_3 + a_4 + a_5 + a_6$

根据累计筛余百分率可计算出砂的细度模数和划分砂的级配区，以评定砂的粗细程度和颗粒级配。砂的细度模数 M_x 的计算公式为

$$M_x = \frac{A_2 + A_3 + A_4 + A_5 + A_6 - 5A_1}{100 - A_1} \tag{4.1}$$

细度模数是用来反映砂的粗细程度，细度模数愈大，反映砂愈粗。砂按其细度模数分为：粗砂（$M_x = 3.7 \sim 3.1$）、中砂（$M_x = 3.0 \sim 2.3$）和细砂（$M_x = 2.2 \sim 1.6$）三级。混凝土用砂的级配范围根据《建筑用砂》（GB/T 14684—2011）规定，以细度模数为 3.7～1.6 的砂，按 0.6mm 筛孔的累计筛余划分为 3 个级配区，级配范围见表 4.3 和图 4.1 所示。

表 4.3　　　　　　　　　　　　细 集 料 级 配 范 围

砂的分类	天 然 砂			机 制 砂		
级配区	Ⅰ区	Ⅱ区	Ⅲ区	Ⅰ区	Ⅱ区	Ⅲ区
筛孔尺寸（mm）	累计筛余（%）					
4.75	10～0	10～0	10～0	10～0	10～0	10～0
2.36	35～5	25～0	15～0	35～5	25～0	15～0
1.18	65～35	50～10	25～0	65～35	50～10	25～0
0.6	85～71	70～41	40～16	85～71	70～41	40～16
0.3	95～80	92～70	85～55	95～80	92～70	85～55
0.15	100～90	100～90	100～90	97～85	94～80	94～75

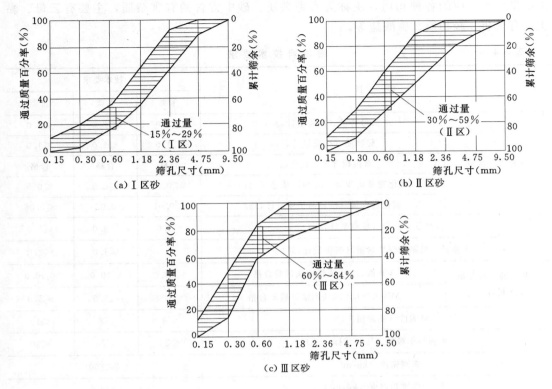

图 4.1 混凝土用砂级配范围曲线图

混凝土用砂的 Ⅰ 区砂属粗砂范畴，拌制混凝土时其内摩阻力较大、保水性差，适宜配制水泥用量多的富混凝土或低流动性混凝土；Ⅲ 区砂的细颗粒较多，拌制混凝土的黏性较大、保水性好，但因其比表面积大，所消耗的水泥用量多，使用时宜适当降低砂率；Ⅱ 区砂在配制不同强度等级混凝土时宜优先使用。

对要求耐磨的混凝土，小于 0.075mm 颗粒不应超过 3%，其他混凝土则不应超过 5%；当采用石屑作为细集料时，其限值分别为 5% 和 7%。

细度模数只反映全部颗粒的粗细程度，不能反映颗粒的级配情况，因为细度模数相同而级配不同的砂所配制混凝土的性质不同，所以考虑砂的颗粒分布情况时，只有同时结合细度模数与颗粒级配两项指标，才能真正反映其全部性质。

2. 压碎值与坚固性

混凝土所用细集料应具备一定的强度和坚固性，不同强度等级的混凝土应选用不同技术等级的细集料。人工砂应进行压碎值测定，天然砂采用硫酸钠溶液进行坚固性试验，经 5 次循环后测其质量损失。具体规定见表 4.4。

细集料的技术要求应符合现行标准《建筑用砂》（GB/T 14684—2011）的规定，具体见表 4.4。

3. 有害杂质

集料中会含有妨碍水泥水化或降低集料与水泥石的黏附性，以及能与水泥水化产物产生不良化学反应的各种物质,统称为有害杂质。砂中常含的有害杂质,主要有云母、黏土、有机质、轻物质、硫酸盐等。

表 4.4 细 集 料 技 术 要 求

项 目		技术要求		
		Ⅰ类	Ⅱ类	Ⅲ类
有害物质含量	云母含量(按质量计,%)	≤1.0	≤2.0	≤2.0
	轻物质(按质量计,%)	≤1.0	≤1.0	≤1.0
	有机物含量(比色法)	合格	合格	合格
	硫化物及硫酸盐(按 SO_3 质量计,%)	≤0.5	≤0.5	≤0.5
	氯化物含量(按氯离子质量计,%)	≤0.01	0.02	≤0.06
天然砂含泥量(按质量计,%)		≤1.0	≤3.0	≤5.0
天然砂、机制砂泥块含量(按质量计,%)		0	≤1.0	≤2.0
机制砂的石粉含量(按质量计,%)	MB 值≤1.4 或快速法试验合格	≤10.0	≤10.0	≤10.0
	MB 值>1.4 或快速法试验不合格	≤5.0	≤3.0	≤5.0
坚固性(质量损失,%)		≤8	≤8	≤10
机制砂单级最大压碎指标(%)		≤20	≤25	≤30
表观密度(kg/m³)		≥2500		
松散堆积密度(kg/m³)		≥1400		
空隙率(%)		≤44		
碱集料反应		经碱集料反应试验后,由砂配制的试件无裂缝、酥裂、胶体外溢等现象,在规定试验龄期的膨胀率应小于 0.10%		

注:Ⅰ类宜用于强度等级大于 C60 的混凝土;
　　Ⅱ类宜用于强度等级 C30~C60 及抗冻、抗渗或其他要求的混凝土;
　　Ⅲ类宜用于强度等级小于 C30 的混凝土。

(1)含泥量、石粉含量和泥块含量。混凝土用砂的含泥量是指粒径小于 0.075mm 的尘屑、黏土与淤泥的总含量百分数;泥块是指粒径大于 1.18mm,经手压、水洗后可破碎的粒径小于 0.6mm 的颗粒含量。

(2)云母含量。云母呈薄片状,表面光滑,且极易沿节理裂开,因此它与水泥石的黏附性差,对混凝土拌合物的和易性和硬化后混凝土的抗冻性都有不利的影响。

(3)轻物质含量。砂中的轻物质是指相对密度小于 2.0 的颗粒(如煤和褐煤等)。

(4)有机质含量。天然砂中有时混杂有机物质(如动植物的腐殖质、腐殖土等),这类有机物质将延缓水泥的硬化过程,并降低混凝土的强度,特别是早期强度。

(5)硬化物和硫酸盐含量。在天然砂中,常掺杂有硫铁矿(FeS_2)或石膏($CaSO_4 \cdot 2H_2O$)的碎屑,如含量过多,将在已硬化的混凝土中生产水化硫铝酸钙晶体,造成体积膨胀,对混凝土产生破坏作用。

4.2.3 粗集料

1. 强度

为了保证混凝土的强度，要求粗集料质地致密、具有足够的强度。粗集料的强度可用岩石立方体抗压强度或压碎指标来表示。

测定岩石立方体抗压强度时，应用母岩制成 50mm×50mm×50mm 的立方体（或直径与高度均为 50mm 的圆柱体）试件，在浸水饱和状态下（48h）测其极限抗压强度值。《建筑用卵石、碎石》（GB/T 14685—2011）中水泥混凝土用粗集料技术要求规定其立方体抗压强度与混凝土抗压强度之比不小于 1.5，且要求岩浆岩的强度不宜低于 80MPa，变质岩的强度不宜低于 60MPa，沉积岩的强度不宜低于 30MPa。

压碎指标是测定粗集料抵抗压碎能力的强弱指标，压碎指标愈小，粗集料抵抗受压破坏能力愈强。根据《建筑用卵石、碎石》（GB/T 14685—2011）规定，按照技术要求将粗集料分为Ⅰ级、Ⅱ级、Ⅲ级，具体要求见表 4.5。

表 4.5　　　　　　　　　　　粗集料技术指标

项　　目		技术要求		
		Ⅰ类	Ⅱ类	Ⅲ类
碎石压碎指标（%）		≤10	≤20	≤30
卵石压碎指标（%）		≤12	≤14	≤16
坚固性（质量损失）（%）		≤5	≤8	≤12
针、片状颗粒总含量（%）		≤5	≤10	≤15
有害物质含量	含泥量（%）	≤0.5	≤1.0	≤1.5
	泥块含量（%）	0	≤0.2	≤0.5
	有机物含量（比色法）	合格	合格	合格
	硫化物及硫酸盐含量（按 SO_3 质量计）（%）	≤0.5	≤1.0	≤1.0
吸水率（%）		≤1.0	≤2.0	≤2.0
空隙率（%）		≤43	≤45	≤47
表观密度（kg/m³）		≥2600		
松散堆积密度（kg/m³）		报告其实测值≥1400		
岩石抗压强度（水饱和状态，MPa）		火成岩不小于 80；变质岩不小于 60；水成岩应不小于 30		
碱集料反应		经碱集料反应试验后，试件无裂缝、酥裂、胶体外溢等现象，在规定试验龄期的膨胀率应小于 0.10%		

注：Ⅰ类宜用于强度等级大于 C60 的混凝土；
　　Ⅱ类宜用于强度等级 C30～C60 及抗冻、抗渗或有其他要求的混凝土；
　　Ⅲ类宜用于强度等级小于 C30 的混凝土。

2. 坚固性

集料的坚固性是指其在气候、环境变化或其他物理因素作用下抵抗破坏的能力。为保证混凝土的耐久性，混凝土用粗集料应具有很强的坚固性，以抵抗冻融和自然因素的风化作用。粗集料的坚固性测定是用硫酸钠溶液浸泡粗集料试样经 5 次循环后的质量损失来检验的，其坚固性指标按质量损失《建筑用卵石、碎石》（GB/T 14685—2011）规定分为三类，见表 4.5。

3. 最大粒径与颗粒级配

（1）最大粒径的选择。粗集料的公称最大粒径是指全部通过或允许少量不通过（一般允许筛余不超过 10％）的最小标准筛筛孔尺寸。最大粒径的大小表示粗集料的粗细程度，最大粒径增大时，单位体积集料的总表面积减小，因而可使水泥浆用量减少，这不仅能够节约水泥，而且有助于提高混凝土的密实度，减少发热量及混凝土的体积收缩，因此在条件允许的情况下，当配制中等强度等级以下的混凝土时，应尽量采用最大粒径较大的粗集料。但最大粒径的确定，还要受到结构截面尺寸、钢筋净距及施工条件等方面的限制。《混凝土结构工程施工质量验收规范》（GB 50204—2015）规定，粗集料最大粒径不得超过结构截面最小尺寸的 1/4，并不得大于钢筋最小净距的 3/4；对混凝土实心板，其最大粒径不得超过板厚的 1/2，并不得大于 37.5mm。

（2）颗粒级配。粗集料颗粒级配的好坏，直接影响到混凝土的技术性质和经济效果，因此粗集料级配的选定，是保证混凝土质量的重要一环。混凝土用粗集料的级配范围见表 4.6。当连续级配不能满足需配混合料要求时，可掺加单粒级集料配合。连续级配矿质混合料的优点是所配制的新拌混凝土较为密实，特别是具有优良的工作性，不易产生离析现象，所以成为经常采用的级配。

表 4.6　　　　碎石或卵石的颗粒级配范围（GB/T 16485—2011）

级配情况	公称粒级（mm）	累计筛余（％）											
		筛孔尺寸（mm）											
		2.36	4.75	9.50	16.0	19.0	26.5	31.5	37.5	53.0	63.0	75.0	90.0
连续粒级	4.75～9.50	95～100	80～100	0～15	0	—	—	—	—	—	—	—	—
	4.75～16	95～100	85～100	30～60	0～10	0	—	—	—	—	—	—	—
	4.75～19	95～100	90～100	40～80	—	0～10	0	—	—	—	—	—	—
	4.75～26.5	95～100	90～100	—	30～70	—	0～5	0	—	—	—	—	—
	4.75～31.5	95～100	90～100	70～90	—	15～45	—	0～5	0	—	—	—	—
	4.75～37.5	—	95～100	75～90	—	30～65	—	—	0～5	0	—	—	—
单粒粒级	9.5～19	—	95～100	85～100	—	0～15	0	—	—	—	—	—	—
	16～31.5	—	95～100	—	85～100	—	—	0～10	0	—	—	—	—
	19～37.5	—	—	95～100	—	80～100	—	—	0～10	0	—	—	—
	31.5～63	—	—	—	95～100	—	—	75～100	45～75	—	0～10	0	—
	37.5～75.0	—	—	—	—	95～100	—	—	70～100	—	30～60	0～10	0

4. 表面特征及形状

表面粗糙且棱角多的碎石与表面光滑且为圆形的卵石比较起来，碎石所拌制的混凝土，由于它与水泥浆的黏附性好，故一般具有较高的强度，但是在相同水泥浆量的条件下，卵石因表面光滑、表面积小，所拌制的混凝土拌合物具有良好的工作性。

粗集料的颗粒形状以正方体或近似球体为佳，不宜含有过多的针、片状颗粒，否则将显著影响混凝土的抗折强度，同时影响新拌混凝土的工作性。针状颗粒是指颗粒长度大于平均粒径（平均粒径是指该粒级上、下限粒径的算术平均值）的 2.4 倍的颗粒，片状颗粒是指颗粒厚度小于平均粒径的 0.4 倍的颗粒。混凝土用粗集料的针、片状颗粒含量应符合表 4.5 的要求。

　　5. 有害杂质含量

粗集料中的有害杂质主要有黏土、淤泥及细屑、硫化物及硫酸盐、有机质、蛋白石及含有活性二氧化硅的岩石颗粒等。为保证混凝土的强度及耐久性，对这些有害杂质的含量必须认真检查，其含量不得超过表 4.5 所列指标。

4.2.4　混凝土拌合用水

水是混凝土的主要组成材料之一，拌合用水的水质不符合要求，可能产生多种有害作用，最常见的有：①影响混凝土的工作性和凝结；②有损于混凝土强度的发展；③降低混凝土的耐久性、加快钢筋的腐蚀和导致预应力钢筋的脆断；④使混凝土表面出现污斑等。因此，为保证混凝土的质量和耐久性，必须使用合格的水拌制混凝土。

凡可饮用之水，皆可用于拌制和养护混凝土。而未经处理的工业及生活废水、污水、沼泽水以及 pH 值小于 4 的酸性水等均不能使用。

若对水质有怀疑时，应进行砂浆强度对比试验。即如用该水拌制的砂浆 3d 和 28d 抗压强度低于用饮用水拌制的砂浆 3d 和 28d 抗压强度的 90% 时，则这种水就不宜用来拌制和养护混凝土。

混凝土拌合用水不应有漂浮明显的油脂和泡沫，以及有明显的颜色和异味。严禁将未经处理的海水用于钢筋混凝土和预应力混凝土的拌制。在无法获得水源的情况下，海水可用于拌制素混凝土。混凝土拌合用水水质要求应符合表 4.7 的规定。

表 4.7　　　　　　　　　　　　　混凝土拌合用水水质要求

项目	预应力混凝土	钢筋混凝土	素混凝土	项目	预应力混凝土	钢筋混凝土	素混凝土
pH 值	≥5.0	≥4.5	≥4.5	Cl^-（mg/L）	≤500	≤1000	≤3500
不溶物（mg/L）	≤2000	≤2000	≤5000	SO_4^{2-}（mg/L）	≤600	≤2000	≤2700
可溶物（mg/L）	≤2000	≤5000	≤10000	碱含量（mg/L）	≤1500	≤1500	≤1500

注：①对于设计使用年限为 100 年的结构混凝土，氯离子含量不得超过 500mg/L；对使用钢丝或经热处理钢筋的预应力混凝土，氯离子含量不得超过 350mg/L；

　　②碱含量按 $Na_2O + 0.658K_2O$ 计算值来表示。采用非碱活性集料时，可不检验碱含量。

4.2.5　矿物掺合料

矿物掺合料在混凝土中的作用是改善混凝土拌合物的施工和易性，降低混凝土的水化热、调节凝结时间等。混凝土用掺合料有粉煤灰、粒化高炉矿渣、钢渣粉、磷渣粉、硅粉及复合掺合料等，其中硅灰是指从冶炼硅铁合金或硅钢等排放的硅蒸汽养护后搜集到的极细粉末颗粒。混凝土用粉煤灰的质量应满足《用于水泥和混凝土中的粉煤灰》（GB/T 1596—2005）的要求，见表 4.8。

表 4.8 混凝土用粉煤灰质量标准

项 目		技术要求		
		Ⅰ级	Ⅱ级	Ⅲ级
细度（45μm 方孔筛筛余），不大于（%）	F 类粉煤灰	12.0	25.0	45.0
	C 类粉煤灰			
需水量比，不大于（%）	F 类粉煤灰	95	105	115
	C 类粉煤灰			
烧失量，不大于（%）	F 类粉煤灰	5.0	8.0	15.0
	C 类粉煤灰			
含水率，不大于（%）	F 类粉煤灰	1.0		
	C 类粉煤灰			
三氧化硫，不大于（%）	F 类粉煤灰	3.0		
	C 类粉煤灰			
游离氧化钙，不大于（%）	F 类粉煤灰	1.0		
	C 类粉煤灰	4.0		
安定性 雷氏夹沸煮后增加距离，不大于（mm）	C 类粉煤灰	5.0		

矿物掺合料在混凝土中的掺量应通过试验确定。采用硅酸盐水泥或普通硅酸盐水泥时，钢筋混凝土矿物掺合料最大掺量宜符合表 4.9 的规定，预应力混凝土中矿物掺合料最大掺量宜符合表 4.10 的规定。对于大体积混凝土，粉煤灰、粒化高炉矿渣粉和复合掺合料的最大掺量可增加 5%。采用掺量大于 30% 的 C 类粉煤灰混凝土，应以实际使用的水泥和粉煤灰掺量进行安定性检验。

表 4.9 钢筋混凝土中矿物掺合料最大掺量

矿物掺合料种类	水胶比	最大掺量（%）	
		采用硅酸盐水泥时	采用普通硅酸盐水泥
粉煤灰	≤0.40	45	35
	>0.40	40	30
粒化高炉矿渣	≤0.40	65	55
	>0.40	55	45
钢渣粉	—	30	20
磷渣粉	—	30	20
硅灰	—	10	10
复合掺合料	≤0.40	65	55
	>0.40	55	45

注：1. 采用其他通用硅酸盐水泥时，宜将水泥混合材料掺量 20% 以上的混合材料计入矿物掺合料；

2. 复合掺合料各组分的掺量不宜超过单掺时的最大掺量；

3. 在混合使用两种或两种以上矿物掺合料时，矿物掺合料总掺量应符合表中复合掺合料的规定。

表 4.10 预应力钢筋混凝土中矿物掺合料最大掺量

矿物掺合料种类	水胶比	最大掺量（%）	
		采用硅酸盐水泥时	采用普通硅酸盐水泥
粉煤灰	≤0.40	35	25
	>0.40	25	20
粒化高炉矿渣	≤0.40	55	45
	>0.40	45	35
钢渣粉	—	20	10
磷渣粉	—	20	10
硅灰	—	10	10
复合掺合料	≤0.40	55	45
	>0.40	45	35

注：1. 采用其他通用硅酸盐水泥时，宜将水泥混合材料掺量20%以上的混合材料计入矿物掺合料；
   2. 复合掺合料各组分的掺量不宜超过单掺时的最大掺量；
   3. 在混合使用两种或两种以上矿物掺合料时，矿物掺合料总掺量应符合表中复合掺合料的规定。

4.3 混凝土的主要技术性质

普通水泥混凝土的主要技术性质包括新拌混凝土的工作性以及硬化后混凝土的力学性能和耐久性。

4.3.1 新拌水泥混凝土的和易性

将粗集料、细集料、水泥和水等组分按适当比例配合，并经均匀搅拌而成且尚未凝结硬化的混合材料称为混凝土拌合物。新拌水泥混凝土是不同粒径的矿质集料粒子的分散相在水泥浆体的分散介质中的一种复杂分散体系，它具有弹、黏、塑性质。目前在生产实践中，一般主要用和易性来表示混凝土的特性。

1. 和易性的含义

和易性通常包括流动性、黏聚性和保水性这三方面的含义。优质的新拌混凝土应该具备：满足输送和浇捣要求的流动性；外力作用下不产生脆断的可塑性；不产生分层、泌水的稳定性；易于浇捣致密的密实性。

（1）流动性。是指新拌混凝土在自重或机械振捣力的作用下，能产生流动并均匀密实地充满模板、包围钢筋的性能。流动性的大小，在外观上表现为新拌混凝土的稀稠，直接影响其浇捣施工的难易和成型的质量。若新拌混凝土太干稠，则难以成型与捣实，且容易造成内部或表面孔洞等缺陷；若新拌混凝土过稀，经振捣后易出现水泥浆和水上浮而石子等颗粒下沉的分层离析现象，影响混凝土的质量均匀性。

（2）黏聚性。指混凝土拌合物各组成部分之间有一定的黏聚力，使得混凝土保持整体均匀完整的性能，在运输和浇筑过程中不会产生分层、离析现象。若混凝土拌合物黏聚性差，则会影响混凝土的成型和浇筑质量，造成混凝土的强度与耐久性下降。

（3）保水性。是指混凝土拌合物具有一定的保持水分的能力，不易产生泌水的性能。

保水性差的拌合物在浇筑过程中由于部分水分从混凝土内析出，形成渗水通道；浮在表面的水分，使混凝土上、下浇筑层之间形成薄弱的夹层；部分水分还会停留在石子及钢筋的下面形成水隙，一方面会降低水泥浆与石子之间的胶结力，另一方面还会加快钢筋的腐蚀。这些都将影响混凝土的密实性，从而降低混凝土的强度和耐久性。

和易性好的新拌混凝土，易于搅拌均匀；运输和浇筑中不易产生分层离析和泌水现象；捣实时，因流动性好，易于充满模板各部分，容易振捣密实；所制成的混凝土内部质地均匀致密，强度和耐久性均能保证。因此，和易性是混凝土的重要性质之一。

2. 新拌混凝土和易性的测定及评定方法

到目前为止，国际上还没有一种能够全面表征新拌混凝土和易性的测定方法，按《普通混凝土拌合物性能试验方法标准》（GB/T 50080—2002）规定，混凝土拌合物的稠度试验方法有坍落度法与维勃稠度法。

（1）坍落度试验。新拌混凝土拌合物坍落度的测定是将混凝土拌合物按规定的方法装入标准截头圆锥筒内，将筒垂直提起后，拌合物在自身质量作用下会产生坍落现象，如图4.2 所示，坍落的高度（以 mm 计）称为坍落度。坍落度越大，表明流动性越大。按坍落度大小，将混凝土拌合物分为：干硬性混凝土（坍落度小于 10mm），塑性混凝土（坍落度为 10～100mm）、流动性混凝土（坍落度为 100～150mm）、大流动性混凝土（坍落度≥160mm）。

本方法适用于集料最大粒径不大于 31.5mm、坍落度为 10～100mm 的塑性混凝土拌合物稠度测定；进行坍落度试验同时，应观察混凝土拌合物的黏聚性、保水性和含砂情况等，以便综合地评价新拌混凝土的工作性。黏聚性的检查方法是用捣棒在已坍落的拌合物锥体一侧轻打，若轻打时锥体渐渐下沉，表示黏聚性良好；如果锥体突然倒塌、部分崩裂或发生石子离析，则表示黏聚性不好。保水性以混凝土拌合物中稀浆析出的程度评定，提起坍落度筒后，如有较多稀浆从底部析出，拌合物锥体因失浆而集料外露，表示拌合物的保水性不好；如提起坍落筒后，无稀浆析出或仅有少量稀浆的底部折出，则表示混凝土拌合物保水性良好。

（2）维勃稠度试验。对于集料公称最大粒径不大于 31.5mm 的混凝土及维勃时间在5～30s 之间的干稠性混凝土，可采用维勃稠度仪测定稠度。将混凝土拌合物按标准方法装入 VB 仪容量桶的坍落度筒内；缓慢垂直提起坍落度筒，将透明圆盘置于拌合物锥体顶面；启动振动台，用秒表测出拌合物受振摊平、振实、透明圆盘的底面完全为水泥浆所布满所经历的时间（以 s 计），即为维勃稠度，也称工作度，如图 4.3 所示。维勃稠度代表拌合物振实所需的能量，时间越短，表明拌合物越易被振实。它能较好地反映混凝土拌合物在振动作用下便于施工的性能。

3. 影响混凝土和易性的主要因素

（1）水泥浆含量的影响。在水灰比保持不变的情况下，单位体积混凝土内水泥浆含量越多，拌合物的流动性越大；但若水泥浆过多，集料不能将水泥浆很好地保持在拌合物内，混凝土拌合物将会出现流浆、泌水现象，使拌合物的黏聚性及保水性变差，这不仅增加水泥用量，而且还会对混凝土强度及耐久性产生不利影响。若水泥浆过少，则无法很好包裹集料表面及填充集料间的空隙，使得流动性变差。因此，混凝土内水泥浆的含量，以使混凝土拌合物达到要求的流动性为准，不应任意加大，同时应保证黏聚性和保水性符合要求。

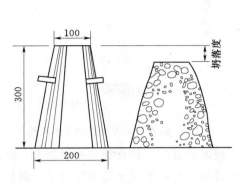

图 4.2 坍落度示意图

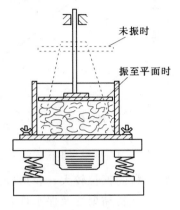

图 4.3 维勃稠度仪

（2）水泥浆稀稠的影响。在水泥品种一定的条件下，水泥浆的稀稠取决于水灰比的大小。当水灰比较小时，水泥浆较稠，拌合物的黏聚性较好，泌水较少，但流动性较小；相反，水灰比较大时，拌合物流动性较大但黏聚性较差，泌水较多。当水灰比小至某一极限值以下时，拌合物过于干稠，在一般施工方法下混凝土不能被浇筑密实；当水灰比大于某一极限值时，拌合物将产生严重的离析、泌水现象，影响混凝土质量。因此，为了使混凝土拌合物能够成型密实，所采用的水灰比值不能过小，为了保证混凝土拌合物黏聚性良好，所采用的水灰比值又不能过大。普通混凝土常用水灰比一般在 0.40～0.75 范围内。

（3）含砂率的影响。砂率是指砂的质量占砂、石总质量的百分数。混凝土中的砂浆应包裹石子颗粒并填满石子空隙。砂率过小，砂浆量不足，不能在石子周围形成足够的砂浆润滑层，将降低拌合物的流动性。更主要的是严重影响混凝土拌合物的黏聚性及保水性，使石子分离、水泥浆流失，甚至出现溃散现象。砂率过大，石子含量相对过少，集料的空隙及总表面积都较大，在水灰比及水泥用量一定的条件下，混凝土拌合物显得干稠，流动性显著降低，如图 4.4 所示；在保持混凝土流动性不变的条件下，会使混凝土的水泥浆用量显著增大，如图 4.5 所示。因此，混凝土含砂率不能过小，也不能过大，应取合理砂率。合理砂率是在水灰比及水泥用量一定的条件下，使混凝土拌合物保持良好的黏聚性和保水性并获得最大流动性的含砂率。也即在水灰比一定的条件下，当混凝土拌合物达到要求的流动性、而且具有良好的黏聚性及保水性时，水泥用量最少的含砂率，即最佳砂率。

（4）其他因素的影响。除上述影响因素外，拌合物的和易性还受水泥品种、掺合料品种及掺量、集料种类、粒形及级配、混凝土外加剂以及混凝土搅拌工艺和环境温度等条件的影响。

水泥需水量大者，拌合物流动性较小，使用矿渣水泥时，混凝土保水性较差。使用火山灰水泥时，混凝土黏聚性较好，但流动性较小。

掺合料的品质及掺量对拌合物的和易性有很大影响，当掺入优质粉煤灰时，可改善拌合物的和易性；掺入质量较差的粉煤灰时，往往使拌合物流动性降低。

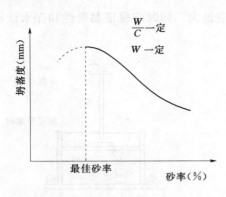

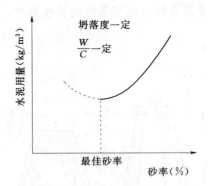

图 4.4　砂率与坍落度的关系曲线　　　　图 4.5　砂率与水泥用量的关系曲线

粗集料的颗粒较大、粒形较圆、表面光滑、级配较好时，拌合物流动性较大。使用粗砂时，拌合物黏聚性及保水性较差；使用细砂及特细砂时，混凝土流动性较小。混凝土中掺入某些外加剂，可显著改善拌合物的和易性。

拌合物的流动性还受气温高低、搅拌工艺以及搅拌后拌合物停置时间的长短等施工条件影响。对于掺用外加剂及掺合料的混凝土，这些施工因素的影响更为显著。

4. 混凝土拌合物和易性的选择

工程中选择新拌混凝土和易性时，应根据施工方法、结构构件断面尺寸、配筋疏密等条件，并参考有关资料及经验等确定。对结构构件断面尺寸较小、配筋复杂的构件，或采用人工插捣时，应选择坍落度较大的混凝土拌合物；反之，对无筋厚大结构、钢筋配置稀疏易于施工的结构，尽可能选择坍落度较小的混凝土拌合物，以降低水泥浆用量。根据《混凝土结构工程施工质量验收规范》（GB 50204—2015）规定，混凝土浇筑时的坍落度，宜见表 4.11 选用。

表 4.11　　　　　　　　不同结构对新拌混凝土拌合物坍落度的要求

项　目	结　构　种　类	坍落度（mm）
1	基础或地面等的垫层，无筋的厚大结构（挡土墙、基础等）或配筋稀疏的构件	10～30
2	板、梁和大型及中型截面的柱子等	30～50
3	配筋密列的结构（薄壁、斗仓、筒仓、细柱等）	50～70
4	配筋特密的结构	70～90

注：表中的数值是采用机械振捣混凝土时的坍落度，当采用人工捣实时应适当提高坍落度值。

正确选择新拌混凝土的坍落度，对于保证混凝土的施工质量及节约水泥具有重要意义。在选择坍落度时，原则上应在不妨碍施工操作并能保证振捣密实的条件下，尽可能采用较小的坍落度，以节约水泥并获得质量较好的混凝土。

4.3.2　硬化混凝土的强度

强度是混凝土硬化后的主要力学性质，按照我国现行国家标准《普通混凝土力学性能试验方法》（GB/T 50081—2002）规定，混凝土的强度有立方体抗压强度、轴心抗压强度、圆柱体抗压强度、劈裂抗拉强度、抗剪强度等，其中以混凝土的抗压强度最大，抗拉强度最小。

1. 混凝土的抗压强度标准值与强度等级

（1）立方体抗压强度 f_{cu}。按照国家标准《普通混凝土力学性能试验方法标准》（GB/T 50081—2002），制作边长为150mm的立方体试件，在标准养护（温度20℃±2℃、相对湿度95％以上）条件下，养护至28d龄期，用标准试验方法测得的抗压强度值，称为混凝土标准立方体抗压强度。

$$f_{cu} = \frac{F}{A} \qquad (4.2)$$

式中　f_{cu}——立方体抗压强度，MPa；

F——试件破坏荷载，N；

A——试件承压面积，mm²。

以3个试件为一组，取3个试件强度的算术平均值作为每组试件的强度代表值。如按非标准尺寸试件测得的立方体抗压强度，应乘以换算系数（表4.12），折算后的强度值作为标准试件的立方体抗压强度。

表 4.12　　　　　　　　　试 件 尺 寸 换 算 系 数

试件尺寸 长（mm）×宽（mm）×高（mm）	100×100×100	150×150×150	200×200×200
换算系数	0.95	1.0	1.05

（2）立方体抗压强度标准值 $f_{cu,k}$。按《混凝土结构设计规程》（GB 50010—2002）的规定，按照标准方法制作和养护的边长为150mm的立方体试件，在28d龄期用标准试验方法检测其抗压强度，在抗压强度总体分布中，具有95％强度保证率的立方体试件抗压强度，称为混凝土立方体抗压强度标准值，以MPa计。

（3）强度等级。混凝土强度等级试根据其立方体抗压强度标准值来确定的。强度等级用符号"C"和"立方体抗压强度标准值"表示。如"C20"表示混凝土立方体抗压强度标准值为 $f_{cu,k}=20$MPa。

《混凝土结构设计规范》（GB 50010—2002）规定，普通混凝土立方体抗压强度标准值分为 C15、C20、C25、C30、C35、C40、C45、C50、C55、C60、C65、C70、C75、C80 等14个等级。

2. 混凝土的轴心抗压强度 f_{cp}

确定混凝土强度等级时采用的是立方体试件，但实际工程中钢筋混凝土结构形式大部分是棱柱体和圆柱体型。为使测得的混凝土强度接近混凝土结构的实际情况，在钢筋混凝土的结构计算中，计算轴心受压构件时，都是采用混凝土的轴心抗压强度作为依据。

按棱柱体抗压强度的标准试验方法规定，采用150mm×150mm×300mm的棱柱体作为标准试件来测定轴心抗压强度。

$$f_{cp} = \frac{F}{A} \qquad (4.3)$$

式中　f_{cp}——混凝土的轴心抗压强度，MPa；

F——试件破坏荷载，N；

A——试件承压面积，mm^2。

3. 混凝土的劈裂抗拉强度 f_{ts}

混凝土在直接受拉时，很小的变形就会开裂，且断裂时没有残余变形，是一种脆性破坏。混凝土的抗拉强度只有抗压强度的 $1/20 \sim 1/10$，且随着混凝土抗压强度的提高，比值有所下降。因此，混凝土在工作时一般不依靠其抗拉强度，但抗拉强度对于防止开裂具有重要的意义。在结构设计中，抗拉强度是确定混凝土抗裂度指标的重要依据。混凝土的劈裂抗拉强度按下式计算：

$$f_{ts} = \frac{2F}{\pi A} = 0.637 \frac{F}{A} \tag{4.4}$$

式中　f_{ts}——混凝土立方体试件劈裂抗拉强度，MPa；

F——试件破坏荷载，N；

A——试件劈裂面面积，mm^2。

4. 影响混凝土强度的主要因素

影响混凝土抗压强度的因素很多，包括原材料的质量、材料用量之间的比例关系、施工方法（拌和、运输、浇筑、养护）以及试验条件（龄期、试件形状与尺寸、试验方法、温度及湿度）等。

（1）材料组成对混凝土强度的影响。

1）胶凝材料强度等级和水胶比。胶凝材料是混凝土中的活性组成，其强度的大小直接影响着混凝土强度的高低。在配合比相同的条件下，所用的胶凝材料强度等级越高，配制的混凝土强度也越高。这是因为胶凝材料水化时所需的化学结合水，一般只占水泥质量 23% 左右，但在实际拌制混凝土时，为了获得必要的流动性，常需要加入较多的水（占胶凝材料质量的 40% ～ 70%）。多余的水分残留在混凝土中形成水泡，蒸发后形成气孔，使混凝土密实度降低，强度下降。因此，当采用同种胶凝材料（品种与强度等级相同）及矿物掺合料时，混凝土强度随着水胶比的增大而降低。

根据混凝土试验研究和工程实践经验，水泥的强度、水灰比、混凝土强度之间的线性关系可用以下经验公式（强度公式）表示：

$$f_{cu} = \alpha_a f_b \left(\frac{B}{W} - \alpha_b \right) \tag{4.5}$$

式中　f_{cu}——混凝土 28d 立方体抗压强度，MPa；

W/B——混凝土的水胶比；

α_a、α_b——回归系数，根据工程所使用的原材料，通过试验建立的水胶比与混凝土强度关系式来确定；当不具备试验统计资料时，可按表 4.13 选用；

f_b——胶凝材料 28d 胶砂抗压强度，MPa，可实测，无实测值时，也可按式（4.6）计算。

表 4.13　回归系数 α_a、α_b 取值表

系数	粗集料品种	
	碎石	卵石
α_a	0.53	0.49
α_b	0.20	0.13

$$f_b = \gamma_f \gamma_s f_{ce} \qquad (4.6)$$

式中 γ_f、γ_s——粉煤灰影响系数和粒化高炉矿渣粉影响系数，可按表 4.14 选用；

f_{ce}——水泥 28d 胶砂抗压强度，可实测；无实测值时，也可按式（4.7）计算。

$$f_{ce} = \gamma_c f_{ce,g} \qquad (4.7)$$

式中 γ_c——水泥强度等级值的富余系数，可按实际统计资料确定；当缺乏实际统计资料时，可按表 4.15 选用；

$f_{ce,g}$——水泥强度等级值，MPa。

表 4.14 粉煤灰影响系数和粒化高炉矿渣粉影响系数

种类 掺量（%）	粉煤灰影响系数 γ_f	粒化高炉矿渣粉影响系数 γ_s
0	1.00	1.00
10	0.90～0.95	1.00
20	0.80～0.85	0.95～1.00
30	0.70～0.75	0.90～1.00
40	0.60～0.65	0.80～0.90
50	—	0.70～0.85

2）集料的种类与级配。集料中有害杂质过多且品质低劣时，将降低混凝土的强度。碎石表面粗糙有棱角，则与水泥石黏结力较大；卵石表面光滑浑圆，则与水泥石黏结力较小。因此，在配合比相同的条件下，碎石混凝土比卵石混凝土的强度高。集料级配好、砂率适当，能组成密实的骨架，混凝土强度也较高。

表 4.15 水泥强度等级值的富余系数 γ_c

水泥强度等级值	32.5	42.5	52.5
富余系数	1.12	1.16	1.10

（2）养护温度与湿度。混凝土拌合物浇筑成型后，必须保持适当的温度与湿度，使水泥充分水化，以保证混凝土强度不断提高。

所处的环境温度，对混凝土的强度影响很大。混凝土的硬化，在于水泥的水化作用，周围温度升高，水泥水化速度加快，混凝土强度发展也就加快。反之，温度降低时，水泥水化速度降低，混凝土强度发展将相应迟缓。当温度降至冰点以下时，混凝土的强度停止发展，并且由于孔隙内水分结冰而引起膨胀，使混凝土的内部结构遭受破坏。混凝土早期强度低，更容易冻坏。所处的环境湿度适当时，水泥水化能顺利进行，混凝土强度得到充分发展。如果湿度不够，会影响水泥水化作用的正常进行，甚至停止水化。这不仅严重降低混凝土的强度，而且水化作用未能完成，使混凝土结构疏松，渗水性增大或形成干缩裂缝，从而影响其耐久性。

因此，混凝土成型后一定时间内必须保持周围环境有一定的温度和湿度，使水泥充分水化，以保证获得较好质量的混凝土。

（3）龄期。混凝土在正常养护条件下，其强度将随着龄期的增长而增长。最初 7～14d 内，强度增长较快，28d 达到设计强度，以后增长缓慢，但若保持足够的温度和湿度，强度的增长将延续几十年。普通水泥制成的混凝土，在标准条件下，混凝土强度的发展大致与其龄期的对数成正比关系（龄期不小于 3d），如式（4.8）所示。

$$f_{cu,n} = f_{28} \frac{\lg n}{\lg 28} \tag{4.8}$$

式中　$f_{cu,n}$——n（$n \geqslant 3$）d 龄期混凝土的抗压强度，MPa；

　　　　f_{28}——28d 龄期混凝土的抗压强度，MPa。

（4）施工工艺。混凝土的施工工艺包括配料、拌和、运输、浇筑、振捣、养护等工序，每一道工序对其质量都有影响。若配料不准确、搅拌不均匀、拌合物运输过程中产生离析、振捣不密实、养护不充分等均会降低混凝土强度。因此，在施工过程中，一定要严格遵守施工规范，确保混凝土的强度。

（5）试验条件对混凝土强度的影响。相同材料组成、制备条件和养护条件制成的混凝土试件，其力学强度取决于试验条件。影响混凝土力学强度的试验条件主要有试件形状与尺寸、试件表面状态与含水程度、试件温度、支撑条件和加载方式等。

5. 提高混凝土强度的措施

（1）采用高强度等级水泥和早强型水泥。为了提高混凝土强度可采用高强度等级水泥，对于紧急抢修工程、桥梁拼装接头、严寒条件下的施工以及其他要求早期强度高的结构物，则可优先选用早强型水泥配制混凝土。

（2）采用低水胶比和浆集比。采用低水胶比混凝土拌合物，可以减少混凝土中的游离水，从而减少混凝土中的孔隙、提高混凝土的密实度和强度。降低浆集比，减小水泥浆层的厚度，充分发挥集料的骨架作用，对提高混凝土的强度也有一定的作用。

（3）采用蒸汽养护和蒸压养护。蒸汽养护是将混凝土放在低于 100℃ 的常压蒸汽中养护，一般混凝土经过 16～20h 蒸汽养护后，其强度可达正常养护条件下养护 28d 强度的 70%～80%。蒸汽养护最适宜温度随水泥的品种而异。用普通水泥时，最适宜的养护温度为 80℃ 左右，而采用矿渣和火山灰水泥时，则为 90℃ 左右。

蒸压养护是将浇筑完的混凝土构件静停 8～10h 后，放入蒸压釜内，通入高压（不小于 8 个大气压）、高温（不低于 175℃）饱和蒸汽中进行养护。在高温高压蒸汽下，水泥水化时析出的氢氧化钙不仅能充分与活性的氧化硅结合，且能与结晶状态的氧化硅结合而生成含水硅酸盐结晶，从而加速水泥的水化与硬化，提高混凝土的强度。

（4）采用机械搅拌和机械振捣。混凝土拌合物在强力搅拌和振捣作用下，水泥浆的凝聚结构暂时受到破坏，从而降低了水泥浆的黏度及集料间的摩擦阻力，使拌合物能更好地充满模型并均匀密实，使混凝土的强度得到提高。

（5）掺加外加剂。在混凝土中掺加早强剂，可提高混凝土的早期强度；掺加减水剂，可在不改变混凝土流动性的条件下减小水灰比，从而提高混凝土的强度。

4.3.3　硬化后混凝土的变形特征

混凝土在硬化后和使用过程中，受各种因素影响而产生变形，包括在非荷载作用下的化学变形、干湿变形、温度变形以及荷载作用下的弹-塑性变形和徐变。这些变形是使混凝土产生裂缝的重要原因之一，直接影响混凝土的强度和耐久性。

1. 非荷载作用变形

（1）化学收缩（水化收缩）变形。混凝土在硬化过程中，水泥水化产物的体积小于水化前反应物的体积，致使混凝土产生收缩，这种收缩称为化学收缩。收缩量随混凝土硬化龄期的延长而增加，一般在 40d 后渐趋稳定。化学收缩是不能恢复的，一般对结构没有什么影响。

（2）干湿变形。这种变形主要表现为湿胀干缩。当混凝土在水中或潮湿条件下养护时，会引起微小膨胀。当混凝土在干燥空气中硬化时，会引起干缩。混凝土的收缩值较膨胀值大，当混凝土产生干缩后即使长期再置于水中，仍有残余变形，残余收缩约为收缩量的（30～60)%。在一般工程设计中，通常采用混凝土的线收缩值为 $1.5 \times 10^{-2} \sim 2.0 \times 10^{-2} \mathrm{m/m}$。湿胀变形量很小，一般无破坏作用。但干缩变形对混凝土的危害较大，它可使混凝土表面出现较大拉应力而导致开裂，使混凝土的耐久性严重降低。因此，应通过调节集料级配、增大粗集料的粒径和弹性模量，减少水泥浆用量，选择适当的水泥品种，以及采用振动捣实、早期养护等措施来减小混凝土的干缩变形。

（3）温度变形。温度变形是指混凝土在温度升高时体积膨胀与温度降低时体积收缩的现象。混凝土与其他材料一样具有热胀冷缩现象，它的温度膨胀系数约为 $1.0 \times 10^{-5} \mathrm{m/}$（m·℃)，即温度升高 1℃，每米膨胀 0.01mm。温度变化引起的热胀冷缩对大体积混凝土工程极为不利。大体积混凝土在硬化初期放出大量热量，加之混凝土又是热的不良导体，散热很慢，致使混凝土内部温度可达 50～70℃而产生明显膨胀。外部混凝土温度则同大气温度一样比较低，这样就形成了内外较大的温度差，由于内部膨胀与外部收缩同时进行，便产生了很大的温度应力，而导致混凝土产生裂缝。

因此，对大体积混凝土工程，应设法降低混凝土的发热量，如采用低热水泥、减少水泥用量、采用人工降温等措施。对于纵长的钢筋混凝土结构物，应每隔一段长度设置伸缩缝，在结构物内配置温度钢筋。

2. 荷载作用下的变形

（1）弹塑性变形和弹性模量。混凝土是一种非均匀材料，属弹塑性体。在持续荷载作用下，既产生可以恢复的弹性变形 ε_t，又产生不可恢复的塑性变形 ε_s，其应力与应变关系如图 4.6 所示。

在应力-应变曲线上任一点的应力 σ 与应变 ε 的比值即为混凝土在该应力下的弹性模量。但混凝土在短期荷载作用下应力与应变并非线性关系，故弹性模量分为

1）初始弹性模量，即 $\tan\alpha_0$，此值不易测准，实用意义不大。

2）切线弹性模量，即 $\tan\alpha_r$，它仅适用于很小的荷载范围。

3）割线弹性模量，即 $\tan\alpha_s$，在应力小于极限抗压强度的 30%～40% 时，应力-应变曲线接近于直线。

在桥梁工程中以应力为棱柱体极限抗压强度的 40%（即 $\sigma = 0.4 f_{cp}$）时的割线弹性模量作为混凝土的弹性模量为

$$E_{cp} = \frac{\sigma_{(0.4 f_{cp})}}{\varepsilon_e} \qquad (4.9)$$

式中　E_{cp}——混凝土抗压弹性模量，MPa；

$\sigma_{(0.4 f_{cp})}$——相当于棱柱体试件极限抗压强度 40% 的应力，MPa；

ε_e——按割线模量计的应变。

在道路路面及机场跑道工程中水泥混凝土应测定其抗折时的平均弹性模量作为设计参数，取抗折强度50％时的加载割线模量为

$$E_{cf} = \frac{23FL^3}{1296fI}$$
　　　　(4.10)

式中　E_{cp}——混凝土抗折弹性模量，MPa；

　　　　F——荷载，N；

　　　　L——试件静跨，取 450mm；

　　　　f——跨中挠度，mm；

　　　　I——试件断面惯性矩，mm^4。

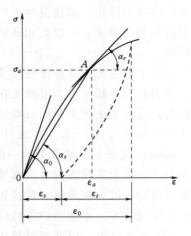

图 4.6　混凝土应力-应变曲线
ε_0—全部变形；ε_t—弹性变形；
ε_s—塑性变形

在路面工程中混凝土要求有较高的抗折强度，而且要有较低的抗折弹性模量以适应混凝土路面受荷载后有较大的变形能力。

（2）徐变。混凝土在持续荷载作用下，随时间延长而增加的变形称为徐变。混凝土的变形与荷载作用时间的关系如图 4.7 所示。混凝土受荷后即产生瞬时变形，随着荷载持续作用时间的延长，又产生徐变变形。徐变变形初期增长较快，然后逐渐减慢，一般要延续 2～3 年才逐渐趋于稳定。徐变变形的极限值可达瞬时变形的 2～4 倍。在持荷一定时间后，若卸除荷载，部分变形可瞬时恢复，也有少部分变形在若干天内逐渐恢复，称徐变恢复，最后留下不能恢复的变形为残余变形（即永久变形）。

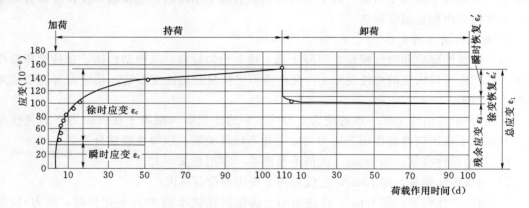

图 4.7　混凝土的变形与荷载作用时间的关系

混凝无论是受压、受拉或受弯时，均有徐变现象。在预应力钢筋混凝土桥梁结构中，混凝土的徐变将使钢筋的预加应力受到损失；但是，徐变可消除钢筋混凝土内的应力集中，使应力较均匀地重新分布；对大体积混凝土，徐变能消除一部分由于温度变形所产生的破坏应力。

混凝土的徐变，一般认为是由于水泥石中凝胶体在持续荷载作用下的黏性流动，并向毛细孔中移动的结果。集料能阻碍水泥石的变形，起减小混凝土徐变的作用。由此可得如下关系：水灰比较大时，徐变也较大；水灰比相同，用水量较大（即水泥浆量较多）的混

凝土，徐变较大；集料级配好，最大粒径大，弹性模量也较大时，混凝土徐变较小；当混凝土在较早龄期受荷时，产生的徐变较大。

4.3.4 混凝土的耐久性

混凝土的耐久性是指混凝土材料抵抗其自身和环境因素的长期破坏作用的能力。在土建工程中，硬化后的混凝土除了要求具有足够的强度来安全地承受荷载外，还应具有与所处环境相适应的耐久性来延长工程的使用寿命。提高混凝土耐久性、延长工程使用寿命的目的，是为了节约工程材料和投资，从而得到更高的工程效益。

混凝土的耐久性是一项综合性概念，包括抗渗性、抗冻性、抗磨性、抗侵蚀性、抗碳化反应、抗碱—集料反应等性能。

1. 混凝土的抗渗性

抗渗性是指混凝土抵抗有压介质（水、油等）渗透的性能。抗渗性是混凝土耐久性的一项重要指标，直接影响混凝土的抗冻性和抗侵蚀性。当混凝土的抗渗性较差时，不仅周围的有压水容易渗入；当有冰冻作用或环境水中有侵蚀性介质时，混凝土则易受到冰冻或破坏作用，对钢筋混凝土结构还可能引起钢筋的锈蚀和保护层的剥落与开裂。所以，对于受水压作用的工程，如地下建筑、水塔、水池、水利工程等，都应要求混凝土具有一定的抗渗性。

混凝土的抗渗性用抗渗等级（P）表示，抗渗等级是以 28d 龄期的标准混凝土抗渗试件，按标准试验方法进行试验。以 1 组 6 个标准试件，4 个试件未出现渗水时的最大水压力（MPa）来表示，共有 P2、P4、P6、P8、P10、P12 等 6 个等级，相应表示混凝土抗渗试验时承受的最大水压力分别为 0.2MPa、0.4MPa、0.6MPa、0.8MPa、1.0MPa、1.2MPa。

混凝土的抗渗性主要与其密实程度、内部孔隙的大小及构造有关，混凝土内部连通的孔隙、毛细管和混凝土浇筑中形成的孔洞和蜂窝等，都将引起混凝土渗水。

提高混凝土抗渗性能的措施主要有：提高混凝土的密实度，改善孔隙构造，减少渗水通道；减小水灰比；掺加引气剂；选用适当品种的水泥；加强振捣密实、保证养护条件等。

2. 混凝土的抗冻性

混凝土的抗冻性是指混凝土在含水饱和状态下能经受多次冻融循环而不破坏，同时强度也不严重降低的性能。在寒冷地区，特别是长期接触有水且受冻的环境下的混凝土，要求具有较高的抗冻性。

混凝土的抗冻性用抗冻等级（F）来表示，抗冻等级是以 28d 龄期的混凝土标准试件，在饱水后进行反复冻融循环，以抗压强度损失不超过 25% 且质量损失不超过 5% 时所能承受的最大冻融循环次数来确定，用快冻试验方法测定，分为 F50、F100、F150、F200、F300、F400 等 6 个等级，相应表示混凝土抗冻性试验能经受 50 次、100 次、150次、200 次、300 次、400 次的冻融循环。

影响混凝土抗冻性能的因素主要有水泥品种与强度等级、水灰比、集料的品质等。提高混凝土抗冻性的最主要的措施是：合理选用水泥品种；提高混凝土密实度；降低水灰比；掺加外加剂；严格控制施工质量，加强振捣与养护等。

3. 混凝土的抗侵蚀性

混凝土在环境侵蚀性介质（软水、酸、盐等）作用下，结构受到破坏、强度降低的现象称为混凝土的侵蚀。混凝土侵蚀的原因主要是外界侵蚀性介质对水泥石中的某些成分（氢氧化钙、水化铝酸钙等）产生破坏作用所致。

随着混凝土在地下工程、海港工程等恶劣环境中的应用，对混凝土的抗侵蚀性提出了更高的要求。提高混凝土抗侵蚀性的主要措施有：合理选用水泥品种；降低水灰比；提高混凝土密实度；改善混凝土孔隙结构。

4. 混凝土的抗磨性

磨损冲击是水工建筑物常见的损害之一。当高速水流中挟带砂、石等磨损介质时，这种现象更为严重。因此，水利工程要有较高的抗磨性。

提高混凝土抗磨性的主要方法有：合理选择水泥品种；选用坚固耐磨的集料；掺入适量的外加剂以及适量的钢纤维；控制和处理建筑物表面的不平整度等。

5. 混凝土的碳化

混凝土的碳化作用是空气中 CO_2 与水泥石中的 $Ca(OH)_2$ 作用，生成 $CaCO_3$ 和 H_2O 的过程，又称混凝土的中性化。碳化过程是 CO_2 由表及里向混凝土内部逐渐扩散的过程。

混凝土的碳化对混凝土性能有不利的影响。首先是碱度降低，减弱了对钢筋的保护作用。这是因为混凝土中水泥水化生成大量的 $Ca(OH)_2$，使钢筋处于碱性环境中而在表面生成一层钝化膜保护钢筋不易腐蚀。混凝土的碳化深度随时间的延长而增加，当碳化深度穿透混凝土保护层而达到钢筋表面时，钢筋的钝化膜被破坏而发生锈蚀，致使混凝土保护层产生开裂，加剧了碳化的进行和钢筋的锈蚀。其次，碳化作用会增加混凝土的收缩，引起混凝土表面产生拉应力而出现微细裂缝，从而降低了混凝土的抗拉、抗弯强度与抗渗能力。碳化作用对混凝土也能产生一些有利的影响，即碳化过程中放出的 H_2O 有助于未水化水泥的水化作用，同时形成的 $CaCO_3$ 减少了水泥石内部的孔隙，从而可提高碳化层的密实度和混凝土的强度。

影响混凝土碳化速度的主要因素有：环境中 CO_2 浓度、水泥品种、水灰比、环境湿度等。CO_2 浓度高，碳化速度快；在相对湿度为 $50\%\sim75\%$ 时，碳化速度最快，当相对湿度小于 25% 或达 100% 时，碳化作用将停止；在常用水泥中，普通硅酸盐水泥碳化速度最慢，火山灰硅酸盐水泥碳化速度最快。

提高混凝土抗碳化能力的主要方法有：合理选择水泥品种；降低水灰比；掺入减水剂或引气剂；保证混凝土保护层的质量及厚度；充分湿养护等。

6. 混凝土的碱-集料反应

混凝土的碱-集料反应，是指水泥中的碱（Na_2O 和 K_2O）与集料中的活性 SiO_2 发生反应，使混凝土发生不均匀膨胀，造成裂缝、强度下降甚至破坏等不良现象，这种反应称为碱-集料反应。

碱-集料反应常见的有两种类型：①碱-硅反应是指碱与集料中的活性 SiO_2 发生反应；②碱-碳酸盐反应是碱与集料中活性碳酸盐反应。

碱-集料反应机理甚为复杂，而且影响因素较多，但是发生碱-集料反应必须具备三个条件：①混凝土中的集料具有活性；②混凝土中含有可溶性碱；③有一定的湿度。

为防止碱-硅反应的危害，按现行规范规定：①应使用碱含量小于 0.6% 的水泥或采用抑制碱-集料反应的掺合料；②当使用 K^+、Na^+ 外加剂时，必须专门试验。

7. 提高混凝土耐久性的措施

提高混凝土耐久性应注意合理选择水泥品种，选用良好的砂石材料，改善集料的级配，采用合理的外加剂，改善混凝土的施工操作方法，提高混凝土的密实度、强度等。在进行混凝土配合比设计时，为保证混凝土的耐久性，根据混凝土结构的环境类别（表 4.16），混凝土的"最大水胶比"和"最小胶凝材料用量"应符合表 4.17、表 4.18 的规定。

表 4.16　　　　　　　　　混凝土结构的环境类别

环境类别	条　件
一	室内干燥环境； 无侵蚀性静水浸没环境
二 a	室内潮湿环境； 非严寒和非寒冷地区的露天环境； 非严寒和非寒冷地区与无侵蚀性的水或土直接接触的环境； 严寒和寒冷地区的冰冻线以下与无侵蚀性的水或土直接接触的环境
二 b	干湿交替环境； 频繁变动环境； 严寒和寒冷地区的露天环境； 严寒和寒冷地区的冰冻线以上与无侵蚀性的水或土直接接触的环境
三 a	严寒和寒冷地区冬季水位变动区环境； 受除冰盐影响环境； 海风环境
三 b	盐泽土环境； 受除冰盐影响环境； 海岸环境
四	海水环境
五	受人为或自然的侵蚀性物资影响的环境

表 4.17　　　　　　　　结构混凝土材料的耐久性基本要求

环境等级	最大水胶比	最低强度等级	最大氯离子含量（%）	最大碱含量（kg/m³）
一	0.60	C20	0.30	不限制
二 a	0.55	C25	0.20	
二 b	0.50（0.55）	C30（C25）	0.15	3.0
三 a	0.45（0.50）	C35（C30）	0.15	
三 b	0.40	C40	0.10	

注：1. 氯离子含量是指占胶凝材料总量的百分比；

2. 预应力构件混凝土中的最大氯离子含量为 0.05%；最低混凝土强度等级按表中的规定提高两个等级；

3. 素混凝土构件的水胶比及最低强度等级的要求可适当放松；

4. 有可靠工程经验时，二类环境中的最低混凝土强度等级可降低一个等级；

5. 处于严寒和寒冷地区二 b、三 a 类环境中混凝土应使用引气剂，并可采用括号中的有关参数；

6. 当使用非碱活性集料时，对混凝土中的碱含量可不作限制。

表 4.18 混凝土的最小胶凝材料用量

最大水胶比	最小胶凝材料用量（kg/m³）		
	素混凝土	钢筋混凝土	预应力混凝土
0.60	250	280	300
0.55	280	300	300
0.50		320	
≤0.45		330	

4.4 普通水泥混凝土的配合比设计

混凝土配合比是指混凝土中各组成材料用量之比即为混凝土的配合比。混凝土配合比设计就是根据原材料的性能和对混凝土的技术要求，通过计算和试配调整，确定出满足工程技术经济指标的混凝土各组成材料的用量。

4.4.1 混凝土配合比表示方法

（1）单位用量表示法。以每立方米混凝土中各种材料的用量表示（例如：水泥264kg；矿物掺合料：66kg；水：150kg；细集料：706kg；粗集料：1264kg）。

（2）相对用量表示法。以水泥的质量为1，并按"水泥：矿物掺合料：细集料：粗集料；水胶比"的顺序排列表示（例如：$1:0.25:2.67:4.79$；$W/B=0.45$）。

4.4.2 混凝土配合比设计的基本要求

（1）满足混凝土结构设计所要求的强度等级。不论混凝土路面或桥梁，在设计时都会对不同的结构部位提出不同的"设计强度"要求。为了保证结构物的可靠性，采用一个比设计强度高的"配制强度"，才能满足设计强度的要求。

（2）满足施工所要求的混凝土拌合物的施工工作性。按照结构物断面尺寸和形状、配筋的疏密以及施工方法和设备来确定满足工作性要求的坍落度或维勃稠度。

（3）满足混凝土的耐久性。根据结构物所处环境条件，如严寒地区的路面或桥梁、桥梁墩台在水位升降范围等，为保证结构的耐久性，在设计混凝土配合比时应充分考虑允许的"最大水胶比"和"最小胶凝材料用量"。

（4）满足经济性的要求。在保证工程质量的前提下，尽量节约水泥和降低混凝土成本。

4.4.3 混凝土配合比设计的三大参数

由胶凝材料、水、粗集料、细集料组成的普通水泥混凝土配合比设计，实际上就是确定胶凝材料、水、砂、石等基本组成材料的用量。其中可用水胶比、砂率、单位用水量三个重要参数来反映基本组成材料之间的相互关系。

（1）水胶比（W/B）。水胶比是混凝土中水与胶凝材料质量的比值，是影响混凝土强度和耐久性的主要因素。其确定原则是在满足强度和耐久性的前提下，尽量选择较大值，以节约胶凝材料用量。

（2）砂率（β_s）。砂率是指砂子质量占砂石总质量的百分率。砂率是影响混凝土拌合物和易性的重要指标。砂率的确定原则是在保证混凝土拌合物黏聚性和保水性要求的前提下，尽量取较小值。

（3）单位用水量（m_{wo}）。单位用水量是指 $1m^3$ 混凝土的用水量，反映混凝土中水泥浆与集料之间的比例关系。在混凝土拌合物中，水泥浆的多少显著影响混凝土的和易性，同时也影响其强度和耐久性。其确定原则是在达到流动性要求的前提下取较小值。

4.4.4 混凝土配合比设计的基本原理

（1）绝对体积法。该法是假定混凝土拌合物的体积等于各组成材料绝对体积及拌合物中所含空气的体积之和。

（2）假定表观密度法。如果原材料比较稳定，可先假设混凝土的表观密度为一定值，混凝土拌合物各组成材料的单位用量之和，即为其表观密度。通常普通水泥混凝土的表观密度为 $2350\sim2450kg/m^3$。

4.4.5 混凝土配合比设计的方法与步骤

4.4.5.1 计算混凝土初步配合比

1. 确定混凝土配制强度（$f_{cu,o}$）。

（1）当混凝土的设计强度等级小于C60时，配制强度应按下式确定：

$$f_{cu,o} \geq f_{cu,k} + 1.645\sigma \tag{4.11}$$

式中　$f_{cu,o}$——混凝土的配制强度，MPa；

$f_{cu,k}$——混凝土立方体抗压强度标准值，取混凝土设计强度等级值，MPa；

σ——混凝土强度标准差，MPa。

（2）当混凝土的设计强度等级不小于C60时，配制强度应按下式确定：

$$f_{cu,o} \geq 1.15 f_{cu,k} \tag{4.12}$$

（3）混凝土强度标准差应按照下列规定确定：

1）当施工单位具有近 $1\sim3$ 个月的同一品种、同一强度等级混凝土的强度资料，且试件组数不小于 30 时，其混凝土强度标准差 σ 应按下式计算：

$$\sigma = \sqrt{\frac{\sum_{i=1}^{n}(f_{cu,i}^2 - nm_{f_{cu}}^2)^2}{n-1}} \tag{4.13}$$

式中　n——统计周期内相同等级的试件组数；

$f_{cu,i}$——第 i 组试件的立方体抗压强度值，MPa；

$m_{f_{cu}}$——n 组混凝土试件立方体抗压强度平均值，MPa。

对于强度等级不大于 C30 的混凝土，当混凝土强度标准差计算值不小于 3.0MPa 时，应按式（4.13）计算取值；当混凝土强度标准差计算值小于 3.0MPa 时，应取 3.0MPa。

对于强度等级大于 C30 且小于 C60 的混凝土，当混凝土强度标准差计算值不小于 4.0MPa 时，应按式（4.13）计算取值；当混凝土强度标准差计算值小于 4.0MPa 时，应取 4.0MPa。

2）当没有近期的同一品种、同一强度等级混凝土的强度资料时，其混凝土强度标准差可按表 4.19 取值。

表 4.19 混凝土标准差 σ 值表

混凝土强度等级（MPa）	≤C20	C25～C45	C50～C55
标准差 σ（MPa）	4.0	5.0	6.0

2. 计算水胶比（W/B）

（1）按强度要求计算水胶比。根据已测定的水泥实际强度 f_{ce}（或选用的水泥强度等级 $f_{ce,g}$）、粗集料种类及所要求的混凝土配制强度 $f_{cu,o}$，按混凝土强度经验公式计算水胶比，则有

$$\frac{W}{B} = \frac{\alpha_a f_b}{f_{cu,o} + \alpha_a \alpha_b f_b} \tag{4.14}$$

式中 各字母解释见式（4.5）式中解释。

（2）按耐久性要求进行水胶比校核。按式（4.14）计算所得的水胶比是按强度要求计算得到的结果，在确定水胶比时，还应根据混凝土所处的环境条件、耐久性要求的允许最大水胶比（表 4.17）进行校核。如按强度计算的水胶比小于耐久性要求的水灰比时，则采用按强度计算的水胶比；反之，则采用满足耐久性要求允许的最大水胶比。

3. 确定单位用水量（m_{wo}）和外加剂用量

（1）干硬性或塑性混凝土的用水量（m_{wo}）。根据粗集料的品种、数量、最大粒径及施工要求的混凝土拌合物的坍落度或维勃稠度值，$1m^3$ 干硬性或塑性混凝土拌合物的用水量（m_{wo}）应符合下列规定。

1）混凝土水胶比在 0.40～0.80 范围时，可按表 4.20 和表 4.21 选取。

表 4.20 干硬性混凝土的用水量选用表 单位：kg/m³

拌合物稠度		卵石最大公称粒径（mm）			碎石最大公称粒径（mm）		
项目	指标	9.5	19.0	37.5	16.0	19.0	37.5
维勃稠度 （s）	16～20	175	160	145	180	170	155
	11～15	180	165	150	185	175	160
	5～10	185	170	155	190	180	165

表 4.21 塑性混凝土的用水量选用表 单位：kg/m³

项目	指标	卵石最大粒径（mm）				碎石最大粒径（mm）			
		9.5	19.0	31.5	37.5	16.0	19.0	31.5	37.5
坍落度 （mm）	10～30	190	170	160	150	200	185	175	165
	35～50	200	180	170	160	210	195	185	175
	55～70	210	190	180	170	220	205	195	185
	75～90	215	195	185	175	230	215	205	195

注：1. 本表用水量是采用中砂时的平均值，采用细砂时，$1m^3$ 混凝土用水量可增加 5～10kg，采用粗砂时则可减少 5～10kg。

2. 掺用外加剂或掺合料时，用水量应作相应调整。

2）混凝土水胶比小于 0.40 时，可通过试验确定。

（2）掺外加剂时，流动性和大流动性混凝土用水量（m_{w0}）。1m³ 流动性和大流动性混凝土用水量（m_{w0}）可按式（4.15）计算。

$$m_{w0} = m'_{w0}(1 - \beta) \tag{4.15}$$

式中　m_{w0}——计算配合比 1m³ 混凝土的用水量，kg/m³；

　　　　m'_{w0}——未掺外加剂时推定的满足实际坍落度要求的 1m³ 混凝土用水量，kg/m³；以表 4.21 中 90mm 坍落度的用水量为基础，按每增大 20mm 坍落度应相应增加 5kg/m³ 用水量来计算，当坍落度增大到 180mm 以上时，随坍落度相应增加的用水量可减少；

　　　　β——外加剂的减水率（%），应经混凝土试验确定。

（3）确定混凝土中外加剂用量（m_{a0}）。1m³ 混凝土中外加剂用量（m_{a0}）可按下式计算：

$$m_{a0} = m_{b0}\beta_a \tag{4.16}$$

式中　m_{a0}——计算配合比 1m³ 混凝土中外加剂的用量，kg/m³；

　　　　m_{b0}——计算配合比 1m³ 混凝土中胶凝材料的用量，kg/m³；

　　　　β_a——外加剂掺量（%），应经试验确定。

4. 计算胶凝材料、矿物掺合料和水泥用量

（1）1m³ 混凝土的胶凝材料用量（m_{b0}）按下式计算：

$$m_{b0} = \frac{m_{w0}}{W/B} \tag{4.17}$$

式中　m_{w0}、m_{b0}——见式（4.17）解释。

　　　　W/B——混凝土水胶比。

按耐久性要求校核单位胶凝材料用量。根据耐久性要求，混凝土的最小胶凝材料用量，依混凝土结构的环境类别、结构混凝土材料的耐久性基本要求确定。按强度要求由式（4.17）计算得的单位胶凝材料用量，应不低于表 4.18 规定的最小胶凝材料用量。

（2）1m³ 混凝土的矿物掺合料用量（m_{f0}）按下式计算：

$$m_{f0} = m_{b0}\beta_f \tag{4.18}$$

式中　m_{f0}——计算配合比 1m³ 混凝土中矿物掺合料用量，kg/m³；

　　　　β_f——矿物掺合料掺量（%），可结合矿物掺合料和水胶比的规定确定。

（3）1m³ 混凝土的水泥用量（m_{c0}）可按下式计算：

$$m_{c0} = m_{b0} - m_{f0} \tag{4.19}$$

式中　m_{c0}——计算配合比 1m³ 混凝土中水泥用量，kg/m³；

5. 选定砂率（β_s）

当无历史资料可参考时，混凝土砂率的确定应符合下列规定：

（1）坍落度小于 10mm 的混凝土，其砂率应经试验确定。

（2）坍落度为 10～60mm 的混凝土砂率，可根据粗集料品种、最大公称粒径及水胶比按表 4.22 选定。

表 4.22 混凝土的砂率选用表 ％

水灰比	卵石最大粒径（mm）			卵石最大粒径（mm）		
	9.5	19.0	37.5	16	19.0	37.5
0.40	26～32	25～31	24～30	30～35	29～34	27～32
0.50	30～35	29～34	28～33	33～38	32～37	30～35
0.60	33～38	32～37	31～36	36～41	35～40	33～38
0.70	36～41	35～40	34～39	39～44	38～43	36～41

注：1. 本表数值是中砂的选用砂率，对细砂或粗砂，可相应地减少或增大砂率。

2. 本表适用于坍落度为 10～60mm 的混凝土。对坍落度大于 60mm 的混凝土，应在本表的基础上，按坍落度每增大 20mm，砂率增大 1％的幅度予以调整。

3. 只用一个单粒级粗集料配制混凝土，砂率应适当增大。

4. 对薄壁构件砂率取偏大值。

5. 掺有各种外加剂或掺合料时，其合理砂率应经试验或参照其他有关规定确定。

6. 计算粗、细集料单位用量（m_{so}、m_{go}）。在已知砂率的情况下，粗、细集料用量可用质量法或体积法求得

（1）质量法。又称假定表观密度法，假定混凝土拌合物的表观密度为固定值，混凝土拌合物各组成材料的单位用量之和即为其表观密度。粗、细集料单位用量可按下式计算：

$$\begin{cases} m_{f0} + m_{co} + m_{so} + m_{go} + m_{wo} = \rho_{cp} \times 1\text{m}^3 \\ \dfrac{m_{so}}{m_{so} + m_{go}} \times 100\% = \beta_s \end{cases} \quad (4.20)$$

式中 ρ_{cp}——混凝土拌合物的假定表观密度，kg/m³，其值可根据施工单位积累的试验资料确定（如缺乏资料时，可根据集料的表观密度、最大粒径以及混凝土强度等级在 2350～2450kg/m³ 范围内选定）；

m_{f0}——1m³ 混凝土中矿物掺合料用量，kg/m³；

m_{co}——1m³ 混凝土的水泥的质量，kg/m³；

m_{so}——1m³ 混凝土的砂的质量，kg/m³；

m_{go}——1m³ 混凝土的石子的质量，kg/m³；

m_{wo}——1m³ 混凝土的水的质量，kg/m³；

β_s——砂率，％。

（2）体积法。又称绝对体积法。假定混凝土拌合物的体积等于各组成材料绝对体积及拌合物中所含空气的体积之和，粗、细集料单位用量可按下式计算：

$$\begin{cases} \dfrac{m_{so}}{m_{so} + m_{go}} \times 100\% = \beta_s \\ \dfrac{m_{f0}}{\rho_f} + \dfrac{m_{co}}{\rho_c} + \dfrac{m_{wo}}{\rho_w} + \dfrac{m_{go}}{\rho_g} + \dfrac{m_{so}}{\rho_s} + 0.01a = 1 \end{cases} \quad (4.21)$$

式中 ρ_f、ρ_c、ρ_w——矿物掺合料、水泥、水的密度，kg/m³；

ρ_g、ρ_s——粗集料、细集料的堆积密度，kg/m³；

a——混凝土含气量百分数，在不使用引气剂外加剂时，可选取 $a=1$。

在实际工作中，混凝土配合比设计通常采用质量法。混凝土配合比设计也允许采用体积法，可视具体技术需要选用。与质量法比较，体积法需要测定水泥和矿物掺合料的密度以及粗、细集料的表观密度等，对技术要求略高。

4.4.5.2 试拌调整提出基准配合比

1. 试配

（1）试配材料要求。试配混凝土所用的各种原材料，要与实际工程使用的材料相同；配合比设计所采用的细集料含水率应小于 0.5%，粗集料含水率应小于 0.2%。

（2）搅拌方法和拌合物数量。混凝土搅拌方法应尽量与生产时使用方法相同。试配时，每盘混凝土的数量一般不少于表 4.23 的建议值。如需进行抗弯拉强度试验，则应根据实际需要计算用量。采用机械搅拌时，其搅拌量应不小于搅拌机额定搅拌量的 1/4。

表 4.23   **混凝土试配的最小搅拌量**

粗集料最大公称粒径（mm）	拌合物数量（L）	粗集料最大公称粒径（mm）	拌合物数量（L）
≤31.5	20	37.5	25

2. 校核工作性，确定基准配合比

按计算出的初步配合比进行试配时，以校核混凝土拌合物的工作性。如试拌得出的拌合物的坍落度（或维勃稠度）不能满足要求，或黏聚性和保水性能不好时，应在保证水胶比不变的条件下相应调整用水量或砂率，直至符合要求为止。当试拌调整工作完成后，应测出混凝土拌合物的表观密度（ρ_{cp}），重新计算出 1m³ 混凝土的各项材料用量，即为供混凝土强度试验用的基准配合比。

设调整和易性后试配 20L 或 25L 混凝土的材料用量为水 m_{ub}、水泥 m_{cb}、矿物掺合料 m_{fb}、砂 m_{sb}、石子 m_{gb}，则基准配合比为

$$\begin{cases} m_{wJ} = \dfrac{\rho_{cp} \times 1\text{m}^3}{m_{ub} + m_{cb} + m_{fb} + m_{sb} + m_{gb}} m_{ub} \\[2mm] m_{cJ} = \dfrac{\rho_{cp} \times 1\text{m}^3}{m_{ub} + m_{cb} + m_{fb} + m_{sb} + m_{gb}} m_{cb} \\[2mm] m_{sJ} = \dfrac{\rho_{cp} \times 1\text{m}^3}{m_{ub} + m_{cb} + m_{fb} + m_{sb} + m_{gb}} m_{sb} \\[2mm] m_{gJ} = \dfrac{\rho_{cp} \times 1\text{m}^3}{m_{ub} + m_{cb} + m_{fb} + m_{sb} + m_{gb}} m_{gb} \\[2mm] m_{fJ} = \dfrac{\rho_{cp} \times 1\text{m}^3}{m_{ub} + m_{cb} + m_{fb} + m_{sb} + m_{gb}} m_{fb} \end{cases} \tag{4.22}$$

式中 m_{wJ}——基准配合比混凝土 1m³ 的用水量，kg；

      m_{cJ}——基准配合比混凝土 1m³ 的水泥用量，kg；

      m_{fb}——基准配合比混凝土 1m³ 的矿物掺合料用量，kg；

      m_{sJ}——基准配合比混凝土 1m³ 的细集料用量，kg；

      m_{gJ}——基准配合比混凝土 1m³ 的粗集料用量，kg；

      ρ_{cp}——混凝土拌合物表观密度实测值，kg/m³。

经过和易性调整试验得出的混凝土基准配合比，满足了和易性的要求，但其水灰比不

一定选用恰当，混凝土的强度不一定符合要求，故应对混凝土强度进行复核。

3. 检验强度，确定试验室配合比

为校核混凝土的强度，至少拟定三个不同的配合比。当采用三个不同水胶比的配合比，其中一个是基准配合比，另两个配合比的水胶比则分别比基准配合比增加及减少0.05，其用水量与基准配合比相同，砂率值可分别增加或减少1%。每种配合比至少制作一组（3块）试件，每一组都应检验相应配合比拌合物的和易性及测定表观密度，其结果代表这一配合比的混凝土拌合物的性能，将试件标准养护至28d时，进行强度试验。

由试验所测得的混凝土强度与相应的灰水比作图或计算，求出与混凝土配制强度（$f_{cu,o}$）相对应的灰水比。最后按以下原则确定 1m³ 混凝土拌合物的各材料用量，即为试验室配合比。

（1）确定用水量。取基准配合比中用水量，并根据制作强度试件时测得的坍落度或维勃稠度值，进行调整确定。

（2）确定胶凝材料用量。以用水量乘以通过试验确定的与配制强度相对应的胶水比计算得出。

（3）粗、细集料用量。取基准配合比中的粗、细集料用量，并按定出的水胶比作适当调整。

（4）强度复核之后的配合比，还应根据实测的混凝土拌合物的表观密度（$\rho_{c,t}$）作校正，以确定 1m³ 混凝土的各材料用量。其步骤如下：

1）计算出混凝土拌合物的计算表观密度 $\rho_{c,c}$：

$$\rho_{c,c} = m_{c,sh} + m_{f,sh} + m_{w,sh} + m_{s,sh} + m_{g,sh} \qquad (4.23)$$

2）计算出校正系数 δ：

$$\delta = \frac{\rho_{c,t}}{\rho_{c,c}} \qquad (4.24)$$

当混凝土表观密度计算值与实测值之差的绝对值不超过计算的 2% 时，按以上原则确定的配合比即为确定的试验室配合比；当两者之差超过 2% 时，应将配合比中各项材料用量乘以 δ，即为确定的试验室配合比。

4. 考虑现场实际情况，确定混凝土施工配合比

混凝土的试验室配合比所用粗、细集料是以干燥状态为标准计量的，但施工现场的粗、细集料是露天堆放的，都含有一定的水分。所以，施工现场应根据集料的实际含水率情况进行调整，将试验室配合比换算为施工配合比。

假定工地测出砂的表面含水率为 $a\%$，石子的表面含水率为 $b\%$，设施工配合比 1m³ 混凝土各材料用量为 m_c'、m_s'、m_f'、m_g'、m_w'（kg），则：

$$m_f' = m_{f,sh}$$

$$\begin{cases} m_c' = m_{c,sh} \\ m_s' = m_{s,sh}(1+a\%) \\ m_g' = m_{g,sh}(1+b\%) \\ m_w' = m_{w,sh} - m_{s,sh}a\% - m_{g,sh}b\% \end{cases} \qquad (4.25)$$

4.4.6 普通水泥混凝土的配合比设计实例

试设计某桥梁工程桥台用钢筋混凝土的配合比。

【原始资料】

(1) 已知混凝土设计强度等级为 C30，强度标准差计算值为 3.0MPa，要求混凝土拌合物坍落度为 30～50mm。桥梁所在地区属寒冷地区。

(2) 组成材料：普通硅酸盐水泥 32.5 级，实测 28d 抗压强度为 36.8MPa，密度 $\rho_c = 3100 kg/m^3$；中砂的表观密度 $\rho_s = 2650 kg/m^3$，施工现场含水率为 2%；碎石最大公称粒径为 37.5mm，表观密度 $\rho_g = 2700 kg/m^3$；施工现场含水率为 1%；粉煤灰为 II 级，表观密度 $\rho_f = 2200 kg/m^3$，掺合料 $\beta_f = 20\%$；外加剂为减水剂，掺量 $\beta_a = 0.5\%$，减水率 $\beta = 8\%$。

【设计要求】

(1) 按题设资料计算出初始配合比。

(2) 按初始配合比在试验室进行试拌，调整得出试验室配合比。

(3) 根据工地实测含水率计算施工配合比。

【设计步骤】

1. 计算初步配合比

(1) 确定混凝土配制强度 $f_{cu,o}$。按题设条件：设计要求混凝土强度等级 $f_{cu,k} = 30MPa$，按式（4.11）计算混凝土的配制强度。

$$f_{cu,o} = f_{cu,k} + 1.645\sigma = 30 + 1.645 \times 3.0 = 34.9 (MPa)$$

(2) 计算水胶比（W/B）。

1) 按强度要求计算水胶比。

a. 计算胶凝材料的实际强度。由题意已知采用 II 级粉煤灰，掺量为 20%，查表 4.14 的粉煤灰影响系数 $\gamma_f = 0.85$，梨花高炉矿渣粉影响系数 $\gamma_s = 1.0$，再根据水泥实际强度 $f_{ce} = 36.8MPa$，代入式（4.5）计算胶凝材料的强度 f_b 为

$$f_b = \gamma_f \gamma_s f_{ce} = 0.85 \times 1.00 \times 36.8 = 31.3 (MPa)$$

b. 计算混凝土水胶比。已知混凝土的配制强度 $f_{cu,o} = 34.9MPa$，胶凝材料的强度 $f_b = 31.3MPa$。查表 4.13：碎石 $\alpha_a = 0.53$，$\alpha_b = 0.20$。按式（4.14）计算水胶比：

$$W/B = \frac{\alpha_a \cdot f_b}{f_{cu,o} + \alpha_a \cdot \alpha_b \cdot f_b} = \frac{0.53 \times 31.3}{34.9 + 0.53 \times 0.20 \times 31.3} = 0.43$$

2) 按耐久性校核水胶比。根据混凝土所处环境条件，属于寒冷地区，查表 4.17 可知，允许最大水胶比为 0.50，按强度计算水胶比为 0.43，符合耐久性要求，采用计算水胶比为 $W/B = 0.43$。

(3) 确定单位用水量（m_{w0}）和外加剂用量（m_{a0}）。

1) 由题意已知，要求混凝土拌合物坍落度为 30～50mm，碎石最大公称粒径为 37.5mm。查表 4.21 选用未掺加外加剂时的混凝土用水量为 $m'_{w0} = 175 kg/m^3$。

又已知掺加 0.5% 的减水剂，减水率为 8%，则掺减水剂后的混凝土用水量 m_{w0} 按式（4.15）计算为

$$m_{w0} = m'_{w0}(1 - \beta) = 175 \times (1 - 8\%) = 161 (kg/m^3)$$

2）确定混凝土中减水剂用量（m_{a0}）。由题意已知，$1m^3$ 混凝土减水剂中减水剂的掺量为 0.5％，按式（4.16）计算：

$$m_{a0} = m_{b0}\beta_a = 374 \times 0.5\% = 1.9(\text{kg/m}^3)$$

（4）计算胶凝材料、矿物掺合料和水泥用量。

1）计算 $1m^3$ 混凝土的胶凝材料用量（m_{b0}）。

a. 已知混凝土单位用水量 $m_{w0} = 161\text{kg/m}^3$，水胶比 $W/B = 0.43$，按式（4.17）计算 $1m^3$ 混凝土胶凝材料用量为

$$m_{b0} = \frac{m_{w0}}{W/B} = \frac{161}{0.43} = 374(\text{kg/m}^3)$$

b. 按耐久性要求校核单位胶凝材料用量。按题意，已知混凝土所处环境条件属寒冷地区，根据耐久性要求，查表 4.18，混凝土的最小胶凝材料用量为 320kg/m^3。按强度计算 $1m^3$ 混凝土胶凝材料用量为 374kg/m^3。

2）计算 $1m^3$ 混凝土的粉煤灰用量（m_{f0}）。按题意已知，粉煤灰的掺量为 20％，代入式（4.18）计算得：

$$m_{f0} = m_{b0}\beta_f = 374 \times 20\% = 75(\text{kg/m}^3)$$

3）计算 $1m^3$ 混凝土的水泥用量（m_{c0}），按式（4.19）计算：

$$m_{c0} = m_{b0} - m_{f0} = 374 - 75 = 299(\text{kg/m}^3)$$

（5）选定砂率（β_s）。由题意已知，粗集料采用碎石的最大公称粒径为 37.5mm，水胶比 $W/B = 0.43$。查表 4.22，选定混凝土的砂率为：$\beta_s = 32\%$。

（6）计算粗、细集料用量（m_{g0}、m_{s0}）。

1）质量法。已知：$1m^3$ 混凝土的水泥用量 $m_{c0} = 299\text{kg/m}^3$，粉煤灰用量 $m_{f0} = 75\text{kg/m}^3$，用水量 $m_{w0} = 161\text{kg/m}^3$，混凝土拌合物假定表观密度为 $\rho_{cp} = 2400\text{kg/m}^3$，砂率 $\beta_s = 32\%$。

按式（4.20）计算粗、细集料用量（m_{g0}、m_{s0}）。

$$\begin{cases} m_{c0} + m_{f0} + m_{s0} + m_{g0} + m_{w0} = \rho_{cp} \times 1m^3 \\ \dfrac{m_{s0}}{m_{s0} + m_{g0}} \times 100\% = \beta_s \end{cases}$$

将相关计算结果代入上式得：

$$\begin{cases} 299 + 75 + m_{s0} + m_{g0} + 161 = 2400 \\ \dfrac{m_{s0}}{m_{s0} + m_{g0}} = 0.32 \end{cases}$$

解得：$m_{s0} = 597\text{kg/m}^3$，$m_{g0} = 1268\text{kg/m}^3$。

按质量法得混凝土初步配合比为

$m_{c0} = 299\text{kg/m}^3$，$m_{f0} = 75\text{kg/m}^3$，$m_{s0} = 597\text{kg/m}^3$，$m_{g0} = 1268\text{kg/m}^3$，$m_{w0} = 161\text{kg/m}^3$。

2）体积法。已知：水泥密度 $\rho_c = 3100\text{kg/m}^3$；粉煤灰密度 $\rho_f = 2200\text{kg/m}^3$；中砂表观密度 $\rho_s = 2650\text{kg/m}^3$；碎石表观密度 $\rho_g = 2700\text{kg/m}^3$；非引气混凝土，$\alpha = 1$，由式（4.21）得：

$$\begin{cases} \dfrac{m_{so}}{m_{so}+m_{go}} \times 100\% = \beta_s \\ \dfrac{m_{co}}{\rho_c} + \dfrac{m_{f0}}{\rho_f} + \dfrac{m_{w0}}{\rho_w} + \dfrac{m_{g0}}{\rho_g} + \dfrac{m_{s0}}{\rho_s} + 0.01a = 1 \end{cases}$$

得：$\begin{cases} \dfrac{m_{so}}{m_{so}+m_{go}} = 0.324 \\ \dfrac{299}{3100} + \dfrac{75}{2200} + \dfrac{161}{1000} + \dfrac{m_{go}}{2700} + \dfrac{m_{so}}{2650} + 0.01 = 1 \end{cases}$

解得：$m_{so} = 600 \text{kg/m}^3$，$m_{go} = 1275 \text{kg/m}^3$。

按体积法得混凝土初步配合比为

$m_{c0} = 299 \text{kg/m}^3$，$m_{f0} = 75 \text{kg/m}^3$，$m_{s0} = 600 \text{kg/m}^3$，$m_{g0} = 1275 \text{kg/m}^3$，$m_{w0} = 161 \text{kg/m}^3$。

2. 试拌调整，确定基准配合比

(1) 计算试拌材料用量。按计算初步配合比（以绝对体积法计算结果为例），试拌 25L 混凝土拌合物，各种材料用量为：水泥 7.5kg；粉煤灰 1.9kg；砂 15.0kg；碎石 31.9kg；水 4.0kg。

(2) 检验、调整工作性，确定基准配合比。按计算材料用量拌制混凝土拌合物，测定其坍落度为 10mm，未满足题目给的施工和易性要求。为此，保持水胶比不变，增加 5% 的水和胶凝材料用量。再经拌合测得坍落度为 40mm，且黏聚性和保水性良好，满足施工和易性要求。此时，混凝土拌合物各组成材料实际用量为

水泥　　7.5×（1+5%）=7.9（kg）；

粉煤灰　1.9×（1+5%）=2.0（kg）；

水　　　4.0×（1+5%）=4.2（kg）；

砂　　　　　　　　　　15.0（kg）；

碎石　　　　　　　　　31.9（kg）。

(3) 提出基准配合比。用满足施工和易性要求的拌合物测得的混凝土的表观密度为：2437kg/m³，根据式（4.22）算得其基准配合比为

$$m_{cJ} = \frac{\rho_{cp} \times 1\text{m}^3}{m_{wb}+m_{cb}+m_{fb}+m_{sb}+m_{gb}} \times m_{cb} = \frac{2437}{4.2+7.9+2.0+15.0+31.9} \times 7.9 = 316(\text{kg})$$

$$m_{fJ} = \frac{\rho_{cp} \times 1\text{m}^3}{m_{wb}+m_{cb}+m_{fb}+m_{sb}+m_{gb}} \times m_{fb} = \frac{2437}{4.2+7.9+2.0+15.0+31.9} \times 2.0 = 80(\text{kg})$$

$$m_{wJ} = \frac{\rho_{cp} \times 1\text{m}^3}{m_{wb}+m_{cb}+m_{fb}+m_{sb}+m_{gb}} \times m_{wb} = \frac{2437}{4.2+7.9+2.0+15.0+31.9} \times 4.2 = 168(\text{kg})$$

$$m_{sJ} = \frac{\rho_{cp} \times 1\text{m}^3}{m_{wb}+m_{cb}+m_{fb}+m_{sb}+m_{gb}} \times m_{sb} = \frac{2437}{4.2+7.9+2.0+15.0+31.9} \times 15.0 = 600(\text{kg})$$

$$m_{gJ} = \frac{\rho_{cp} \times 1\text{m}^3}{m_{wb}+m_{cb}+m_{fb}+m_{sb}+m_{gb}} \times m_{gb} = \frac{2437}{4.2+7.9+2.0+15.0+31.9} \times 31.9 = 1274(\text{kg})$$

3. 检验强度，确定试验室配合比

(1) 检验强度。采用水灰比分别为 0.38、0.43、0.48，拌制 3 组混凝土拌合物。其各组材料称量为：砂、碎石用量不变，基准水用量亦保持不变，其他两组亦经测定坍落度

并观察其黏聚性和保水性均满足要求。

按 3 组配合比经拌制成型，在标准条件下养护 28d 后，按规定方法测定其立方体抗压强度值，见表 4.24。

表 4.24　　　　　　　　　　　不同水胶比的混凝土强度值

组别	水胶比（W/B）	胶水比（B/W）	28d 立方体抗压强度（MPa）
A	0.38	2.63	45.1
B	0.43	2.33	37.8
C	0.48	2.08	30.1

根据表 4.24 试验结果，绘制混凝土 28d 立方体抗压强度与胶水比关系如图 4.9 所示。

由图 4.9 可知，相应混凝土配置强度 $f_{cu,o}=$ 34.9MPa 的胶水比 $B/W=2.23$，即水胶比为 0.45。

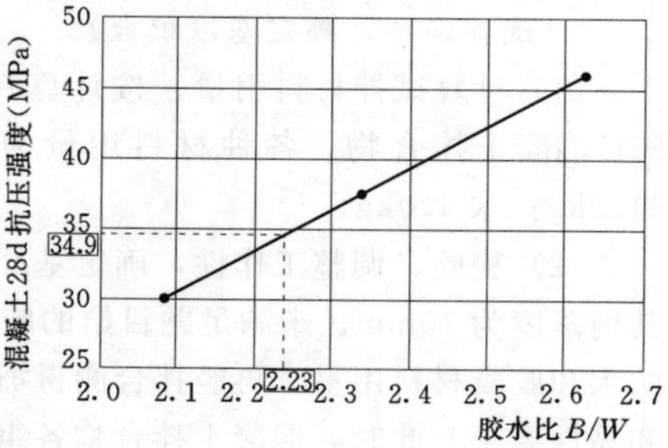

（2）确定试验室配合比。

1）按强度试验结果修正配合比，各材料用量为

用水量　　　　$m_{w,sh}=168$（kg/m³）；

胶凝材料用量 $m_{b,sh}=168\div0.45=362$（kg/m³）；

粉煤灰用量　　$m_{f,sh}=362\times20\%=72$（kg/m³）；

水泥用量　　　$m_{c,sh}=362-72=290$（kg/m³）。

砂、碎石用量按体积法计算得：

砂用量　　　　$m_{s,sh}=598$（kg/m³）

碎石用量　　　$m_{g,sh}=1270$（kg/m³）。

图 4.9　混凝土 28d 抗压强度
与胶水比关系曲线

2）混凝土表观密度计算值，按式（4.23）可计算：

$\rho_{c,c}=m_{c,sh}+m_{f,sh}+m_{w,sh}+m_{s,sh}+m_{g,sh}=290+72+168+598+1270=2398$（kg/m³）

实测混凝土表观密度　　　　　　$\rho_{c,t}=2450$（kg/m³）

修正系数　　　　　　　　　　　$\delta=2450/2398=1.02$

因为混凝土表观密度实测值与计算值之差的绝对值超过计算值的 2% $\left(\dfrac{2450-2398}{2398}\times100\%=2.2\%\right)$，则按实测表观密度校正各种材料用量：

水泥用量　　　　$m'_{c,sh}=290\times1.02=296$（kg/m³）；

粉煤灰用量　　　$m'_{f,sh}=72\times1.02=73$（kg/m³）；

水用量　　　　　$m'_{w,sh}=168\times1.02=171$（kg/m³）；

砂用量　　　　　$m'_{s,sh}=598\times1.02=610$（kg/m³）；

碎石用量　　　　$m'_{g,sh}=1270\times1.02=1295$（kg/m³）。

4. 换算施工配合比

水泥用量　　　　$m'_c=296$（kg/m³）；

粉煤灰用量　　　$m'_f=73$（kg/m³）；

水用量 $\qquad m'_w = 171 - (610 \times 2\% + 1295 \times 1\%) = 146 \ (\text{kg/m}^3)$;

砂用量 $\qquad m'_s = 610 \times (1 + 2\%) = 622 \ (\text{kg/m}^3)$;

碎石用量 $\qquad m'_g = 1295 \times (1 + 1\%) = 1308 \ (\text{kg/m}^3)$。

4.5 普通水泥混凝土的质量评定与质量控制

质量合格的混凝土，应能满足设计要求的技术性质，具有较好的均匀性，且达到规定的保证率。但由于多种因素的影响，混凝土的质量是不均匀的、波动的。评价混凝土质量的一个重要技术指标是混凝土强度（主要是指抗压强度），因为它能较综合地反映混凝土的各项质量指标。混凝土强度受多种因素的影响，每种组成材料的性能及其配合比、搅拌、运输、成型和养护等工艺条件的变化，都将引起混凝土强度的波动，且其波动一般呈正态分布。通常用混凝土强度的平均值、强度标准差、强度变异系数来评定混凝土质量的好坏。

4.5.1 混凝土强度的统计方法

1. 混凝土强度的波动规律——正态分布

试验表明，混凝土强度的波动规律是符合正态分布的（图4.10）。即在施工条件相同的情况下，对同一种混凝土进行系统取样，测定其强度，以强度为横坐标，以某一强度出现的概率为纵坐标，可绘出强度概率正态分布曲线。正态分布的特点为：以强度平均值为对称轴，左右两面边的曲线是对称的，距离对称轴愈远的值，出现的概率愈小，并逐渐趋近于零；曲线和横坐标之间的面积为概率的总和，等于100%；对称轴两边，出现的概率相等，在对称轴两侧的曲线上各有一个拐点，拐点距强度平均值的距离即为标准差。

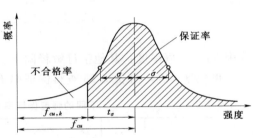

图4.10 混凝土强度正态分布曲线

2. 统计参数

（1）强度平均值 m_{fcu}。它代表混凝土强度总体的平均水平，其值按下式计算：

$$m_{fcu} = \frac{1}{n} \sum_{i=1}^{n} f_{cu,i} \qquad (4.26)$$

式中 $\quad n$——试验组数（$n \geqslant 25$）；

$f_{cu,i}$——第 i 组试件的立方体强度值，MPa。

平均强度反映混凝土总体强度的平均值，但并不能反映混凝土强度的波动情况。

（2）强度标准差（σ）。也称均方差，能反映混凝土强度的离散程度。σ 值越大，强度分布曲线变得矮而宽，离散程度越大，则混凝土质量越不稳定；反之，混凝土的质量越稳定。σ 值是评定混凝土质量均匀性的重要指标，可按下式计算：

$$\sigma = \sqrt{\frac{\sum_{i=1}^{n} (f_{cu,i} - m_{fcu})^2}{n-1}} \qquad (4.27)$$

式中　n——试验组数（$n \geqslant 25$）；

　　　$f_{cu,i}$——第 i 组试件的立方体强度值，MPa；

　　　m_{fcu}——n 组试件抗压强度的算术平均值，MPa；

　　　σ——n 组试件抗压强度的标准差，MPa。

（3）强度变异系数（C_v）。又称离差系数，也能说明混凝土质量均匀性的指标。对平均强度水平不同的混凝土之间质量稳定性的比较，可考虑相对波动的大小，用变异系数 C_v 来表示，C_v 值越小，说明该混凝土质量越稳定。C_v 可按下式计算：

$$C_v = \frac{\sigma}{m_{fcu}} \tag{4.28}$$

3. 强度保证率

强度保证率是指混凝土强度总体中，大于或等于设计强度所占的概率，以正态分布曲线上的阴影部分面积表示，如图 4.10 所示。其计算方法如下：

先根据混凝土设计要求的强度等级（$f_{cu,k}$）、混凝土的强度平均值（m_{fcu}）、标准差（σ）或变异系数（C_v），计算出概率度 t。

$$t = \frac{f_{cu,k} - m_{fcu}}{\sigma} \quad \text{或} \quad t = \frac{f_{cu,k} - m_{fcu}}{C_v \overline{f_{cu}}} \tag{4.29}$$

式中　t——概率度；其他字母解释同上。

再根据 t 值，由表 4.25 查得保证率 P（%）。

表 4.25　　　　　　不同的强度保证率 P 对应的概率度 t 值选用表

P（%）	50.0	69.2	78.8	80.0	84.1	85.1	88.5	90.0	91.9	93.3	94.5
t	0.00	−0.50	−0.80	−0.84	−1.00	−1.04	−1.20	−1.28	−1.40	−1.50	−1.60
P（%）	95.0	95.5	96.0	96.5	97.0	97.5	97.7	98.0	99.0	99.4	99.9
t	−1.645	1.70	−1.75	−1.81	−1.88	−1.96	−2.00	−2.05	2.33	−2.50	−3.00

注　若技术资料无明确要求时，保证率 P 一般可按 95% 考虑。

工程中 P（%）值可根据统计周期内，混凝土试件强度不得低于要求强度等级标准值的组数与试件总数之比求得，即

$$P = \frac{N_0}{N} \times 100\% \tag{4.30}$$

式中　N_0——统计周期内，同批混凝土试件强度大于等于设计强度等级值的组数；

　　　N——统计周期内，同批混凝土试件总组数，$N \geqslant 25$。

我国《混凝土强度检验评定标准》（GBJ 107—1987）及《混凝土结构设计规范》（GB 50010—2002）规定，同批试件的统计强度保证率不得小于 95%。根据强度标准差的大小，将现场集中搅拌混凝土的质量管理水平划分为"优良""一般"及"差"三等。衡量混凝土生产质量水平以现场试件 28d 龄期抗压标准差 σ 值表示，其评定标准见表 4.26 所示。

表 4.26　　　　　　　　　　　　现场集中搅拌混凝土的生产质量水平

生产质量水平	优良		一般		差	
混凝土强度等级	＜C20	≥C20	＜C20	≥C20	＜C20	≥C20
混凝土强度标准差 σ/MPa	≤3.5	≤4.0	≤4.5	≤5.5	＞4.5	＞5.5
强度大于等于混凝土强度等级值的百分率 P（％）	≥95		＞85		≤85	

4. 混凝土施工配制强度

由于混凝土施工过程中原材料性能及生产因素的差异，会出现混凝土质量的不稳定，如果按设计的强度等级（$f_{cu,k}$）配制混凝土，则在施工中将有一半的混凝土达不到设计强度等级，即强度保证率只有 50％。为使混凝土强度保证率满足规定的要求，在设计混凝土配合比时，为了使混凝土具有要求的保证率，必须使配制强度（$f_{cu,o}$）高于设计要求的强度等级（$f_{cu,k}$）。令配制强度 $f_{cu,o}$ 等于总体强度平均值 m_{fcu}，代入式（4.29）可得：

$$f_{cu,o} = f_{cu,k} - t\sigma \tag{4.31}$$

由式（4.31）可知，配制强度 $f_{cu,o}$ 高出设计要求的强度等级 $f_{cu,k}$ 的多少，决定于设计要求的保证率 P（定出 t 值）及施工质量水平（σ 或 C_v 的大小）。设计要求的保证率愈大，配制强度愈高；施工质量水平愈差，配制强度应提高。

我国《混凝土强度检验评定标准》（GB/T 50107—2010）及《混凝土结构设计规范》（GB 50010—2010）规定，同批试件的统计强度保证率不得小于 95％。由表 3.37 可查出当 $P=95\%$ 时，$t=-1.645$，代入式（4.31）可得：

$$f_{cu,o} = f_{cu,k} + 1.645\sigma \tag{4.32}$$

4.5.2　混凝土的质量评定

混凝土的质量一般以抗压强度来评定，为此必须有足够数量的混凝土试验值来反映混凝土总体的质量。为使抽取的混凝土试样更具代表性，混凝土试样应在浇筑地点随机地抽取。当经试验证明搅拌机卸料口和浇筑地点混凝土的强度无显著差异时，混凝土试样也可在卸料口随机抽取。

混凝土强度应分批进行检验评定，一个验收批的混凝土应由强度等级相同、龄期相同、生产工艺条件和配合比基本相同的混凝土组成。对于施工现场集中搅拌的混凝土，其强度检验评定按统计方法进行。对零星生产的预制构件中混凝土或现场搅拌的批量不大的混凝土，不能获得统计方法所必需的试件组数时，可按非统计方法检验评定混凝土强度。

4.5.3　混凝土强度的评价方法

1. 统计方法（已知强度标准差方法）

当混凝土生产条件在较长时间内能保持一致，且同一品种混凝土强度变异性能保持稳定时，应由连续的 3 组试件代表 1 个验收批。其强度应同时符合式（4.33）、式（4.34）、式（4.35）或式（4.36）的要求。

$$m_{f_{cu}} \geq f_{cu,k} + 0.7\sigma_0 \tag{4.33}$$

$$f_{cu,min} \geq f_{cu,k} - 0.7\sigma_0 \tag{4.34}$$

当混凝土强度等级不高于 C20 时，其强度最小值尚应满足式（4.35）的要求：

$$f_{cu,min} \geq 0.85 f_{cu,k} \tag{4.35}$$

当混凝土强度等级高于 C20 时,其强度最小值尚应满足式(4.36)的要求:

$$f_{cu,min} \geqslant 0.90 f_{cu,k} \qquad (4.36)$$

式中　$m_{f_{cu}}$——同一验收批混凝土强度的平均值,MPa;

　　　$f_{cu,k}$——设计的混凝土强度标准值,MPa;

　　　$f_{cu,min}$——同一验收批混凝土强度的最小值,MPa;

　　　σ_0——验收批混凝土强度的标准差,MPa。

验收批混凝土强度标准差 σ_0,应根据前一个检验期(不超过 3 个月)内同一品种混凝土试件强度资料,按式(4.37)确定:

$$\sigma_0 = \frac{0.59}{m} \sum_{i=1}^{m} \Delta f_{cu,i} \qquad (4.37)$$

式中　$\Delta f_{cu,i}$——前一检验期内第 i 验收批混凝土试件中强度最大值与最小值之差,MPa;

　　　m——前一检验期内验收批的总批数($m \geqslant 15$)。

【例 4.1】　某混凝土预制厂生产的构件,混凝土强度等级为 C30,统计前期 16 批的 8 组强度批极差见表 4.27。试按标准差已知法,评定现生产各批混凝土强度(表 4.28)是否合格。

表 4.27　　　　　　　　　　　前期各批混凝土强度极差值

$\Delta f_{cu,i}$ (MPa)							
3.5	6.2	8.0	4.5	5.5	7.6	3.8	4.6
5.2	6.2	5.0	3.8	9.6	6.0	4.8	5.0
$M=16$,$\sum=89.3$							

【解】　(1)由表 4.27,按式(4.37)计算验收批混凝土强度标准差。

$$\sigma_0 = \frac{0.59}{m} \sum_{i=1}^{m} \Delta f_{cu,i} = 3.3 \text{(MPa)}$$

(2)计算验收批强度平均值 $m_{f_{cu}}$ 和最小值 $f_{cu,min}$ 的验收界限。

$$[m_{f_{cu}}] = f_{cu,k} + 0.7\sigma_0 = 30 + 0.7 \times 3.3 = 32.3 \text{(MPa)}$$

$$[f_{cu,min}] = \begin{cases} f_{cu,k} - 0.7\sigma_0 = 27.7 \text{(MPa)} \\ 0.9 f_{cu,k} = 27.0 \text{(MPa)} \end{cases}$$

(3)对现生产各批强度进行评定,评定结果见表 4.28。

表 4.28　　　　　　　　　　　现生产各批强度和评定结果

批号	$f_{cu,i}$			m_{fcu}	评定结果	批号	$f_{cu,i}$			m_{fcu}	评定结果
	1	2	3				1	2	3		
1	38.6	38.4	34.2	37.4	+	4	38.2	36.0	25.0*	33.1	—
2	35.2	30.8	28.8	31.6*	—	⋮	⋮	⋮	⋮	⋮	⋮
3	39.4	38.2	38.0	38.5	+	15	30.2	33.2	36.4	33.2	+

注　"*"表示不合格数据。

2. 统计方法(未知标准差方法)

当混凝土生产条件不能满足前述规定,或在一个检验期内的同一品种混凝土没有足够的数据用以确定验收批混凝土强度的标准差时，应由不少于 10 组的试件代表一个验收批，其强度应同时符合式（4.38）和式（4.39）的要求，即

$$m_{fcu} - \lambda_1 S_{fcu} \geqslant 0.9 f_{cu,k} \qquad (4.38)$$

$$f_{cu,min} \geqslant \lambda_2 f_{cu,k} \qquad (4.39)$$

式中 λ_1、λ_2——合格判定系数，按表 4.29 取用；

S_{fcu}——验收混凝土强度的标准差，MPa。

表 4.29　　　　　　　混凝土强度的合格判定系数

试件组数	10～14	15～24	＞25	试件组数	10～14	15～24	＞25
λ_1	1.70	1.65	1.60	λ_2	0.90	0.85	

当 S_{fcu} 的计算值小于 $0.06 f_{cu,k}$ 时，取 $S_{fcu} = 0.06 f_{cu,k}$。

验收批混凝土强度的标准差 $f_{cu,k}$ 可按式（4.40）计算

$$S_{fcu} = \sqrt{\frac{\sum_{i=1}^{n} f_{cu,i}^2 - n m_{fcu}^2}{n - 1}} \qquad (4.40)$$

式中 $f_{cu,i}$——验收批第 i 组混凝土试件的强度值，MPa；

n——验收批混凝土试件的总组数。

【例 4.2】　现场集中搅拌混凝土，强度等级为 C30，其同批强度见表 4.30，试评定该批混凝土是否合格。

表 4.30　　　　　　　混 凝 土 批 强 度

$f_{cu,i}$ （MPa）									
36.5	38.4	33.6	40.2	33.8	37.2	38.2	39.4	40.2	38.4
38.6	32.4	35.8	35.6	40.8	30.6	32.4	38.6	30.4	38.8
$n=20$，$n_{fcu}=36.5$									

【解】　（1）按式（4.40）计算该批混凝土强度标准差。

$$S_{fcu} = \sqrt{\frac{26839.33 - 20 \times 1332.25}{20 - 1}} = 3.2 > 0.06 f_{cu,k}$$

（2）按式（4.38）和式（4.39）计算验收界限。

$$[m_{f_{cu}}] = (1.65 \times 3.2 + 0.9 \times 30) \text{MPa} = 32.3 (\text{MPa})$$

$$[m_{f_{cu},min}] = 0.85 \times 30 \text{MPa} = 25.5 (\text{MPa})$$

（3）评定该批混凝土强度。

因 $m_{f_{cu}} > [m_{f_{cu}}] = 32.3 \text{MPa}$

且 $m_{f_{cu},min} = 30.4 \text{MPa} > [m_{f_{cu},min}] = 0.85 \times 30 \text{MPa} = 25.5 （\text{MPa}）$

所以该批混凝土应评为合格。

3. 非统计方法

按非统计方法评定混凝土强度时，其所保留强度应同时满足式（4.41）和式（4.42）的要求：

$$m_{fcu} \geqslant 1.15 f_{cu,k} \qquad (4.41)$$
$$f_{cu,min} \geqslant 0.95 f_{cu,k} \qquad (4.42)$$

4.6 混凝土的外加剂

在拌制混凝土过程中掺入的不超过水泥质量的 5%（特殊情况除外），且能使混凝土按需要改变性质的物质，称为混凝土外加剂。

外加剂的使用是混凝土技术的重大突破。随着混凝土工程技术的发展，对混凝土性能提出了许多新的要求。如冬季施工要求高的早期强度，高层建筑要求高强度，泵送混凝土要求高流动性，等等。这些性能的实现，需要应用高性能的外加剂。

4.6.1 外加剂的分类

混凝土外加剂的种类繁多，按照其主要功能归纳起来可分为下列几类。

（1）改善混凝土拌合物流动性能的外加剂，包括各种减水剂、引气剂和泵送剂等。

（2）改善混凝土耐久性的外加剂，包括引气剂、防水剂和阻锈剂等。

（3）调节混凝土凝结时间、硬化性能的外加剂，包括缓凝剂、早强剂和速凝剂。

（4）改善混凝土其他性能的外加剂，包括加气剂、防冻剂、膨胀剂、抑碱-集料膨胀反应剂、着色剂等。

4.6.2 常用混凝土外加剂

4.6.2.1 减水剂

减水剂是指在混凝土坍落度基本相同的条件下，能减少拌合用水量的外加剂。按减水能力及其兼有的功能有：普通减水剂、高效减水剂、早强减水剂及引气减水剂等。减水剂多为亲水性表面活性剂。

1. 减水剂的作用机理及使用效果

水泥加水拌和后，会形成絮凝结构，流动性很低。掺有减水剂时，减水剂分子吸附在水泥颗粒表面，其亲水基团携带大量水分子，在水泥颗粒周围形成一定厚度的吸附水层，增大了水泥颗粒间的滑动性。当减水剂为离子型表面活性剂时，还能使水泥颗粒表面带上同性电荷，在电性斥力作用下，促使絮凝结构分散解体，从而将其中的游离水释放出来，而大大增加了拌合物的流动性。减水剂还使溶液的表面张力降低，在机械搅拌作用下使浆体内引入部分气泡。这些微细气泡有利于水泥浆流动性的提高。此外，减水剂对水泥颗粒的润湿作用，可使水泥颗粒的早期水化作用比较充分。

总之，减水剂在混凝土中改变了水泥浆体流动性能，进而改变了水泥混凝土结构，起到了改善混凝土性能的作用。

根据使用条件不同，混凝土掺用减水剂后可以产生以下方面的效果。

（1）在配合比不变的情况下，可增大混凝土拌合物的流动性，且不致降低混凝土的强度。

（2）在保持流动性及水灰比不变的条件下，可以减少用水量及水泥用量，以节约水泥。

（3）在保持流动性及水泥用量不变的条件下，可以减少用水量，从而降低水灰比，使混凝土的强度与耐久性得到提高。

（4）水泥水化放热速度减缓，防止因混凝土内外温差引起的裂缝。

（5）混凝土的离析、泌水现象可得到改善。

2. 常用减水剂种类

减水剂是使用最广泛和效果最显著的一种外加剂。其种类繁多，常用减水剂有木质素系、萘磺酸盐系（简称萘系）、树脂系、糖蜜系及腐殖酸系等，这些减水剂的性能见表 4.31。此外还有脂肪酸类、氨基苯酸类、丙烯酸类减水剂。常用的减水剂品种及性能见表 4.31。

表 4.31　　　　　　　　　　　　　常用减水剂品种及性能

种类	木质素系	萘系	树脂系	糖蜜系	腐殖酸系
减水效果类别	普通型	高效型	高效型	普通型	普通型
主要品种	木质素磺酸钙（木钙粉、M 剂、木钠、木镁）	NNO、NF、NUF、FDN、JN、MF、建1、NHJ、DH 等	SM、CRS 等	3FG、TF、ST	腐殖酸
主要成分	木质素横酸钙、木质素碘酸钠、木质素磺酸镁	芳香族磺酸盐甲醛缩合物	三聚氢胺树脂磺酸钠（SM）、古玛隆—茚树脂磺酸钠（GRS）	糖渣、废蜜经石灰水中和而成	磺化胡敏酸
适宜掺量（占水泥质量%）	0.2～0.3	0.2～1.0	0.5～2.0	0.2	0.3
早强效果	—	明显	显著	—	有早强型，缓凝型两种
缓凝效果	1～3h	—	—	3h 以上	—
引气效果	1%～2%	一般为非引气型部分品种引气<2%	<2%	—	—

3. 减水剂的使用

混凝土减水剂的掺加方法，有同掺法、后掺法及滞水掺入法等。所谓同掺法，即是将减水剂溶解于拌和用水，并与拌和用水一起加入到混凝土拌合物中。所谓后掺法，就是在混凝土拌合物运到浇筑地点后，再掺入减水剂或再补充部分减水剂，并再次搅拌后进行浇筑。所谓滞水掺入法，是在混凝土拌合物已经加入搅拌 1～3min 后，再加入减水剂，并继续搅拌到规定的拌和时间。

混凝土拌合物的流动性一般随停放时间的延长而降低，这种现象称为坍落度损失。掺有减水剂的混凝土坍落度损失往往更为突出。采用后掺法或滞水掺入法，可减小坍落度损失，也可减少外加剂掺用量，提高经济效益。

4.6.2.2　引气剂

引气剂是在混凝土中经搅拌能引入大量独立的、均匀分布、稳定而封闭小气泡的外加剂。按其化学成分，分为松香树脂类、烷基苯磺酸类及脂肪醇磺酸类等三大类，其中以松香树脂类应用最广，主要有松香热聚物和松香皂两种。

引气剂属于憎水性表面活性剂，其活性作用主要发生在水-气界面上。溶于水中的引气剂掺入新拌混凝土后，能显著降低水的表面张力，使水在搅拌作用下，容易引入空气形成许多微小的气泡。由于引气剂分子定向在气泡表面排列而形成了一层保护膜，且因该膜能够牢固地吸附着水泥水化物而增加了膜层的厚度和强度，使气泡膜壁不易破裂。

掺入引气剂，混凝土中产生的气泡大小均匀，直径在 $20\sim1000\mu m$ 之间，大多在 $200\mu m$ 以下。大量微细气泡的存在，对混凝土性能产生很大影响，主要体现在以下几个方面。

（1）有效改善新拌混凝土的和易性。在新拌混凝土中引入的大量微小气泡，相对增加了水泥浆体积，而气泡本身起到了轴承滚珠的作用，使颗粒间摩擦阻力减小，从而提高了新拌混凝土的流动性。同时，由于某种原因水分被均匀地吸附在气泡表面，使其自由流动或聚集趋势受到阻碍，从而使新拌混凝土的泌水率显著降低，黏聚性和保水性明显改善。

（2）显著提高混凝土的抗渗性和抗冻性。混凝土中大量微小气泡的存在，不仅可堵塞或隔断混凝土中的毛细管渗水通道，而且由于保水性的提高，也减少了混凝土内水分聚集造成的水囊孔隙，因此，可显著提高混凝土的抗渗性。此外，由于大量均匀分布的气泡具有较高的弹性变形能力，它可有效地缓冲孔隙中水分结冰时产生的膨胀应力，从而显著提高混凝土的抗冻性。

（3）变形能力增大，但强度及耐磨性有所降低。掺入引气剂后，混凝土中大量气泡的存在，可使其弹性模量略有降低，弹性变形能力有所增大，这对提高其抗裂性是有利的。但是，也会使其变形有所增加。

由于混凝土中大量气泡的存在，使其孔隙率增大和有效面积减小，使强度及耐磨性有所降低。通常，混凝土中含气量每增加 1%，其抗压强度可降低 $4\%\sim6\%$，抗折强度可降低 $2\%\sim3\%$。为防止混凝土强度的显著下降，应严格控制引气剂的掺量，以保证混凝土的含气量不致过大。

4.6.2.3 缓凝剂

缓凝剂能延缓混凝土凝结时间，并对混凝土后期强度发展无不利影响的外加剂，称为缓凝剂。

我国使用最多的缓凝剂是糖钙、木钙，它具有缓凝及减水作用。其次有羟基羧酸及其盐类，有柠檬酸、酒石酸钾钠等。无机盐类有锌盐、硼酸盐。此外，还有胺盐及其衍生物、纤维素醚等。

缓凝剂适用于要求延缓时间的施工中，如在气温高、运距长的情况下，可防止混凝土拌合物发生过早坍落度损失；又如分层浇筑的混凝土，为防止出现冷缝，也常加入缓凝剂。另外，在大体积混凝土中为了延长放热时间，也可掺入缓凝剂。

4.6.2.4 早强剂

早强剂指能提高混凝土的早期强度并对后期强度无明显影响的外加剂。

早强剂对水泥中的 C_3S 和 C_2S 等矿物成分的水化有催化作用，能加速水泥的水化和硬化，具有早强作用。常用早强剂有如下几类：

1. 氯盐类早强剂

有氯化钙以及钠、铁、铝、钾等的氯化物。以氯化钙应用最为广泛，是最早使用的早强剂。

氯化钙的早强作用是，氯化钙能与水中的 C_3A 作用生成不溶性的水化氯铝酸钙（$C_3A \cdot CaCl_2 \cdot 10H_2O$），氯化钙还与 C_3S 水化生成的 $Ca(OH)_2$ 作用生成不溶于氯化钙溶液的氧氯化钙 [$CaCl_2 \cdot 3Ca(OH)_2 \cdot 12H_2O$]，这些复盐的生成，增加了水泥浆中固相的含量，形成坚固的骨架，促进混凝土强度增长，同时，由于上述反应的进行，降低了液相中的碱度，使 C_3S 的水化反应加快，也可提高混凝土的早期强度。

氯化钙不仅具有早强与促凝作用，还能产生防冻效果。氯化钙掺量为 $0.5\% \sim 2\%$，可使 1d 强度提高 $70\% \sim 140\%$，3d 强度提高 $40\% \sim 70\%$，28d 以后便无差别。

由于氯离子能促使钢筋锈蚀，故掺用量必须严格限制，在钢筋混凝土中氯化钙的掺量不得超过水泥质量的 1%；在无筋混凝土中的掺量不得超过 3%；在使用冷拉和冷拔低碳钢丝的混凝土结构及预应力混凝土结构中，不允许掺用氯化钙。

2. 硫酸盐类早强剂

硫酸盐类早强剂包括硫酸钠、硫代硫酸钠、硫酸钙等。应用最广的是硫酸钠（Na_2SO_4），亦称元明粉，是缓凝型早强剂。掺入混凝土拌合物后，会迅速与水泥水化生成物氢氧化钙发生反应：

$$Na_2SO_4 + Ca(OH)_2 + 2H_2O = CaSO_4 \cdot 2H_2O + 2NaOH$$

生成的二水石膏具有高度的分散性，均匀分布于水泥浆中，它与 C_3A 的反应要比外掺二水石膏更为迅速，因而很快生成钙矾石，提高了水泥浆中固相的比例，加速了混凝土的硬化过程，从而起到早强作用。

硫酸钠的掺量为 $0.5\% \sim 2\%$，3d 强度可提高 $20\% \sim 40\%$。一般多与氯化钠、亚硝酸钠、二水石膏、三乙醇胺、重铬酸盐等复合使用，效果更好。

硫酸钠对钢筋无锈蚀作用，但它与氢氧化钙作用会生成碱（NaOH）。为防止碱-集料反应，所用集料不得含有蛋白石等矿物。

3. 三乙醇胺早强剂

三乙醇胺 [$N(C_2H_4OH)_3$] 是呈淡黄色的油状液体，属非离子型表面活性剂。三乙醇胺不改变水泥的水化生成物，但能促进 C_3A 与石膏之间生成钙矾石的反应。当与无机盐类材料复合使用时，不但能催化水泥本身的水化，而且可在无机盐类与水泥反应中起催化作用，所以，在硬化早期，含有三乙醇胺的复合早强剂，其早强效果大于不含三乙醇胺的复合早强剂。

三乙醇胺的掺量为 $0.02\% \sim 0.05\%$。一般不单独使用，多与其他外加剂组成复合早强剂。如三乙醇胺—二水石膏—亚硝酸钠复合早强剂，早强效果较好，3d 强度可提高 50%，适用于禁用氯盐的钢筋混凝土结构中。

混凝土中掺入了早强剂，可缩短混凝土的凝结时间，提高早期强度，常用于混凝土的快速施工。但掺入了氯化钙早强剂，会加速钢筋的锈蚀，为此对的氯化钙的掺入量应加以限制，通常对于配筋混凝土不得超过 1%；无筋混凝土掺入量也不宜超过 3%。为了防止氯化钙对钢筋的锈蚀，氯化钙早强剂一般与阻锈剂复合使用。

4.6.2.5　其他外加剂

1. 速凝剂

掺入混凝土中能促进混凝土迅速凝结硬化的外加剂称为速凝剂。通常，速凝剂的主要成分是铝酸钠、碳酸钠等盐类。当混凝土中加入速凝剂后，其中的铝酸钠、碳酸钠等盐类在碱性溶液中迅速与水泥中的石膏反应生成硫酸钠，并使石膏丧失原有的缓凝作用，导致水泥中的 C_3A 迅速水化，促进溶液中水化物晶体的快速析出，从而使混凝土中水泥浆迅速凝固。

目前工程中常用的速凝剂主要是这些无机盐类，其主要品种有"红星一型"和"711型"。其中，"红星一型"是由铝氧熟料、碳酸钠、生石灰等按一定比例配制而成的一种粉状物；"711型"速凝剂是由铝氧熟料与无水石膏按 3：1 的质量比配合粉磨而成的混合物，它们在矿山、隧道、地铁等工程的喷射混凝土施工中最为常用。

2. 防冻剂

防冻剂是掺入混凝土后，能使其在负温下正常水化硬化，并在规定时间内硬化到一定程度，且不会产生冻害的外加剂。

利用不同成分的综合作用可以获得更好的混凝土抗冻性，因此，工程中常用的混凝土防冻剂往往采用多组分复合而成的防冻剂。其中防冻组分为氯盐类（如：$CaCl_2$、$NaCl$ 等）；氯盐阻锈类（氯盐与亚硝酸钠、铬酸盐、磷酸盐等阻锈剂复合而成）；无氯盐类（硝酸盐、亚硝酸盐、碳酸盐、尿素、乙酸等）。减水、引气、早强等组分则分别采用与减水剂、引气剂和早强剂相近的成分。

值得提出的是，防冻剂的作用效果主要体现在对混凝土早期抗冻性的改善，其使用应慎重，特别应确保其对混凝土后期性能不会产生显著的不利影响。

3. 阻锈剂

阻锈剂又称缓蚀剂，是减缓混凝土中的钢筋锈蚀的外加剂。工程中常用的阻锈剂是亚硝酸钠（$NaNO_2$）。当外加剂中含有氯盐时，常掺入阻锈剂，以保护钢筋。

4. 膨胀剂

掺入混凝土中后能使其产生补偿收缩或膨胀的外加剂称为膨胀剂。

我们知道，普通水泥混凝土硬化过程中的特点之一就是体积收缩，这种收缩会使其物理力学性能受到明显的影响，因此，通过化学的方法使其本身在硬化过程中产生体积膨胀，可以弥补其收缩的影响，从而改善混凝土的综合性能。工程建设中常用的膨胀剂种类有硫铝酸钙类（如明矾石、UEA 膨胀剂等）、氧化钙类及氧化硫铝钙类等。

硫铝酸钙类膨胀剂加入混凝土中以后，其中的无水硫铝酸可产生水化并能与水泥水化产生反应，生成三硫型水化硫铝酸钙（钙矾石），使水泥石结构固相体积明显增加而导致宏观体积膨胀。氧化钙类膨胀剂的膨胀作用，是利用 CaO 水化生成 Ca（OH）$_2$ 晶体过程中体积增大的效果，而使混凝土产生结构密实或产生宏观体积膨胀。

4.6.3 外加剂的储运和保管

混凝土外加剂大多为表面活性物质或电解质盐类，具有较强的反应能力，对混凝土的性能影响很大，所以在储存和运输中应加强管理。不合格的、失效的、长期存放的、质量未经明确的外加剂禁止使用；不同品种类的外加剂应分别储存运输；应注意防潮、防水，避免受潮后影响功效；有毒性的外加剂必须单独存放，专人管理；有强氧化性的外加剂必须进行密封储存，同时还必须注意储存期不得超过外加剂的有效期。

4.7 其他功能水泥混凝土

在道路与桥梁工程中，除了普通水泥混凝土材料外，高强混凝土、轻集料混凝土、流态混凝土、碾压混凝土、钢纤维混凝土等也都有了很大的发展，现将这几种混凝土简述如下。

4.7.1 高强混凝土

强度等级不低于 C60 的混凝土称为高强混凝土。为了减轻自重、增大跨径，现代高架公路、立体交叉和大型桥梁等混凝土结构均采用高强混凝土。为了保证混凝土达到应有的强度，通常采用下列几方面的综合措施：

（1）选用优质高强的水泥，水泥矿物成分中 C_3S 和 C_2S 应较高，特别是 C_3S 含量要高。集料应选用高强、有棱角、致密而无孔隙和软弱夹杂物的材料，并且要求有最佳级配；高强混凝土均需采用减水剂或其他外加剂，应选用优质高效的 NNO 和 MF 等减水剂来提高混凝土强度。

（2）采用增加水泥中早强和高强的矿物成分含量，提高水泥的磨细度和采用蒸压养护的方法，来改善水泥的水化条件以达到高强度。

（3）掺加各种高聚物，增强集料和水泥的黏附性，采用纤维增强等措施来提高混凝土强度，而得到高强混凝土。

（4）采用加压脱水成形法及掺减水剂的方法来提高混凝土的密实度，而使混凝土的强度得到提高。

4.7.2 轻集料混凝土

用轻粗、细集料和水泥配制而成的、表观密度不大于 $1900kg/m^3$ 的混凝土，称为轻混凝土。

轻集料混凝土种类较多，常以轻集料的种类来命名，如粉煤灰陶粒混凝土、黏土陶粒混凝土、浮石混凝土、页岩陶粒混凝土等。

4.7.2.1 轻集料的种类和技术性质

1. 轻集料的种类

粒径在 5mm 以上、松装堆积密度小于 $1000kg/m^3$ 者，称为轻粗集料。粒径小于 5mm、松装堆积密度小于 $1100kg/m^3$ 者，称为轻细集料（又称轻砂）。

轻集料按原料来源分为 3 类：

（1）工业废渣轻集料。以工业废渣为原料，经加工而成的轻质集料，如煤矸石陶粒、粉煤灰陶粒、煤渣、膨胀矿渣等。

（2）天然轻集料。以天然形成的多孔岩石经加工而成的轻质集料，如浮石、火山渣等。

（3）人工轻集料。以地方材料为原料，经加工而成的轻质集料，如页岩陶粒、黏土陶粒等。

2. 轻集料的技术性质

轻集料混凝土的性质很大程度上取决于轻集料的性质。轻集料的技术性质要求如下。

（1）最大粒径与颗粒级配。保温及结构保温轻集料混凝土用的轻集料，其最大粒径不宜大于 40mm；结构轻集料混凝土的轻集料，不宜大于 20mm。

轻集料混凝土的粗集料级配，按现行规范只控制最大、最小和中间粒径的含量及含水率。各种轻集料级配要求见表 4.32。自然级配的空隙率应不大于 50％。

表 4.32　　　　　　　　　　　　　　　轻 粗 集 料 的 级 配

筛孔尺寸		d_{min}	$d_{max}/2$	d_{max}	$2d_{max}$
圆球型的及单一粒径级配	累计筛余 （按质量计，％）	≥90	不规定	≤10	0
普通型的混合级配		≥90	30～70	≤10	0
碎石型的混合级配		≥90	40～60	≤10	0

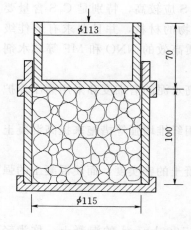

图 4.11　筒压强度试验示意图

（2）筒压强度和强度标号。轻集料混凝土破坏与普通混凝土不同，它不是沿着砂、石与水泥石结构面破坏，而是由于轻集料本身强度较低首先破坏，因此轻集料强度对混凝土强度有很大影响。

轻集料强度的测定方法有两种：一种是筒压法，其指标是筒压强度；另一种是通过混凝土和相应砂浆的强度试验，求得轻集料强度，其指标是强度标号。

1）筒压强度。通常采用"筒压法"来测定。它是将 10～20mm 粒级轻粗集料按要求装入 ϕ115mm×100mm 的带底圆筒内，上面加 ϕ113mm×70mm 的冲压模（图 4.11），取冲压模压入深度为 20mm 的压力值，除以承压面积，即为轻粗集料的筒压强度值。

筒压强度是间接反映轻粗集料颗粒强度的一项指标，对相同品种的轻粗集料，筒压强度与轻粗集料的松散表观密度呈线型关系。但轻粗集料在圆筒内受力状态是点接触，多向挤压破坏，筒压强度只是相对强度，不能反映轻集料在混凝土中的真实强度。

2）强度标号。用测定规定配合比的轻砂混凝土和其砂浆组分的抗压强度的方法来求得混凝土中轻粗集料的真实强度，并以"混凝土合理强度值"作为轻粗集料强度标号。

不同密度等级轻粗集料的筒压强度和强度标号应不小于表 4.33 的规定值。

表 4.33　　　　　　　　　　　　轻粗集料的筒压强度与强度标号

密度等级	筒压强度 f_a（MPa）		强度标号 f_{ak}（MPa）	
	碎石型	普通和圆球型	普通型	圆球型
300	0.2/0.3	0.3	3.5	3.5
400	0.4/0.5	0.5	5.0	5.0
500	0.6/1.0	1.0	7.5	7.5
600	0.8/1.5	2.0	10	15
700	1.0/2.0	3.0	15	20

续表

密度等级	筒压强度 f_a（MPa）		强度标号 f_{ak}（MPa）	
	碎石型	普通和圆球型	普通型	圆球型
800	1.2/2.5	4.0	20	25
900	1.5/3.0	5.0	25	30
1000	1.8/4.0	6.5	30	40

注：碎石型天然轻粗集料取斜线以左值；其他碎石型轻粗集料取斜线以右值。

（3）吸水率。轻集料的吸水率一般普通集料大，且开始1h内吸水极快，24h后几乎不再吸水。国家标准对轻集料1h吸水率的规定是：粉煤灰陶粒不大于22%；黏土陶粒和页岩陶粒不大于10%。

4.7.2.2 轻集料混凝土的技术性质

轻集料混凝土按其干表观密度（kg/m³）的大小分为12个等级：800kg/m³、900kg/m³、1000kg/m³、1100kg/m³、1200kg/m³、1300kg/m³、1400kg/m³、1500kg/m³、1600kg/m³、1700kg/m³、1800kg/m³及1900kg/m³。

轻集料混凝土的强度等级按立方体抗压强度标准值分为：CL5.0、CL7.5、CL10、CL15、CL20、CL25、CL30、CL35、CL40、CL45和CL50等。桥梁结构用轻集料混凝土，其强度等级不低于CL15。

按用途不同，轻集料混凝土分为三类，其相应的强度等级和表观密度见表4.34。

表4.34 轻集料混凝土按用途分类

名　称	混凝土强度等级的合理范围	混凝土干表观密度的合理范围（kg/m³）	用　途
保温轻集料混凝土	CL5.0	800	主要用于保温的维护结构或热工构筑物
结构保温轻集料混凝土	CL5.0、CL7.5、CL10、CL15	800～1400	主要用于既承重又保温的维护结构
结构轻集料混凝土	CL20、CL25、CL30、CL35、CL40、CL45、CL50	1400～1900	主要用于承重构件或构筑物

1. 轻集料混凝土拌合物的和易性

由于轻集料具有颗粒表观密度小、表面粗糙、总表面积大、易吸水等特点，所以其拌合物适用的流动性范围窄，过大就会使轻集料容易上浮、离析；过小则捣实困难。流动性的大小主要取决于用水量，轻集料吸水率大，故其用水量的概念与普通混凝土略有区别。加入拌合物中的水量（称总用水量）可分为两部分，一部分被集料吸收，其数量相当于1h的吸水量，这部分水称为附加用水量；其余部分称为净水量，使拌合物获得要求的流动性和保证水泥水化的进行，净用水量可根据混凝土的用途及要求的流动性来选择。

轻集料混凝土与普通混凝土相同，其和易性也受砂率的影响。尤其采用轻砂时，拌合物和易性随着砂率的提高而有所改善，轻集料混凝土的砂率一般比普通混凝土的砂率为大。

2. 轻集料混凝土的强度

轻集料混凝土决定强度的因素与普通混凝土基本相同，即水泥强度与水灰比（净水灰比）。但是，由于轻集料的本身强度较低，因而轻集料的强度就成了决定轻集料混凝土强度的因素之一。反映在轻集料混凝土强度上有如下特点：

（1）与普通混凝土相比，采用轻集料会导致强度下降，并且用量愈多，强度也愈降低，而其表观密度也愈小。

（2）轻集料混凝土的另一特点是每种粗集料只能配制一定强度（即前面所述之合理强度值）的混凝土，如欲配制高于此强度的混凝土，即使采用降低水灰比的方法来提高砂浆的强度，也不可能使混凝土的强度得到明显提高。

3. 弹性模量和徐变

轻集料混凝土的应变值比普通混凝土大，弹性模量为同强度等级普通混凝土的50%～70%。同时，因其弹性模量较小，限制变形能力较低，水泥用量较大，因此其徐变变形较普通混凝土为大。

4. 轻集料混凝土施工技术特点

（1）轻集料混凝土拌合用水中，应考虑1h吸水量或将轻集料欲湿饱和后再进行搅拌的方法。

（2）轻集料混凝土拌合物的工作性比普通混凝土差。为获得相同的工作性，应适当增加水泥浆或砂浆的用量。轻集料混凝土拌合物搅拌后，宜尽快浇筑，以防坍落度损失。

（3）轻集料混凝土拌合物中的轻集料容易上浮，因此，应使用强制式搅拌机，搅拌时间应略长；另外，最好采用加压振捣并控制振捣的时间。

（4）轻集料混凝土易产生干缩裂缝，必须加强早期养护。采用蒸汽养护时，应适当控制净停时间及升温速度。

4.7.2.3 轻集料混凝土的工程应用

轻集料混凝土应用于桥梁工程，可减轻自重、增大跨度、节约工程投资，但是由于其弹性模量较低和徐变较大等问题还需进一步研究，目前仅用于中小型桥梁，大跨度桥梁应用较少。

4.7.3 流态混凝土

流态混凝土是再预拌的坍落度为80～120mm的基体混凝土拌合物中，加入一种叫做硫化剂的外加剂，经过二次搅拌，使基体混凝土拌合物的坍落度立刻增加至180～220mm，能自流填满模型或钢筋间隙的混凝土。

4.7.3.1 流态混凝土的特点

（1）流动性大，可浇筑性好。流态混凝土的流动性好，坍落度达200mm以上，便于泵送浇筑后，可以不振捣，因为其具有很好的自密性。

（2）降低集浆比、减少收缩。流态混凝土是依据硫化剂的作用来提高流动性的，如保持原来的水灰比不变，则不仅可减少用水量，同时还可节约水泥用量。这样混凝土拌合物中水泥浆量减少后，则可减小混凝土硬化后的收缩率，避免产生收缩裂缝。

（3）减少用水量、提高混凝土性能。由于硫化剂可大幅度减少用水量，如水泥用量不变，则可在保证流动性的前提下降低水灰比，因而可提高混凝土的强度和耐久性。

（4）不产生离析和泌水现象。由于硫化剂的作用，在用水量较小的情况下而具有较大的流动性，故其不会像普通混凝土那样产生离析与泌水现象。

4.7.3.2 流态混凝土的力学性能

（1）抗压强度。一般情况下，流态混凝土与基体混凝土相比，同龄期的强度无多大差异。但是由于硫化剂的性能各异，有的流化剂可起到一定的早强作用，因而使流态混凝土的强度有所提高。

（2）与钢筋的黏结强度。由于流化剂使得混凝土拌合物的流动性增加，故流态混凝土较普通混凝土与钢筋的黏结强度有所增加。

（3）弹性模量。掺加硫化剂后，流动性混凝土的弹性模量与抗压强度一样，没有明显差异。

（4）徐变与收缩。流态混凝土的徐变较基体混凝土稍大，而与普通大流动性混凝土接近；其收缩与硫化剂的种类和参量有关。

（5）耐磨性。试验证明，流动性混凝土的耐磨性较基体混凝土稍差，作为路面混凝土应考虑提高耐磨性措施。

（6）抗冻性。流态混凝土的抗冻性较基体混凝土稍差，与大流动性混凝土接近。

4.7.3.3 流态混凝土的工程应用

流态混凝土在道路与桥梁工程中应用日益广泛，例如越江隧道的水泥混凝土路面、斜拉桥的混凝土主塔以及地铁的衬砌封顶等均需采用流态混凝土。

4.7.4 碾压式混凝土

碾压式混凝土是以级配集料和较低的水泥用量与用水量以及掺合料、外加剂等组成的超干硬性混凝土拌合物，经振动压路机等机械碾压、密实而形成的一种混凝土。这种混凝土具有密度大、强度高、节约水泥和耐久性好等优点。

4.7.4.1 碾压式混凝土的材料组成

（1）矿质混合料。路面碾压式混凝土用粗、细集料应能形成密实的混合料，符合密级配的要求。粗集料的最大粒径，用于路面面层的应不大于20mm，用于路面底层的应不大于30mm或40mm。碎石中经常缺乏2.5～5mm部分，因而应补充石屑。为达到密实结构，砂率宜采用较大值。

（2）水泥。路面碾压式混凝土用水泥和普通水泥混凝土相同，应符合《公路水泥混凝土路面施工技术规范》（JTG F 30—2003）的有关技术要求。

（3）掺合料。路面碾压式混凝土为了节约水泥用量、改善和易性和提高耐久性，通常掺加粉煤灰。

4.7.4.2 碾压式混凝土的技术性能

（1）强度高。碾压式混凝土路面由于矿质混合料组成采用连续密级配，经过振动压路机等碾压，使各种集料排列为骨架密实结构，这样不仅节约水泥用量，而且使水泥胶结物能发挥很大作用，因而具有较高的强度，特别具有较高的早期强度。

（2）干缩率低。路面碾压式混凝土由于其组成材料配合比的改进，使拌合物具有优良的级配和很低的含水率。这种拌合物在碾压机械的作用下，水泥浆与集料的体积比率大大降低，因为水泥浆的干缩率比集料大的多，因此碾压式混凝土的干缩率也大大减小。

（3）耐久性好。碾压式混凝土可形成密实骨架结构的高强、干缩率低的混凝土。由于在形成这种密实结构的过程中，拌合物中的空气被碾压机械排出，造成碾压式混凝土的孔隙率大为降低，因而其抗渗性、抗冻性等都得到了提高。

4.7.4.3　碾压式混凝土的经济效益

（1）节约水泥。因为碾压式混凝土用水量少，在保持相同水灰比的条件下，其水泥用量也较少。实践证明，在达到相同强度前提下，较普通水泥混凝土可节约水泥 30%。

（2）提高工效。碾压式混凝土采用强制式拌合机拌合、自卸车运料、摊铺机摊铺、振动压路机等机械碾压，按此施工组织的工效较普通混凝土可提高 2 倍左右。

（3）提前通车。碾压式混凝土早期强度高，养护时间短，可提前开放通车，因此带来了明显的经济效益和社会效益。

（4）减小投资。碾压式混凝土路面的造价与沥青混凝土路面接近，养护费用较沥青路面低，而且使用年限较长。

4.7.4.4　碾压式混凝土的工程应用

碾压式混凝土应用于水泥混凝土路面，可以做成一层式或两层式；也可作为底层，面层采用沥青混凝土作为抗滑、磨耗层。尤其应指出，碾压式混凝土路面的质量不仅取决于材料的组成配合比，更主要取决于路面的施工工艺。

4.7.5　钢纤维混凝土

钢纤维混凝土是以水泥混凝土为基材与不连续而分散的纤维为增强材料所组成的一种复合材料。掺入的钢纤维可以改善混凝土的脆性，从而提高混凝土的抗拉强度和韧性。

4.7.5.1　钢纤维混凝土的力学性能

（1）弯拉强度和抗拉强度较高。

（2）抵抗动载振动冲击能力很强。

（3）具有极高的耐疲劳性能。

（4）是有柔韧性的复合材料。

（5）有抗冻胀和抗盐冻脱皮性能，但不耐锈蚀，用量大、价格高，热传导系数大，不适用于隔热要求的混凝土路面。

4.7.5.2　钢纤维混凝土的组成设计

（1）水灰比的确定和计算。根据混凝土配制弯拉强度计算水灰比并确定满足耐久性要求的水灰比。

（2）确定钢纤维掺量体积率。由钢纤维混凝土板厚设计折减系数（0.65～0.70），钢纤维的长径比（30～100），端锚外形等，由试验初选钢纤维掺量体积率，或由经验确定。

（3）确定单位用水量。根据路面不同摊铺方式所要求的坍落度确定单位用水量。

（4）计算单位水泥用量。桥面与路面钢纤维混凝土，单位水泥用量为 360～450kg/m³，但不宜大于 500kg/m³。

（5）确定砂率。一般采用 38%～50%，也可计算或试配调整后得到。

（6）按体积法或质量法确定粗、细集料用量。

（7）抗压强度、弯拉强度及施工和易性等试验根据工程要求进行抗压强度、弯拉强度及施工和易性试验。

4.7.5.3 钢纤维混凝土的工程应用

钢纤维与混凝土组成复合材料后，可使混凝土的弯拉强度、抗裂强度、韧性和冲击强度等性能得到改善，所以钢纤维混凝土广泛应用于道路与桥隧工程中，如机场道面、高等级路面、桥梁桥面铺装和隧道衬砌等工程。

4.7.6 彩色水泥混合料

彩色水泥混合料系由普通硅酸盐水泥或白色硅酸盐水泥、砂、碎石以及颜料，外加剂拌和而成的新型混合料。它通过一定的生产加工工艺，可制成色泽鲜明的彩色水泥净浆砂浆、混凝土预制成品或供现场浇灌、修筑应用。

4.7.6.1 原材料组成

彩色水泥混合料是以水泥（胶凝材料）、砂、碎石或白云石（集料）为主要成分，掺以颜料和其他外加剂配制而成，应用原材料性状分述如下：

1. 水泥

水泥作为胶凝材料，是保证强度、耐久性和胶结颜料、集料的主要原料。应用的水泥品种有白色硅酸盐水泥、矿渣硅酸盐水泥、普通硅酸盐水泥，上述水泥经测试，各项品质指标均应符合国家规定。

2. 集料

采用的集料有常规砂和规格碎石。在镶嵌式砌块中，还以市售白云石子作面层集料。集料在彩色混合料仍起骨料作用，但集料本身色泽深浅及表面粗糙程度还将直接影响彩色混合料中颜料的用量、效果和着色程度。

3. 颜料

颜料是彩色水泥混合料区分于普通水泥混合料的特征材料。要求有优异的染色、遮盖性能和分散性，而且在碱性条件下不得褪色变色，对用于长年经受风吹、日晒、雨淋的部位，还要求颜料有较好的耐水、耐候性。

4.7.6.2 工程应用

彩色水泥混合料及其制品应用于城镇道路，建筑物面墙和室内地坪装饰，住宅区道路，名胜古迹、园林等游览区道路，停车场，游泳场休息地坪，或作为安全设施标志使用。也可用作桥面铺装、隧道路面或码头、港口、机场地坪，并可采用其多种色彩拼成图案，用以美化城市和周围环境。

4.7.7 超塑早强混凝土

超塑早强混凝土是指水泥、黄沙、碎石和水等在适当配合比下用搅拌机搅拌一定时间，再掺入适量早强剂、高效减水剂，经规定时间搅拌均匀而成的混凝土。

4.7.7.1 组成材料

1. 水泥

对于超塑早强路面混凝土，它要求选择具有早强及后期强度发展保持稳定的水泥。如普通硅酸盐水泥、硅酸盐水泥、早强型硅酸盐水泥、早强硫铝酸盐水泥，并且水泥的各项品质指标不低于国家的有关规定。

2. 细集料

混凝土用砂应具有高的密度和小的比表面积，以保证混凝土混合料有适宜的工作性，硬化后有足够的强度和耐久性，同时又能达到节约水泥的目的。超塑早强路面混凝土宜采用中砂。砂的质量必须符合《建设用砂》（GB/T 14684—2011）的各项指标。

3. 粗集料

粗集料的粒状以接近正立方体为佳。表面粗糙且多棱角的碎石集料，与水泥的黏结性能好。粗集料的级配可采用连续级配或间断级配。粗集料的质量必须符合《建设用卵石、碎石》（GB/T 14685—2011）的质量指标。

4. 外加剂

在超塑早强路面混凝土研究中，外加剂也是提高混凝土早期强度的一种有力措施。可以掺入各种外加剂，如早强减水剂、早强剂、缓凝剂、引气剂等。

5. 水

用于拌制和养护混凝土的水，不应含有影响水泥正常凝结硬化的有害物质。工业废水、污水、沼泽水、pH 值小于 4 的酸性水等不宜使用。凡能饮用的自来水和清洁的天然水，一般都可使用。混凝土拌和用水应符合《混凝土用水标准》（JGJ 63—2006）。

4.7.7.2　技术和性能

超塑早强混凝土具有早期强度高、路面致密性好、施工和易性好等特点，有利于改善施工操作，并在节能、降低劳动强度和机械损耗等方面均有良好效果。对要求早强的混凝土路面修补工程，可达到缩短工期，提前开放交通的目的。一般 3～6d 就能开放交通。

4.7.7.3　工程应用

超塑早强水泥混凝土广泛应用于道路新修建工程、市区道路改造工程以及桥梁抢修工程的桥面铺装等。它具有显著的技术经济效益。

4.7.8　特快硬水泥混凝土

特快硬混凝土是由硫铝酸盐超早强水泥、砂、石及掺加一定量 SN-Ⅱ 减水剂和其他外加剂复合配制而成的，它具有快硬、凝结时间短，4h 强度达 20MPa 左右的特性。它可以作为一种紧急抢修工程的理想材料。

4.7.8.1　组成材料

1. 硫铝酸盐超早强水泥

硫铝酸盐超早强水泥具有速凝、快硬、早强、微膨胀、宽水灰比，低温性能好，抗硫铝酸盐侵蚀等性能。超早强水泥凝结时间，初凝一般为 3～9min，终凝约为 20min。

2. SN-Ⅱ 高效低泡减水剂

SN-Ⅱ 系一种 β 萘磺酸钠甲醛缩合物为主要成分的阴离子表面活性剂，它对水泥具有强烈的分散作用，在掺入混凝土后，可以大幅度降低用水量，同时，由于不会引入过量空气，可以配制密实性、和易性、耐久性以及早强性能均好的混凝土。

4.7.8.2　技术性能

1. 强度

特快硬混凝土强度具有较高的抗压、抗弯拉强度，特别是早期强度较高，有利于混凝土抢修后即能投入使用。其中 4h 抗压强度一般可达 10MPa 以上，抗弯拉强度可达

2.0MPa，28d 抗压强度可达 20MPa 以上。

2. 耐久性和耐磨性

对特快硬混凝土进行抗冻性、抗渗性、抗硫铝酸盐侵蚀性、耐锈蚀性及抗磨性能进行测试。由试验结果可知，混凝土试件在水中养护 4h 后，在 8 个大气压下不透水，养护 28d 的试件承受 20 个大气压，不透水，这说明其耐久性良好。

由于超早强水泥水化热高，而且放热集中，抗负温性能良好，在 −10℃ 气温环境中强度仍能继续增长，适宜于严寒季节和冷冻地区施工，具有良好的抗冻性和耐磨性。

4.7.8.3　工程应用

特快硬混凝土作为一种可供选择的路面修补材料，特别适应于应急抢修工程和快速施工。

4.7.9　滑模混凝土

滑模混凝土是采用滑模摊铺机摊铺的，满足摊铺工作性、强度及耐久性等要求的较低塑性水泥混凝土材料。

4.7.9.1　原材料技术要求

1. 水泥

特重、重交通水泥混凝土路面采用旋窑生产的道路硅酸盐水泥、硅酸盐水泥或普通硅酸盐水泥。中、轻交通的路面，可采用矿渣硅酸盐水泥，冬季施工、有快速通车要求的路段可采用快硬早强 R 型水泥，一般情况宜采用普通型水泥。

在高速公路、一级公路水泥混凝土路面使用掺有 10% 以内活性混合材料的道路硅酸盐水泥和掺有 6%～15% 活性混合材料或 10% 非活性混合材料的普通硅酸盐水泥时，不得再掺火山灰、煤矸石、窑灰和黏土四种混合材料。路面有抗盐冻要求时，不宜使用掺 5% 石灰石粉的 II 型硅酸盐水泥和普通水泥。

滑模混凝土使用的水泥宜采用散装水泥，其水泥的各项品质必须合格。

2. 粉煤灰

滑模混凝土可掺入规定的电厂收尘的 I、II 级干排或磨细粉煤灰，但宜采用散装干粉煤灰。

3. 粗集料

粗集料可使用碎石、破碎砾石和砾石。砾石最大粒径不得大于 19mm，破碎砾石和碎石最大粒径不得大于 31.5mm，超径和逊径含量均不得大于 5%，粒径小于 0.15mm 的石粉含量不得大于 1%。

粗集料的级配应符合规范的要求，质地坚硬、耐久、洁净。

4. 细集料

细集料采用质地坚硬、耐久、洁净的河砂、机制砂、沉积砂和山砂，宜控制通过 0.15mm 筛的石粉含量不大于 1%。滑摸混凝土用砂宜为细度模数在 2.3～3.2 范围内的中砂或偏细粗砂。

5. 水

所用水的硫酸盐含量（按 SO_4^{2-} 计）小于 2.7kg/m³，含盐量不得超过 5kg/m³，pH 值不得小于 4，不得含有油污，不使用海水。

6. 外加剂

可使用引气剂、减水剂等，其他外加剂品种可视现场气温、运距和混凝土拌合物振动黏度系数、坍落度及其损失、抗滑性、弯拉强度、耐磨性等需要选用。

7. 养生剂

养生剂的品种主要有水玻璃型、石蜡型和聚合物型三大类。

8. 钢筋

使用的钢筋应符合《钢筋混凝土用热轧带肋钢筋》（GB 1499.2—2007）和《钢筋混凝土用热轧光圆钢筋》（GB 1499.1—2008）的技术要求。钢筋应顺直，不得有裂纹、断伤、刻痕、表面油污和锈蚀。

9. 填缝材料

常用填缝材料有常温施工式填缝料、加热施工式填缝料、预制多孔橡胶条制品等。高速公路、一级公路宜使用树脂类、橡胶类的填缝材料及其制品；二级及其以下公路可采用各种性能符合要求的填缝材料。

4.7.9.2　技术性能

1. 优良的工作性

新拌滑模混凝土具有较低坍落度（坍落度损失小），以及与摊铺机械振捣能力和速度相匹配的最优振动黏度系数、匀质性和稳定性。

2. 高抗弯拉强度

用滑模摊铺机铺筑路面混凝土，可以提高其抗弯拉强度，使其具有足够的抗断裂破坏能力。

3. 高耐疲劳极限

原来的抗折疲劳循环周次由 500 万次提高到 1000 万次或更大，保障滑模摊铺水泥混凝土路面的使用寿命延长一倍以上。

4. 小变形性能

小变形性能包括较低抗折弹性模量，较小的温度变形系数和较低的干缩变形量，保证接缝具有较小的温、湿度变形伸缩量和完好的使用状态。

5. 高耐久性

高耐久性指具有良好的抗磨性、抗滑性及其保持率、抗冻性和抗渗性，以及高耐油类的侵蚀、耐盐碱腐蚀、耐海水侵蚀的能力。

6. 经济性

在满足所有路面混凝土工程性能条件下尽可能就地取材、因地制宜。

4.7.9.3　工程应用

滑模混凝土广泛使用在水泥混凝土路面、大型桥面以及机场跑道、城市快车道、停车场、大面积地坪和广场混凝土道面上，具有良好的使用效果。

4.7.10　再生混凝土

4.7.10.1　组成材料

再生混凝土是指将废弃的混凝土块经过破碎、清洗、分级后，按一定比例与级配混合，部分或全部代替砂石等天然集料（主要是粗集料），再加入水泥、水等配制而成的新混凝土。再生混凝土按集料的组合形式可以有以下几种情况：集料全部为再生集料；粗集料为再生集料、细集料为天然砂；粗集料为天然碎石或卵石、细集料为再生集料；再生集料替代部分粗集料或细集料。

4.7.10.2　技术性质

1. 工作性

由于再生集料表面粗糙、棱角较多且集料表面包裹着相当数量的水泥砂浆，原生混凝土块在破碎过程中由于损伤，内部存在大量微裂纹，使其吸水率增大。因此，在配合比相同的条件下，再生混凝土的黏聚性、保水性均优于普通混凝土，而流动性比普通混凝土差。

2. 耐久性

再生混凝土的耐久性可用多个指标来表征，包括再生混凝土的抗渗性、抗冻性、抗硫酸盐侵蚀性、抗碳化能力、抗氯离子渗透性以及耐磨性等。由于再生集料的孔隙率和吸水率较高，再生混凝土的耐久性要低于普通混凝土。

3. 力学性质

（1）抗压强度。通过大量的试验，一般认为与普通混凝土的抗压强度相比，再生混凝土的强度降低 5%～32%。其原因一般有：一是由于再生集料孔隙率较高，在承受轴向应力时，易形成应力集中现象；二是再生集料与新旧水泥浆之间存在一些结合较弱的区域；三是再生集料本身的强度降低。

（2）抗拉及抗折强度。大量的试验已经发现，再生混凝土的劈裂抗拉强度与普通混凝土的差别不大，只是略有降低。同时，再生混凝土的抗折强度为其抗压强度的 $1/5～1/8$，这与普通混凝土基本类似，再生混凝土的这个特性，对于在路面混凝土中应用再生混凝土尤为有利。

（3）弹性模量。综合已有的试验研究，可以发现，再生混凝土的弹性模量较普通混凝土降低 15%～40%，再生混凝土模量降低的原因是由于大量的砂浆附着于再生集料上，而这些砂浆的模量较低。再生混凝土模量较低也从另外一个方面说明再生混凝土的变形能力要优于普通混凝土。

综上所述，再生混凝土的开发应用从根本上解决了天然骨料日益缺乏及大量混凝土废弃物造成生态环境日益恶化等问题，保证了人类社会的可持续发展，其社会效益和经济效益显著。

复 习 思 考 题

1. 什么是水泥混凝土？它为什么能够在高等级路面与桥梁工程中得到广泛应用？

2. 试述水泥混凝土的特点及水泥混凝土各组成材料的作用。

3. 简述混凝土拌合物工作性的概念及其影响因素。并叙述坍落度和维勃稠度测定方法和适用范围。

4. 试述混凝土耐久性的概念及其所包含的内容。

5. 简述混凝土拌合物坍落度大小的选择原则。

6. 简述水泥混凝土配合比设计的三大参数的确定原则以及设计的方法步骤。

7. 水泥混凝土用粗、细集料在技术性质上有哪些主要要求？如何确定粗集料的最大粒径？

8. 水泥混凝土外加剂按其功能可分为哪几类？各自适用范围？

习　题

1. 某工地用砂的筛分析结果如下表所示（砂样总量500g），试确定该砂为何种细度的砂，并评定其级配如何？

筛孔尺寸（mm）	4.75	2.36	1.18	0.60	0.30	0.15
分计筛余（g）	20	100	100	120	70	60

2. 用强度等级为42.5级的普通水泥、河砂及卵石配制混凝土，使用的水灰比分别为0.60和0.53，试估算混凝土28d的抗压强度分别是多少？

3. 混凝土拌合物经试拌调整后，和易性满足要求，试拌材料用量为：水泥4.7kg，水2.8kg，砂8.9kg，碎石18.5kg。实测混凝土拌合物表观密度为2380kg/m³。

（1）试计算1m³混凝土各项材料用量为多少？

（2）假定上述配合比可以作为实验室配合比，如施工现场砂的含水率为4%，石子含水率为1%，求施工配合比。

（3）如果不进行配合比换算，直接把试验室配合比在现场施工使用，则实际的配合比如何？对混凝土强度将产生多大影响。

4. 某办公楼的钢筋混凝土梁（处于室内干燥环境）的设计强度等级为C30，施工要求坍落度为30～50mm，采用42.5级普通硅酸盐水泥（$\rho_c = 3.1\text{g/cm}^3$）；砂子为中砂，表观密度为2.65g/cm³，堆积密度为1450kg/m³；石子为碎石，粒级为4.75～37.5mm，表观密度为2.70g/cm³，堆积密度为1550kg/m³；混凝土采用机械搅拌、振捣，施工单位无混凝土强度标准差的统计资料。

（1）用体积法计算混凝土的初步配合比。

（2）假设用计算出的初步配合比拌制混凝土，经检验后混凝土的和易性、强度和耐久性均满足设计要求，又已知混凝土现场砂的含水率为2%，石子的含水率为1%，试计算该混凝土的施工配合比。

第5章 建 筑 砂 浆

内容概述 本章主要介绍建筑砂浆和易性的概念及测定方法，砌筑砂浆的配合比设计；建筑工程中常用砂浆及装饰工程中抹灰砂浆的品种、特点及应用。

学习目标 掌握建筑砂浆的基本技术性质及其测定方法，了解各种抹面砂浆的功能及其技术要求，学会砌筑砂浆的配合比设计方法。

建筑砂浆是由胶凝材料、细集料、掺合料和水按适当的比例配制而成的，又称为无粗集料的混凝土。砂浆在建筑工程中是用量大、用途广的建筑材料，它主要用于砌筑砖、石、砌块等结构，此外还可以用于建筑物内外表面的抹面。

建筑砂浆按胶结材料的种类不同分为水泥砂浆、石灰砂浆和混合砂浆。根据用途，建筑砂浆可分为砌筑砂浆、抹面砂浆、防水砂浆、装饰砂浆等。

5.1 砌 筑 砂 浆

5.1.1 砌筑砂浆的组成材料

1. 胶凝材料

胶凝材料在砂浆中黏结细集料，对砂浆的基本性质影响较大。砌筑砂浆常用的胶凝材料有水泥、石灰、石膏等，在选用时应根据砂浆的使用环境、使用功能等合理选择。

用于砌筑砂浆的胶凝材料主要是水泥（普通水泥、矿渣水泥、火山灰质水泥、粉煤灰水泥、砌筑水泥等）。配制砂浆用的水泥强度等级应根据设计要求来进行选择，配制水泥砂浆时，其强度等级一般不宜大于32.5级；配制水泥混合砂浆时，其强度等级不宜大于42.5级，一般取砂浆设计强度的4~5倍。

2. 细集料

细集料在砂浆中起着骨架和填充的作用，要求基本同混凝土用细集料的技术性质要求。

由于砌筑砂浆层较薄，对细集料的最大粒径应有所限制。对于毛石砌体所用的细集料，以使用粗砂为宜，其最大粒径应小于砂浆层厚度的1/5~1/4；对于砖砌体所用的细集料，以使用中砂为宜，其最大粒径应不得大于2.5mm；对于光滑的抹面及勾缝砂浆所用的细集料，则应采用细砂。

细集料的含泥量对砂浆的强度、变形、稠度、耐久性影响较大。对强度等级不小于M5的砂浆，细集料的含泥量不应大于5％；对强度等级超过M5的砂浆，细集料的含泥量可大于5％，但应小于10％。

3. 掺合料及外加剂

为了改善砂浆的和易性，节约水泥用量，在砂浆中常掺入适量的掺合料或外加剂。常用的掺合料有石灰膏、黏土膏、电石膏、粉煤灰等。消石灰粉不得直接用于砌筑砂浆中，石灰膏、黏土膏和电石膏试配时的稠度，应为（120±5）mm；常用的外加剂有微沫剂、纸浆废液、皂化松香等。

石灰应先制成石灰膏，熟化时间不少于 7d，并用孔径不大于 3mm×3mm 的筛网过滤，然后掺入砂浆搅拌均匀；磨细生石灰的熟化时间不得少于 2d；严禁使用脱水硬化的石灰膏。因消石灰粉中含较多的未完全熟化的颗粒，砌筑、抹面后继续熟化，产生体积膨胀，可能破坏砌体或墙面，故消石灰粉不得直接用于砌筑砂浆中。

黏土也须制成沉入度在 14～15cm 的黏土膏，并通过孔径不大于 3mm×3mm 的筛网过滤，黏土以选颗粒细、黏性好、砂及有机物含量少的为宜。

4. 拌和用水

建筑砂浆拌和用水的技术要求与混凝土拌和用水相同。原则上应采用不含有害杂质的洁净水或生活饮用水；但可在保证环保的前提下，鼓励采用经化验分析和试拌验证合格的工业废水拌制砂浆，以达到节水的目的。

5.1.2 砌筑砂浆的基本性质

砌筑砂浆应满足下列技术性质：①满足和易性要求；②满足设计种类和强度等级要求；③具有足够的黏结强度。

5.1.2.1 新拌砂浆的和易性

砂浆的和易性是指砂浆拌和物在施工中既方便操作、又能保证工程质量的性质。和易性好的砂浆容易在砖石底面上铺成均匀的薄层，使灰缝饱满密实，且能与底面很好地黏结为整体，使砌体获得较好的整体性。新拌砂浆的和易性可由流动性和保水性两个方面作综合评定。

1. 流动性

砂浆的流动性（又称稠度）是指砂浆在自重或外力的作用下易产生流动的性能。流动性好的砂浆容易在砖石等基面上铺成薄层。

砂浆流动性的大小可通过砂浆稠度仪试验测定（图 5.1），用稠度或沉入度（cm）表示，即质量为 300g 的标准圆锥体在砂浆内自由下沉 10s 的深度，沉入度大的表明砂浆的流动性好。

砂浆的流动性与胶凝材料的品种和用量、细骨料的粗细程度和级配、砂浆的搅拌时间、用水量等因素有关；但当原材料条件和胶凝材料与砂的比例一定时，主要取决于用水量的多少。砂浆流动性的选择要考虑砌体材料的种类、施工条件和气候条件等情况。通常情况下，基层为多孔吸水材料或在干热条件下施工时，应使砂浆的流动性大些；相反，对于密实的、吸水很少的基层材料或在湿冷气候条件下施工时，可使流动性小些。可参考表 5.1 选择砂浆的流动性。

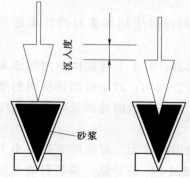

图 5.1 稠度测定示意

表 5.1		建筑砂浆的流动性（沉入度）			单位：mm
砌体种类	干燥气候	寒冷气候	抹灰工程	机械施工	人工施工
砖砌体	80～100	60～80	准备层	80～90	110～120
普通毛石砌体	60～70	40～50	底层	70～80	70～80
振捣毛石砌体	20～30	10～20	面层	70～80	90～100
混凝土砌块砌体	70～90	50～70	石膏浆面层	—	90～120

2. 保水性

新拌砂浆的保水性，是保持其内部水分不泌出、流失的能力。新拌砂浆在存放、运输和使用的过程中，都应该保持水分不致很快流失，才能在砌材基面上形成均匀密实的砂浆胶结层，从而能够保证砌体的质量。如砂浆的保水性不良，在存放、运输、施工等过程中就容易发生泌水、分层离析现象，使得砂浆的流动性变差，不宜铺成均匀的砂浆层。另外，砂浆中的水分易被砖石等砌材迅速吸收，影响胶凝材料的正常水化，降低了砂浆的强度和黏结力，影响了砌体的质量。一般可通过掺入适量的石灰膏或微沫剂来改善砂浆的保水性。

砂浆的保水性用分层度（mm）表示，常用分层度测定仪测定（图 5.2）。将拌好的砂浆置于容器中，测其沉入度 K_1，静置 30min 后，去掉上面 20cm 厚砂浆，将下面剩余的 10cm 厚的砂浆倒出拌和均匀，测其沉入度 K_2，两次沉入度的差（K_1-K_2）称为分层度，以 mm 表示。分层度过大，表示砂浆易产生分层离析，不利于施工及水泥硬化。水泥砂浆的分层度不应大于 30mm，水泥混合砂浆分层度不应大于 20mm，若分层度过小如接近于零的砂浆，其保水性太强，容易产生干缩裂缝。

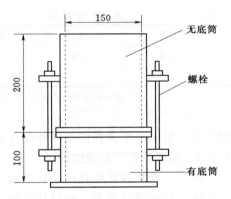

图 5.2 分层度测定仪（单位：mm）

5.1.2.2 硬化砂浆的性质

1. 砂浆的强度

砂浆在砌体中主要起胶结砌块和传递荷载的作用，所以应具有一定的抗压强度。其抗压强度是确定强度等级的主要依据。砌筑砂浆的强度等级是用边长为 70.7mm 的立方体试件，在标准条件养护下，用标准试验方法测得 28d 的抗压强度平均值（MPa），并考虑95％的强度保证率而确定的。砂浆的强度等级共分为 M2.5、M5、M7.5、M10、M15、M20 等 6 个等级。

砂浆强度的影响因素很多，随组成材料的种类和底面吸水性不同而异，因此很难用统一公式准确地计算抗压强度。在施工中，多采用试配的方法通过试验确定。对于普通水泥配制的砂浆可参考下列公式计算其抗压强度。

（1）用于不吸水底面（如致密的块石）。影响其强度的因素与混凝土相同，主要取决于水泥强度等级及水灰比，可用下式计算：

$$f_{m28}=0.29f_{ce}\left(\frac{C}{W}-0.4\right) \tag{5.1}$$

在无法取得水泥的实测强度时，可按下式计算 f_{ce}：

$$f_{ce}=\gamma_c f_{ce,k} \qquad (5.2)$$

式中　f_{m28}——砂浆 28d 的抗压强度，MPa；

　　　f_{ce}——实测水泥 28d 的抗压强度值，MPa；

　　　$f_{ce,k}$——水泥的强度等级对应的标准强度值，MPa；

　　　γ_c——水泥强度的富裕系数，按实际统计资料确定，无统计资料时 γ_c 取 1.0；

　　　C/W——灰水比。

（2）用于吸水底面（如砖或其他多孔材料）。原材料及灰砂比相同时，拌和砂浆加入的水量虽有不同，但经材料吸水后留在砂浆中的水分仍相差不大，砂浆的强度主要取决于水泥强度和水泥用量，而与用水量关系不大，可按以下经验公式计算：

$$f_{m28}=\frac{AQ_c f_{ce}}{1000}+B \qquad (5.3)$$

式中　Q_c——1m³ 砂浆中的水泥用量，kg；

　　　f_{ce}——实测水泥 28d 的抗压强度值，MPa；

　　　A、B——砂浆的特征系数，可由试验测定，或参照表 5.2。

表 5.2　A、B 系 数 值

砂浆品种	A	B
水泥砂浆	1.03	3.50
水泥混合砂浆	1.50	-4.25

注　各地区也可用本地区试验资料确定 A、B 值，统计用的试验组数不得少于 30 组。

2. 黏结力

砂浆与所砌筑材料的黏结强度称为黏结力。砂浆与底面的黏结力与砂浆的抗压强度有关，一般情况下砂浆的抗压强度越高，黏结力也越大。另外，砂浆的黏结力与所砌筑材料的表面状态、清洁程度、湿润状态、施工水平及养护条件等也有密切的关系。

5.1.3　砌筑砂浆的配合比设计

按照《砌筑砂浆配合比设计规程》（JGJ 98—2000）规定，砌筑砂浆要根据工程类别及砌体部位的设计要求，选择其强度等级，再按强度等级来确定配合比。砂浆的配合比可先用计算法确定初步配合比，然后试拌调整得到施工配合比。

1. 计算砂浆的配制强度 $f_{m,o}$

$$f_{m,o}=f_2+0.645\sigma \qquad (5.4)$$

其中

$$\sigma=\sqrt{\frac{\sum_{i=1}^{n}f_{m,i}^2-n\mu_{f_m}^2}{n-1}} \qquad (5.5)$$

式中　$f_{m,o}$——砂浆的配制强度，MPa；

　　　f_2——砂浆设计强度标准值，MPa；

　　　σ——砂浆现场强度标准差，MPa；

　　　$f_{m,i}$——统计周期内同一品种砂浆第 i 组试件的强度，MPa；

　　　μ_{f_m}——统计周期内同一品种砂浆 n 组试件强度的平均值，MPa；

　　　n——统计周期内同一品种砂浆试件的总组数（一般要求在 25 组以上）。

当没有近期统计资料时，标准差 σ 可按表 5.3 取值。

表 5.3   **砂浆强度标准差 σ 选用表（JGJ 98—2000）**

施工水平	砂 浆 强 度 等 级					
	M2.5	M5	M7.5	M10	M15	M20
优良	0.50	1.00	1.50	2.00	3.00	4.00
一般	0.62	1.25	1.88	2.50	3.75	5.00
较差	0.75	1.50	2.25	3.00	4.50	6.00

2. 计算 $1m^3$ 砂浆中的水泥用量 Q_C

$$Q_C=\frac{1000(f_{m,o}-B)}{Af_{ce}}$$

式中 Q_C——$1m^3$ 砂浆中的水泥用量，kg/m^3；

      $f_{m,o}$——砂浆的配制强度，MPa；

    A、B——砂浆的特征系数，见表 5.2；

      f_{ce}——实测水泥 28d 的抗压强度值，MPa。

当水泥砂浆中水泥的计算用量不足 $200kg/m^3$，应按 $200kg/m^3$ 采用。

3. 确定掺合料用量 Q_D

$$Q_D=Q_A-Q_C \tag{5.6}$$

式中 Q_D——$1m^3$ 砂浆中的掺合料用量，kg/m^3；

      Q_C——$1m^3$ 砂浆中的水泥用量，kg/m^3；

      Q_A——$1m^3$ 砂浆中的水泥和掺合料的总量，一般应为 $300\sim350kg/m^3$。

4. 确定砂子的用量 Q_S

砂浆中的水、胶凝材料和掺合料是用于填充砂子颗粒之间的空隙。一般 $1m^3$ 砂子就构成 $1m^3$ 砂浆。由于砂子的体积随着含水率的变化而变化，所以 $1m^3$ 砂浆中砂子的用量，应以干燥状态（含水率小于 0.5%）的堆积密度值作为计算值，单位以 kg/m^3 计。

$$Q_S=\rho_{0干}(1+\beta) \tag{5.7}$$

式中 Q_S——$1m^3$ 砂浆中的砂子用量，kg/m^3；

      $\rho_{0干}$——砂子在干燥状态下的堆积密度，kg/m^3；

      β——砂子的含水率，%。

5. 按砂浆稠度选用用水量 Q_W

$1m^3$ 砂浆中的用水量，可根据经验或按表 5.4 选用。

6. 配合比试配、调整与确定

（1）按计算所得配合比进行试拌，测定拌和物的沉入度和分层度，若不能满足要求，则应调整掺合料或用水量，直到符合要求为止。此配合比即为砂浆的基准配合比。

（2）强度检验至少采用三个不同的配合比，其中一个按基准配合比，另外两个配合比的水泥用量按基准配合比分别增加及减

表 5.4   **$1m^3$ 砂浆中的用水量选用值**

砂浆品种	混合砂浆	水泥砂浆
用水量（kg/m^3）	260～300	270～330

注 1. 施工现场气候炎热或干燥季节，可酌量增加水量。
    2. 当采用细砂或粗砂时，用水量分别取上限或下限。
    3. 混合砂浆中的用水量，不包括石灰膏或黏土膏中的水。
    4. 稠度小于 70mm 时，用水量可小于下限。

少 10%，在保证沉入度、分层度满足要求的条件下，可将掺合料或用水量作相应的调整。

（3）三个不同的砂浆配合比，经调整后，应按《建筑砂浆基本性能试验方法》（JGJ 70—90）的规定成型试件并进行养护，分别测定其 28d 的抗压强度值。选定符合强度要求且水泥用量较少的砂浆配合比。

5.1.4 砌筑砂浆的配合比设计实例

【例 5.1】 某砌筑工程用混合砂浆，强度等级为 M7.5，稠度为 70～100mm。采用强度等级为 42.5 的普通硅酸盐水泥、含水率为 2% 的中砂（干燥状态下的堆积密度为 1450kg/m³）、石灰膏配制，施工水平一般。试计算该砂浆的配合比。

【解】 （1）确定砂浆的配制强度 $f_{m,o}$。

$$f_{m,o} = f_2 + 0.645\sigma$$

$f_2 = 7.5$MPa 查表 5.3 得 $\sigma = 1.88$MPa，则

$$f_{m,o} = 7.5 + 0.645 \times 1.88 = 8.7 \text{（MPa）}$$

（2）计算水泥用量 Q_C。

$$Q_C = \frac{1000(f_{m,o} - B)}{A f_{ce}}$$

查表 5.2，$A = 1.50$，$B = -4.25$，则

$$Q_C = \frac{1000 \times (8.7 + 4.25)}{1.50 \times 42.5} = 203 \text{（kg/m}^3\text{）}$$

（3）确定石灰膏用量 Q_D。

$$Q_D = Q_A - Q_C$$

取 $Q_A = 300$kg/m³，则

$$Q_D = 300 - 203 = 97 \text{（kg/m}^3\text{）}$$

（4）根据砂子的堆积密度和含水率，计算 Q_S。

$$Q_S = 1450 \times (1 + 2\%) = 1479 \text{（kg/m}^3\text{）}$$

（5）确定用水量 Q_W。根据表 5.4，选择用水量 $Q_W = 300$(kg/m³)，则砂浆试配时的配合比：

水泥∶石灰膏∶砂∶水 = 203∶97∶1479∶300 = 1∶0.48∶7.28∶1.48

计算得到的配合比，再经试配、调整，直到强度与和易性符合要求为止。

5.2 抹 面 砂 浆

抹面砂浆以均匀的薄层抹在建筑物表面，既能起到保护建筑物，又能起到装饰建筑物的作用。抹面砂浆按用途可分为普通抹面砂浆、防水砂浆、装饰砂浆及特种砂浆。

抹面砂浆的组成材料与砌筑砂浆基本相同。但为了防止砂浆层开裂有时需加入一些纤维材料（如纸筋、麻刀、有机纤维等）；有时为了强化其功能，需加入特殊的集料（如膨胀珍珠岩、陶砂等）或掺合料（如粉煤灰等）。

5.2.1 普通抹面砂浆

普通抹面砂浆是建筑工程中普遍使用的砂浆。它可以保护建筑物不受风、雨、雪等有

害介质的侵蚀，提高建筑物的耐久性，同时使建筑物表面获得平整、光洁、美观的效果。

为了保证抹灰质量及表面平整，避免裂缝、脱落，一般分两层或三层进行施工。底层抹灰的作用使砂浆能与基面牢固黏结，要求砂浆具有较好的和易性与黏结力，尤其要有良好的保水性，以免水分被基面材料吸收而影响胶结效果。中层抹灰主要是为了找平，砂浆稠度可适当小些。面层的主要作用是装饰，要求平整、光洁、美观，一般要求砂浆细腻抗裂，应使用细度模数较小的砂拌制。

底层及中层多采用水泥混合砂浆，面层多采用水泥混合砂浆或掺纸筋、麻刀的石灰砂浆。在容易潮湿或碰撞的地方，如地面、踢脚板、墙裙、窗台、雨棚以及水池、水井、地沟、厕所等处，要求砂浆具有较高的强度和耐久性，应采用水泥砂浆。

常用的普通抹面砂浆的稠度及砂的最大粒径见表5.5。

表5.5　　　　　　　　　　　　普通抹面砂浆的稠度及砂的最大粒径

抹灰层名称	稠度（mm）（人工抹灰）	砂的最大粒径（mm）	抹灰层名称	稠度（mm）（人工抹灰）	砂的最大粒径（mm）
底层	100～120	2.5	面层	70～80	1.2
中层	70～90	2.5			

普通抹面砂浆配合比可参考表5.6。

表5.6　　　　　　　　　　　　普通抹面砂浆参考配合比

材　料	体 积 配 合 比	材　料	体 积 配 合 比
水泥：砂	1：2～1：3	石灰：黏土：砂	1：1：4～1：1：8
石灰：砂	1：2～1：4	石灰：石膏：砂	1：0.4：2～1：2：4
水泥：石灰：砂	1：1：6～1：2：9	石灰膏：麻刀	100：2.5（质量比）

5.2.2　防水砂浆

用于制作防水层（刚性防水）的砂浆，称防水砂浆。它一般适用于水池、隧洞、地下工程等不受振动和具有一定刚度的混凝土或砖石砌体的工程表面。对于变形较大或可能发生不均匀沉降的建筑物或构筑物不宜使用。防水砂浆通常有掺防水剂砂浆防水和五层砂浆防水两种。

掺防水剂防水的砂浆，常用的防水剂有金属皂类防水剂及氯化物金属盐类防水剂。但在钢筋混凝土工程中，不宜采用氯化物金属盐类防水剂，以防止氯离子腐蚀钢筋。防水剂掺入砂浆中，可使得结构进一步密实，提高砂浆的抗渗性。

防水砂浆的抗渗效果在很大程度上取决于施工质量。五层砂浆防水是用水泥砂浆和素灰分层交叉抹面所形成的防水层。其中一层、三层为水灰比0.55～0.6的素灰，是主要的防水层；二层、四层为水灰比0.4～0.5、灰砂比1：1.5～1：2.5的水泥砂浆，起着保护素灰的作用；五层为水泥净浆。每层在初凝前要用木抹子压实一遍，最后一层要压光；抹完后一定要加强养护，防止干裂。

5.2.3　装饰砂浆

涂抹在建筑物内外表面，具有美化、装饰、保护建筑物的抹面砂浆称为装饰砂浆。装饰砂浆的底层、中层和普通抹面砂浆基本相同。主要是装饰砂浆的面层，要求选用具有一定颜色的胶凝材料、集料以及采用特殊的施工工艺，让表面呈现出不同的花纹、色彩和图案等装饰效果。

装饰砂浆所采用的胶凝材料除了普通水泥、矿渣水泥外，还可采用白水泥或彩色水泥，或在常用水泥中掺加耐碱矿物颜料，配制成彩色水泥砂浆。集料常用花岗岩、大理石等带有颜色的碎石渣或玻璃、陶瓷、塑料碎粒。

几种常用的装饰砂浆的工艺做法：

（1）水磨石。用彩色水泥、白水泥或普通水泥加耐碱颜料和不同颜色的大理石或花岗岩石渣做面层，终凝后洒水养护，待强度达到设计要求的 70% 后，用机械反复地进行磨平、磨光而成。彩色水磨石强度高、耐久、光而平，应用广泛。水磨石多用于墙面、地面、柱面、台面、踢脚、隔断、水池等处。

（2）水刷石。组成与水磨石基本相同，只是石碴的粒径稍小（约 5mm）。将水泥石碴砂浆抹在建筑物的表面，待表面稍凝固后立即喷水冲刷表面的水泥浆皮，使石碴半露出来，通过不同色泽的石渣，达到装饰的目的。水刷石多用于建筑物外墙面、阳台、檐口、勒脚等处的装饰，具有天然石材的质感，经久耐用。

（3）干粘石。在素水泥浆或聚合物水泥砂浆黏结层上，将粒径为 5mm 以下的白色、彩色石渣或小石子、彩色玻璃、陶瓷碎粒用手工甩粘或机械喷枪喷粘在其上。干粘石的装饰效果与水刷石相近，但它既减少喷水冲洗等湿作业，节约原材料，又具有较高的施工效率。干粘石的用途与水刷石相同，但房屋底层、勒脚一般不宜使用。

（4）拉毛。是一种比较传统的饰面作法。在水泥砂浆或水泥混合砂浆抹灰中层上，抹上水泥混合砂浆、纸筋石灰或水泥石灰浆等，利用拉毛工具（铁抹子等）将砂浆拉出波纹和斑点的毛头，做成装饰面层。一般用于内外墙面、阳台栏板或围墙的装饰。但因墙面凹凸不平，易积灰受污染。

（5）斩假石。又称剁假石、剁斧石。其配制基本与水磨石相同。它是将硬化后的水泥石碴抹面层用钝斧剁琢变毛，其质感酷似花岗岩等天然石材。

（6）假面砖。将硬化的砂浆表面用刀斧等工具刻划成线条；或待砂浆初凝后，在其表面用木条或钢片压划出线条，也可用涂料画出线条；将墙面装饰成具有仿瓷砖、仿石材贴面的艺术效果。主要用于外墙装饰。

装饰砂浆还可用弹涂、喷涂、滚涂等施工工艺做成各样的饰面层，具有各自的装饰效果。装饰砂浆在经济上、技术上都具有一定的优越性，在建筑装饰工程中被广泛使用。

5.2.4 其他特种砂浆

（1）绝热砂浆。采用水泥、石灰、石膏等胶凝材料与膨胀珍珠岩、膨胀蛭石或陶粒砂等轻质多孔集料，按一定的比例配制的砂浆称为绝热砂浆。绝热砂浆质量轻、保温隔热效果好，其热导率约为 $0.07 \sim 0.10 \mathrm{W}/(\mathrm{m \cdot K})$，常用于墙面、屋面或供热管道的绝热保护。

（2）吸声砂浆。一般绝热砂浆是由轻质多孔集料制成的，具有一定的吸声功能。工程中常按水泥：石膏：砂：锯末＝1:1:3:5（体积比）拌制成吸声砂浆；或在石膏、石灰砂浆中掺入玻璃纤维、矿渣棉等有机松软纤维材料。吸声砂浆常用于室内墙壁和顶棚的吸声处理。

（3）自流平砂浆。在现代的施工技术条件下，自流平砂浆具有施工便捷、质量优、强度高、耐磨性好等优点，常用于室内外地坪。自流平砂浆的关键技术是：严格控制细集料的颗粒级配、形状与含泥量；选择具有合适级配的水泥或其他胶结材料；掺用合适、高效的外加剂。

复习思考题

1. 新拌砂浆的和易性包括哪些要求？如何测定？砂浆和易性不良对工程应用有何影响？

2. 影响砌筑砂浆强度的主要因素有哪些？

3. 何谓混合砂浆？为什么一般砌筑工程多采用水泥混合砂浆？

4. 砌筑砂浆配合比设计的基本步骤有哪些？

5. 装饰砂浆通常有哪些工艺做法？

6. 抹面砂浆常有的种类有哪些？各自的功能是什么？

习　题

某多层住宅楼工程，要求配制强度等级为 M5.0、稠度为 70～90mm 的水泥石灰混合砂浆。工地现有材料如下：

水泥：强度等级为 42.5 的普通硅酸盐水泥，表观密度为 $1310kg/m^3$；

砂子：含水率为 1.5％的中砂，干燥状态下的堆积密度为 $1450kg/m^3$；

石灰膏：表观密度为 $1280kg/m^3$。

施工水平一般。试求每立方米混合砂浆中各项材料的用量（按重量计）。

第6章 墙 体 材 料

内容概述 本章主要介绍了墙体三大材料：烧结砖、砌块和墙体板材，对其组成、分类、规格、质量要求、工程应用作了详细阐述，同时对各种墙体材料在国内外的发展状况也进行了简要说明。

学习目标 本章要求学生掌握各种烧结砖、砌块和墙体板材的主要品种、技术指标等，理解常用墙体材料的质量检验方法，了解各种墙体材料的应用和发展，培养学生根据工程要求合理选用墙体材料的能力。

砖石是最古老、最传统的建筑材料，砖石结构应用已有几千年的历史，我国墙体材料95%以上仍为如烧结类砖、非烧结类砖、混凝土小型空心砌块等这类材料。墙体在建筑中起承重、围护、分隔作用，对建筑物的功能、自重、成本、工期及建筑能耗有直接的影响。墙体材料是用来砌筑、拼装或用其他方法构成承重墙、非承重墙的材料，如砌墙用的砖、石、砌块，拼墙用的各种墙板，浇筑墙用的混凝土。据统计，在一般的房屋建筑中，墙体占整个建筑物重量的1/2、人工量的1/3、造价的1/3，因此，墙体材料是建筑工程中十分重要的建筑材料。

6.1 烧 结 砖

砌墙砖是性能非常优异的既古老而又现代的墙体材料，以黏土、工业废料或其他地方材料为主要原料，以不同生产工艺制造的、用于砌筑承重和非承重墙体的墙砖。经焙烧制成的砖为烧结砖，经炭化或蒸汽（压）养护硬化而成的砖为非烧结砖。按照孔洞率的大小，砌墙砖分为实心砖、多孔砖和空心砖。实心砖是没有孔洞或孔洞率小于15%的砖；孔洞率不小于15%、孔的尺寸小而数量多的砖称为多孔砖；孔洞率不小于15%、孔的尺寸大而数量少的砖称为空心砖。

6.1.1 烧结普通砖

以黏土、页岩、煤矸石、粉煤灰为主要原料，经焙烧而成的普通砖。

6.1.1.1 分类

按所用的主要原料分为烧结黏土砖（N）、烧结页岩砖（Y）、烧结粉煤灰砖（F）和烧结煤矸石砖（M）。

（1）烧结黏土砖（N）。又称为黏土砖，是以黏土为主要原料，经配料、制坯、干燥、焙烧而成的烧结普通砖。当砖坯焙烧过程中砖窑内为氧化气氛时，黏土中所含铁的化合物成分被氧化成高价氧化铁（Fe_2O_3），从而得到红砖。此时如果减少窑内空气的供给，同时加入少量水分，使砖窑形成还原气氛，使坯体继续在这种环境下继续焙烧，使高价氧化铁（Fe_2O_3）还原成青灰色的低价氧化铁（FeO），即可制得青砖。一般认为青砖较红砖结实，耐碱、耐久，但青砖只能在土窑中制得，价格较贵。

（2）烧结页岩砖（Y）。是页岩经破碎、粉磨、配料、成型、干燥和焙烧等工艺制成的砖。由于页岩磨细的程度不及黏土，故制坯所需的用水量比黏土少，所以砖坯干燥的速度快，而且成品的体积收缩小。作为一种新型建筑节能墙体材料，烧结页岩砖既可用于砌筑承重墙，又具有良好的热工性能，减少施工过程中的损耗，提高工作效率。

（3）烧结粉煤灰砖（F）。是以电厂排出的粉煤灰作为烧砖的主要原料，可部分代替黏土。在烧制过程中，为改善粉煤灰的可塑性可适量地掺入黏土，两者（粉煤灰与黏土）的体积比为 1：1～1：1.25。烧结粉煤灰砖的颜色一般呈淡红色至深红色，可代替黏土砖用于一般的工业与民用建筑中。

（4）烧结煤矸石砖（M）。是以煤矿的废料煤矸石为原料，经粉碎后，根据其含碳量及可塑性进行适当配料，即可制砖，由于煤矸石是采煤时的副产品，所以在烧制过程中一般不需额外加煤，不但消耗了大量的废渣，同时节约了能源。烧结煤矸石砖的颜色较普通砖略深，色泽均匀，声音清脆。烧结煤矸石砖可以完全代替普通黏土砖用于一般工业与民用建筑中。

6.1.1.2 质量等级、规格

1. 质量等级

根据《烧结普通砖》（GB 5101—2003）规定，烧结普通砖的抗压强度分为 MU30、MU25、MU20、MU15、MU10 等 5 个强度等级。同时，强度、抗风化性能和放射性物质合格的砖，根据砖的尺寸偏差、外观质量、泛霜和石灰爆裂的程度将其分为优等品（A）、一等品（B）和合格品（C）三个质量等级。注意，优等品的砖适用于清水墙和装饰墙，而一等品、合格品的砖可用于混水墙，中等泛霜的砖不能用于潮湿的部位。

2. 规格

烧结普通砖的外形为直角六面体，其公称尺寸为 240mm×115mm×53mm，加上 10mm 厚的砌筑灰缝，则 4 块砖长、8 块砖宽、16 块砖厚形成一个长宽高分别为 1m 的立方体。1m³ 的砖砌体需砖数为 4×8×16＝512（块），这方便计算工程量。

6.1.1.3 主要技术要求

1. 外观要求

普通烧结砖的外观标准直接影响砖体的外观和强度，所以规范中对尺寸偏差、两条面的高度差、弯曲程度、裂纹、颜色情况等都给出相应的规定。要求各等级烧结普通砖的尺寸偏差和外观质量符合表 6.1 和表 6.2 的要求。

表 6.1　　　　　　烧结普通砖的尺寸允许偏差（GB 5101—2003）（一）　　　　单位：mm

公称尺寸	优 等 品		一 等 品		合 格 品	
	样本平均偏差	样本极差，≤	样本平均偏差	样本极差，≤	样本平均偏差	样本极差，≤
240（长）	±2.0	6	±2.5	7	±3.0	8
115（宽）	±1.5	6	±2.0	6	±2.5	7
53（高）	±1.5	4	±1.6	5	±2.0	6

表 6.2　　　　　　　　烧结普通砖的尺寸允许偏差（GB 5101—2003）（二）　　　　　单位：mm

序号	项目		优等品	一等品	合格品
1	两条面高度差，≤		2	3	4
2	弯曲，≤		2	3	4
3	杂质凸出高度，≤		2	3	4
4	缺棱掉角的三个破坏尺寸，不得同时大于		5	20	30
5	裂纹长度，≤	大面上宽度方向及其延伸至条面的长度	30	60	80
		大面上长度方向及其延伸至顶面的长度或条顶面上水平裂纹的长度	50	80	100
6	完整面，不得少于		两条面和两顶面	一条面和一顶面	
7	颜色		基本一致		

注　1. 为装饰而施加的色差、凹凸纹、拉毛、压花等不算作缺陷。
　　2. 凡有下列缺陷之一者，不得称为完整面：
　　　（1）缺损在条面或顶面上造成的破坏面尺寸同时大于 10mm×10mm。
　　　（2）条面或顶面上裂纹宽度大于 1mm，其长度超过 30mm。
　　　（3）压陷、黏底、焦花在条面或顶面上的缺陷或凸出超过 2mm，区域尺寸同时大于 10mm×10mm。

2. 强度等级

烧结普通砖的强度等级分为 5 个等级，通过抗压强度试验，计算 10 块砖样的抗压强度平均值和标准值方法或抗压强度平均值和最小值方法，从而评定此砖的强度等级。各等级应满足表 6.3 中列出的各强度指标。

表 6.3　　　　　　　　烧结普通砖的强度等级（GB 5101—2003）　　　　　　　单位：MPa

强度等级	抗压强度平均值$\overline{f}$，≥	变异系数$\delta \leqslant 0.21$，强度标准值 f_k，≥	变异系数$\delta > 0.21$，单块最小抗压强度值 f_{min}，≥
MU30	30.0	22.0	25.0
MU25	25.0	18.0	22.0
MU20	20.0	14.0	16.0
MU15	15.0	10.0	12.0
MU10	10.0	6.5	7.5

表 6.3 中变异系数 δ 和强度标准值 f_k 可参照下式计算：

$$\delta = \frac{s}{\overline{f}} \tag{6.1}$$

$$s = \sqrt{\frac{1}{9} \sum_{i=1}^{10} (f_i - \overline{f})^2} \tag{6.2}$$

$$f_k = \overline{f} - 1.8s \tag{6.3}$$

式中　δ——砖强度变异系数；

　　　s——10 块砖样的抗压强度标准差，MPa；

f_i——单块砖样抗压强度测定值，MPa；

$\bar{f}$——10 块砖样抗压强度平均值，MPa；

f_k——抗压强度标准值，MPa。

3．耐久性

（1）抗风化性能。抗风化性能即烧结普通砖抵抗自然风化作用的能力，是指砖在干湿变化、温度变化、冻融变化等物理因素作用下不被破坏并保持原有性质的能力。它是烧结普通砖耐久性的重要指标。由于自然风化作用程度与地区有关，通常按照风化指数将我国各省市（不含香港、澳门特别行政区）划分为严重风化区和非严重风化区，见表 6.4。

表 6.4　　　　　　　　　　风化区的划分（GB 5101—2003）

严 重 风 化 区		非 严 重 风 化 区	
1. 黑龙江省	11. 河北省	1. 山东省	11. 福建省
2. 吉林省	12. 北京市	2. 河南省	12. 台湾省
3. 辽宁省	13. 天津市	3. 安徽省	13. 广东省
4. 内蒙古自治区		4. 江苏省	14. 广西壮族自治区
5. 新疆维吾尔自治区		5. 湖北省	15. 海南省
6. 宁夏回族自治区		6. 江西省	16. 云南省
7. 甘肃省		7. 浙江省	17. 西藏自治区
8. 青海省		8. 四川省	18. 上海市
9. 陕西省		9. 贵州省	19. 重庆市
10. 山西省		10. 湖南省	

风化指数是指日气温从正温降至负温或从负温升至正温的每年平均天数，与每年从霜冻之日起至消失霜冻之日止，这一期间降雨总量（以 mm 计）的平均值的乘积。风化指数不小于 12700 为严重风化区，风化指数小于 12700 为非严重风化区。

严重风化区的砖必须进行冻融试验。冻融试验时取 5 块吸水饱和试件进行 15 次冻融循环，之后每块砖样不允许出现裂纹、分层、掉皮、缺棱、掉角等冻坏现象，且每块砖样的质量损失不得大于 2%。其他地区的砖，如果其抗风化性能（吸水率和饱和系数指标）能达到表 6.5 的要求，可不再进行冻融试验，但是若有一项指标达不到要求时，则必须进行冻融试验。

表 6.5　　　　　　烧结普通砖的吸水率、饱和系数（GB 5101—2003）

砖 种 类	严重风化区				非严重风化区			
	5h 沸煮吸水率(%)，≤		饱和系数，≤		5h 沸煮吸水率(%)，≤		饱和系数，≤	
	平均值	单块最大值	平均值	单块最大值	平均值	单块最大值	平均值	单块最大值
黏土砖	18	20	0.85	0.87	19	20	0.88	0.90
粉煤灰砖	21	23			23	35		
页岩砖	16	18	0.74	0.77	18	20	0.78	0.80
煤矸石砖								

注　粉煤灰掺入量（体积比）小于 30% 时，按黏土砖规定判别。

（2）泛霜。泛霜是一种砖或砖砌体外部的直观现象，呈白色粉末，白色絮状物，严重时呈现鱼鳞状的剥离、脱落、粉化。砖块的泛霜是由于砖内含有可溶性硫酸盐，遇水潮解，随着砖体吸收水量的不断增加，溶解度由大逐渐变小。当外部环境发生变化时，砖内水分向外部扩散，作为可溶性的硫酸盐，也随之向外移动，待水分消失后，可溶性的硫酸盐形成晶体，集聚在砖的表面呈白色，称为白霜，出现白霜的现象称为泛霜。煤矸石空心砖的白霜是以 $MgSO_4$ 为主，白霜不仅影响建筑物的美观，而且由于结晶膨胀会使砖体分层和松散，直接关系到建筑物的寿命。因此国家标准严格规定烧结制品中优等产品不允许出现泛霜，一等产品不允许出现中等泛霜，合格产品不允许出现严重泛霜。

（3）石灰爆裂。当烧制砖块时原料中夹杂着石灰质物质，焙烧过程中生成生石灰，砖块在使用过程中吸水使生石灰转变为熟石灰，其体积会增大一倍左右，从而导致砖块爆裂的现象，称为石灰爆裂。

石灰爆裂的程度直接影响烧结砖的使用，较轻的造成砖块表面破坏及墙体面层脱落，严重的会直接破坏砖块及墙体结构，造成砖块及墙体强度损失，甚至崩溃，因此国家标准对烧结砖石灰爆裂做了如下严格控制：①优等品，不允许出现最大破坏尺寸大于 2mm 的爆裂区域；②一等品，最大破坏尺寸大于 2mm 且不大于 10mm 的爆裂区域，每组砖样不得多于 15 处，不允许出现最大破坏尺寸大于 10mm 的爆裂区域；③合格品，最大破坏尺寸大于 2mm 且不大于 15mm 的爆裂区域，每组砖样不得多于 15 处，其中大于 10mm 的不得多于 7 处，不允许出现最大破坏尺寸大于 15mm 的爆裂区域。

6.1.1.4　应用

烧结普通砖具有一定的强度及良好的绝热性和耐久性，且原料广泛，工艺简单，因而可用作墙体材料，用于制造基础、柱、拱、烟囱、铺砌地面等，有时也用于小型水利工程，如闸墩、涵管、渡槽、挡土墙等，但需要注意的是，由于砖的吸水率大，一般为15%～20%，在砌筑前，必须预先将砖进行吸水润湿，否则会降低砌筑砂浆的黏结强度。

但是随着建筑业的迅猛发展，传统烧结黏土砖的弊端日益突出，烧结黏土砖的生产毁田取土量大、能耗高、自重大、施工中工人劳动强度大、工效低等。为保护土地资源和生产环境，有效节约能源，至 2003 年 6 月 1 日全国 170 个城市取缔烧结黏土砖的使用，并于 2005 年全面禁止生产、经营、使用黏土砖，取而代之的是广泛推广使用利用工业废料制成的新型墙体材料。

6.1.2　烧结多孔砖

烧结多孔砖是以黏土、页岩、煤矸石或粉煤灰为主要原料，经焙烧而成、孔洞率不小于 25%，孔的尺寸小而数量多，主要用于 6 层以下建筑物承重部位的砖，简称多孔砖。

6.1.2.1　分类

烧结多孔砖的分类与烧结普通砖类似，也是按主要原料进行划分，如黏土砖（N）、页岩砖（Y）、煤矸石砖（M）和粉煤灰砖（F）。

6.1.2.2　规格与质量等级

1. 规格

目前烧结多孔砖分为 P 型砖和 M 型砖，其外形为直角六面体，长、宽、高尺寸为P 型，240mm×115mm×90mm；M 型，190mm×190mm×90mm，如图 6.1、图 6.2所示。

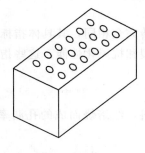

图 6.1 P 型砖

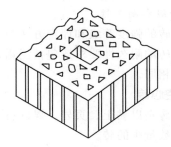

图 6.2 M 型砖

2. 质量等级

根据《烧结多孔砖》（GB 13544—2000）的规定，烧结多孔砖根据抗压强度分为 MU30、MU25、MU20、MU15、MU10 等 5 个强度等级。

强度和抗风化性能合格的烧结多孔砖，根据尺寸偏差、外观质量、孔形及孔洞排列、泛霜、石灰爆裂等分为优等品（A）、一等品（B）和合格品（C）三个质量等级。

6.1.2.3 主要技术要求

1. 尺寸允许偏差和外观要求

烧结多孔砖的尺寸允许偏差应符合表 6.6 的规定，外观要求符合表 6.7 的规定。

表 6.6   **烧结多孔砖的尺寸偏差（GB 13544—2000）**   单位：mm

尺寸	优 等 品		一 等 品		合 格 品	
	样本平均偏差	样本极差，≤	样本平均偏差	样本极差，≤	样本平均偏差	样本极差，≤
290、240	±2.0	6	±2.5	7	±3.0	8
190、180、175、140、115	±1.5	5	±2.0	6	±2.5	7
90	±1.5	4	±1.7	5	±2.0	6

表 6.7   **烧结多孔砖外观质量（GB 13544—2000）**   单位：mm

序号	项 目		优等品	一等品	合格品
1	颜色（一条面和一顶面）		一致	基本一致	
2	完整面不得少于		一条面和一顶面	一条面和一顶面	
3	缺棱掉角的三个破坏尺寸不得同时大于		15	20	30
4	裂纹长度，≤	大面上深入孔壁 15mm 以上，宽度方向及其延伸到条面的长度	60	80	100
		大面上深入孔壁 15mm 以上，长度方向及其延伸到顶面的长度	60	100	120
		条、顶面上的水平裂纹	80	100	120
5	杂质在砖面上造成的凸出高度，≤		3	4	5

注 1. 为装饰而施加的色差、凹凸纹、拉毛、压花等不算缺陷。
    2. 凡有下列缺陷之一者，不能称为完整面：
    （1）缺损在条面或顶面上造成的破坏尺寸同时大于 20mm×30mm。
    （2）条面或顶面上裂纹宽度大于 1mm，其长度超过 70mm。
    （3）压陷、焦花、黏底在条面或顶面上的凹陷或凸出超过 2mm，区域尺寸同时大于 20mm×30mm。

2. 强度等级和耐久性

烧结多孔砖的强度等级和评定方法与烧结普通砖完全相同,其具体指标参见表 6.3。

烧结多孔砖的耐久性要求还包括泛霜、石灰爆裂和抗风化性能,这些指标的规定与烧结普通砖完全相同。

6.1.3 烧结空心砖

烧结空心砖是以黏土、页岩、煤矸石为主要原料,经焙烧而成的孔洞率不小于 40%,孔的尺寸大而数量少的砖。

6.1.3.1 烧结空心砖的分类

烧结空心砖的分类与烧结普通砖类似,仍然是按主要原料进行划分。如黏土砖(N)、页岩砖(Y)、煤矸石砖(M)和粉煤灰砖(F)。

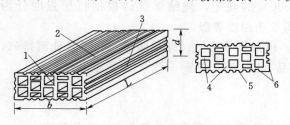

图 6.3 烧结空心砖示意图
1—顶面;2—大面;3—条面;4—肋;5—凹线槽;6—壁;
L—长度;b—宽度;d—高度

烧结空心砖尺寸应满足长度 $L \leqslant 390mm$,宽度 $b \leqslant 240mm$,高度 $d \leqslant 140mm$,壁厚 $\geqslant 10mm$,肋厚 $\geqslant 7mm$。为方便砌筑,在大面和条面上应设深 $1 \sim 2mm$ 的凹线槽,如图 6.3 所示。

由于孔洞垂直于顶面,平行于大面且使用时大面受压,所以烧结空心砖多用作非承重墙,如多层建筑物的内隔墙或框架结构的填充墙等。

6.1.3.2 烧结空心砖的规格

根据《烧结空心砖和空心砌块》(GB 13545—2003)的规定,烧结空心砖的外形为直角六面体,其长宽高均应符合以下尺寸组合:390mm、290mm、240mm、190mm、180(175)mm、140mm、115mm、90mm,如 290mm×190mm×90mm、190mm×190mm×90mm 和 240mm×180mm×115mm 等。

6.1.3.3 烧结空心砖的主要技术性质

1. 强度等级

烧结空心砖的抗压强度分为 MU10.0、MU7.5、MU5.0、MU3.5、MU2.5 等 5 个等级,见表 6.8。

表 6.8　　　　　烧结空心砖的强度等级 (GB 13545—2003)

强度等级	抗 压 强 度 (MPa)			密度等级范围 (kg/m³)
	抗压强度平均值 $\bar{f}$,$\geqslant$	变异系数 $\delta \leqslant 0.21$,强度标准值 f_k,$\geqslant$	变异系数 $\delta > 0.21$,单块最小抗压强度值 f_{min},$\geqslant$	
MU10.0	10.0	7.0	8.0	
MU7.5	7.5	5.0	5.8	
MU5.0	5.0	3.5	4.0	$\leqslant 1100$
MU3.5	3.5	2.5	2.8	
MU2.5	2.5	1.6	1.8	$\leqslant 800$

2. 质量等级

每个密度级别强度、密度、抗风化性能和放射性物质合格的砖，根据孔洞及其排数、尺寸偏差、外观质量、强度等级和物理性能分为优等品（A）、一等品（B）和合格品（C）三个质量等级。

6.1.4 烧结多孔砖和烧结空心砖的应用

现在国内建筑施工主要采用烧结空心砖和烧结多孔砖作为实心黏土砖的替代产品，烧结空心砖主要应用于非承重的建筑内隔墙和填充墙，烧结多孔砖主要应用于砖混结构承重墙体。用烧结多孔砖或空心砖代替实心砖可使建筑物自重减轻 1/3 左右，节约原料 20%～30%，节省燃料 10%～20%，且烧成率高，造价降低 20%，施工效率提高 40%，保温隔热性能和吸声性能有较大提高，在相同的热工性能要求下，用空心砖砌筑的墙体厚度可减薄半砖左右。一些较发达国家多孔砖占砖总产量的 70%～90%，我国目前也正在大力推广，而且发展很快。

6.2 砌 块

砌块是利用混凝土、工业废料（炉渣，粉煤灰等）或地方材料制成的人造块材，外形尺寸比砖大，通常外形为直角六面体，长度大于 365mm 或宽度大于 240mm 或高度大于 115mm，且高度不大于长度或宽度的 6 倍，长度不超过高度的 3 倍。

砌块有设备简单、砌筑速度快的优点，符合建筑工业化发展中墙体改革的要求。由于其尺寸较大，施工效率较高，故在土木工程中应用越来越广泛，尤其是采用混凝土制作的各种砌块，具有不毁农田、能耗低、利用工业废料、强度高、耐久性好等优点，已成为我国增长最快、产量最多、应用最广的砌块材料。

砌块按产品规格分为小型砌块（115mm<h<380mm）、中型砌块（390mm<h<980mm）、大型砌块（980mm<h），使用中以中小型砌块居多；按外观形状可以分为实心砌块（空心率<25%）和空心砌块（空心率>25%），空心砌块又有单排方孔、单排圆孔和多排扁孔三种形式，其中多排扁孔对保温较有利；按原材料分为普通混凝土小型空心砌块、轻集料混凝土小型空心砌块、蒸压加气混凝土砌块、粉煤灰砌块和石膏砌块等；按砌块在组砌中的位置与作用可以分为主砌块和各种辅助砌块；按用途分为承重砌块和非承重砌块等。本节对常用的几种砌块作简要介绍。

6.2.1 普通混凝土小型空心砌块

普通混凝土小型砌块（代号 NHB）是以水泥为胶结材料，砂、碎石或卵石为集料，加水搅拌，振动加压成型，养护而成的并有一定空心率的砌筑块材。

6.2.1.1 强度等级

混凝土小型空心砌块按强度等级分为 MU3.5、MU5.0、MU7.5、MU10.0、MU15.0、MU20.0，产品强度应符合表 6.9 的规定；按其尺寸偏差，外观质量分为优等品（A）、一等品（B）及合格品（C）。

表 6.9　　　　　混凝土小型空心砌块的等级（GB 8239—1997）　　　　单位：MPa

强度等级	砌块抗压强度		强度等级	砌块抗压强度	
	平均值，≥	单块最小值，≥		平均值，≥	单块最小值，≥
MU3.5	3.5	2.8	MU10.0	10.0	8.0
MU5.0	5.0	4.0	MU15.0	15.0	12.0
MU7.5	7.5	6.0	MU20.0	20.0	16.0

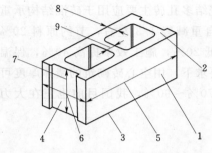

图 6.4　普通混凝土小型空心砌块

1—条面；2—坐浆面；3—铺浆面；4—顶面；
5—长度；6—宽度；7—高度；8—壁；9—肋

6.2.1.2　规格和外观质量

混凝土小型空心砌块的主规格尺寸为 390mm× 190mm×190mm，其他规格尺寸可由供需双方协商，即可组成墙用砌块基本系列。砌块各部位的名称如图 6.4 所示，其中最小外壁厚度应不小于 30mm，最小肋厚应不小于 25mm，空心率应不小于 25%。尺寸允许偏差应符合表 6.10 的规定。

混凝土小型空心砌块的外观质量包括弯曲程度、缺棱掉角的情况以及裂纹延伸的投影尺寸累计等三方面，产品外观质量应符合表 6.11 的要求。

表 6.10　　　　普通混凝土小型砌块的尺寸偏差（GB 8239—1997）　　　　单位：mm

项目名称	优等品（A）	一等品（B）	合格品（C）
长度	±2	±3	±3
宽度	±2	±3	±3
高度	±2	±3	+3、−4

表 6.11　　　　普通混凝土小型砌块的外观质量（GB 8239—1997）

项 目 名 称		优等品（A）	一等品（B）	合格品（C）
弯曲（mm），≤		2	2	3
缺棱掉角	个数（个），≤	0	2	2
	三个方向投影尺寸最小值（mm），≤	0	20	30
裂纹延伸的投影尺寸累计（mm），≤		0	20	30

6.2.1.3　相对含水率和抗冻性

GB 8239—1997 要求混凝土小型空心砌块的相对含水率：潮湿地区不大于 45%；中等潮湿地区不大于 40%；干燥地区不大于 35%。对于非采暖地区抗冻性不做规定，采暖地区强度损失不大于 25%，质量损失不大于 5%，其中一般环境抗冻等级应达到 F15，干湿交替环境抗冻等级应达到 F25。

普通混凝土小型空心砌块具有节能、节地、减少环境污染、保持生态平衡的优点，符合我国建筑节能政策和资源可持续发展战略，已被列入国家墙体材料革新和建筑节能工作重点发展的墙体材料之一。

6.2.2 蒸压加气混凝土砌块

蒸压加气混凝土砌块（简称加气混凝土砌块，代号 ACB），是由硅质材料（砂）和钙质材料（水泥石灰），加入适量调节剂、发泡剂，按一定比例配合，经混合搅拌、浇注、发泡、坯体静停、切割、高温高压蒸养等工序制成，因产品本身具有无数微小封闭、独立、分布均匀的气孔结构，具有轻质、高强、耐久、隔热、保温、吸音、隔音、防水、防火、抗震、施工快捷（比黏土砖省工）、可加工性强等多种功能，是一种优良的新型墙体材料。

6.2.2.1 规格与等级

1. 规格

蒸压加气混凝土砌块规格尺寸应符合表 6.12 的规定。

表 6.12　　　蒸压加气混凝土砌块的规格尺寸（GB 11968—2006）　　单位：mm

长　度	宽　度	高　度
600	100、120、125、150、180、200、240、250、300	200、240、250、300

2. 等级

砌块按抗压强度分为 A1.0、A2.0、A2.5、A3.5、A5.0、A7.5、A10.0 等 7 个强度级别，各级别的立方体抗压强度值应符合表 6.13 的规定。

表 6.13　　蒸压加气混凝土砌块的立方体抗压强度（GB 11968—2006）　　单位：MPa

强度等级	立方体抗压强度		强度等级	立方体抗压强度	
	平均值，≥	单块最小值，≥		平均值，≥	单块最小值，≥
A1.0	1.0	0.8	A5.0	5.0	4.0
A2.0	2.0	1.6	A7.5	7.5	6.0
A2.5	2.5	2.0	A10.0	10.0	8.0
A3.5	3.5	2.8			

6.2.2.2 应用

蒸压加气混凝土砌块质量轻，表观密度约为黏土砖的 1/3，适用于低层建筑的承重墙、多层建筑的间隔墙和高层框架结构的填充墙，也可用于一般工业建筑的围护墙，作为保温隔热材料也可用于复合墙板和屋面结构中，广泛应用于工业及民用建筑、多层和高层建筑及建筑物加层等，可减轻建筑物自重，增加建筑物的使用面积，降低综合造价，同时由于墙体轻、结构自重减少，大大提高了建筑自身的抗震能力。因此，在建筑工程中使用蒸压加气混凝土砌块是最佳的砌块之一。

6.2.3 粉煤灰砌块

粉煤灰砌块（代号 FB）是硅酸盐砌块中常用品种之一，是以粉煤灰、石灰、炉渣、石膏等为主要原料，加水拌匀，经振动成型、蒸汽养护而成的一种砌块。

6.2.3.1 规格与等级

1. 规格

粉煤灰砌块的主要规格尺寸为 880mm×380mm×240mm 和 880mm×430mm×

240mm 两种，如生产其他规格砌块，可由供需双方协商确定。砌块端面应加灌浆槽，坐浆面宜设抗剪槽，砌块各部位名称如图 6.5 所示。

2. 等级

粉煤灰砌块的强度等级按立方体抗压强度分为 10 和 13 两个强度等级。按其外观质量、尺寸偏差和干缩性能分为一等品（B）和合格品（C）。砌块的立方体抗压强度、碳化后强度、抗冻性能和密度及干缩值应符合表 6.14 的要求。

6.2.3.2 应用

粉煤灰砌块的干缩值比水泥混凝土大，弹性模量低于同强度的水泥混凝土制品，适用于工业和民用建筑的承重、非承重墙体和基础，但不适用于有酸性介质侵蚀、长期受高温影响和经受较大振动影响的建筑物。

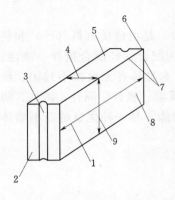

图 6.5 粉煤灰砌块
1—长度；2—断面；3—灌浆槽；
4—宽度；5—坐浆面（铺浆面）；
6—角；7—棱；8—侧面；
9—高度

砌块是一种新型墙体材料，可以充分利用地方资源和工业废渣，并可节省黏土资源和改善环境。符合可持续发展的要求；其生产工艺简单、生产周期短、砌块规格较大，可提高砌筑效率、降低施工过程中的劳动强度、减轻房屋自重、改善墙体功能、降低工程造价，推广使用各种砌块是墙体材料改革的一条有效途径。

表 6.14　粉煤灰砌块立方体抗压强度、碳化后强度、抗冻性能和密度及干缩值

项　　目	10 级	13 级
抗压强度（MPa）	3 块试件平均值不小于 10.0MPa，单块最小值不小于 8.0MPa	3 块试件平均值不小于 13.0MPa，单块最小值不小于 10.5MPa
人工碳化后强度（MPa）	不小于 6.0MPa	不小于 7.5MPa
抗冻性	冻融循环结束后，外观无明显疏松、剥落或裂缝，强度损失不大于 20%	
密度（kg/m³）	不超过设计密度的 10%	
干缩值（mm/m）	一等品不大于 0.75，合格品不大于 0.90	

6.3　墙　体　板　材

随着建筑结构体系改革和大开间多功能框架结构的发展，各种轻质和复合板材作为墙体材料已成为发展的必然趋势。以板材为围护墙体的建筑体系，具有质量轻、节能、施工速度快、使用面积大、开间方便布置等优点，具有良好的发展前景。

6.3.1　水泥类墙用板材

水泥类墙用板材具有较好的力学性能和耐久性，生产技术成熟，产品质量可靠，可用于承重墙、外墙和复合墙板的外层。其主要缺点是表观密度大、抗拉强度低。生产中可作预应力空心板材，以减轻自重和改善隔音隔热性能，也可制作以纤维等增强的薄型板材，还可在水泥类板材上制作成具有装饰效果的表面层（如花纹线条装饰、露集料装饰、着色装饰等）。

1. 预应力混凝土空心板

预应力混凝土空心板具有施工工艺简单、施工速度快、墙体坚固、美观、保温性、耐久性能好等优点，提高了工程质量。使用时可按要求配以保温层、外饰面层和防水层等。该类板的长度为 1000～1900mm、宽度为 600～1200mm、总厚度为 200～480mm。可用于承重或非承重外墙板、内墙板、楼板、屋面板、雨罩和阳台板等。

2. 蒸压加气混凝土板

蒸压加气混凝土板（NALC 板）是以水泥、石膏、石灰、硅砂等为主要原料，根据结构要求添加不同数量经防腐处理的钢筋网片而组成的一种轻质多孔新型建筑材料。具有良好的保温、吸声、隔音效果，且自重轻、强度高、延性好、承载能力好、抗震能力强，所以在钢结构工程围护结构中得到广泛应用。

3. 玻璃纤维增强水泥轻质多孔隔墙条板

GRC 轻质多孔条板（GRC 空心条板）是一种新型墙体材料，是以快凝低碱度硫铝酸盐水泥、抗碱玻璃纤维或其网格布为增强材料，配以轻质无机保温、隔热复合材料为填充集料（膨胀珍珠岩、炉渣、粉煤灰），用高新技术向混合体中加入空气，制成无数发泡微孔，使墙板内形成面包蜂窝状。其主要规格：长度 L 为 2500～3000mm，宽度 B 为 600mm，厚度 T 为 60mm、70mm、80mm、90mm。

GRC 空心轻质条板的优点是质轻、强度高、隔热、隔声、不燃、可钉、可钻，施工方便且效率高等，主要用于工业和民用建筑的内隔墙及复合墙体的外墙面。近年来发展较快、应用量较大，是建设部重点推荐的"建筑节能轻质墙体材料"。

4. 纤维增强低碱度水泥建筑平板

纤维增强低碱度水泥建筑平板是以低碱度硫铝酸盐水泥为胶结材料、耐碱玻璃纤维（直径为 $15\mu m$ 左右、长度为 15～25mm）、温石棉为主要增强材料，加水混合成浆，经制坯、压制、蒸养而成的薄型平板。其长度为 1200～2800mm，宽度为 800～1200mm，厚度为 4mm、5mm 和 6mm。

掺石棉纤维增强低碱度水泥建筑平板代号为 TK，无石棉纤维增强低碱度水泥建筑平板代号为 NTK。纤维增强低碱度水泥建筑平板的质量轻、强度高、防潮、放火、不易变形，可加工性（可锯、钻、钉及表面装饰等）好。适用于各类建筑物的复合外墙和内隔墙，特别是高层建筑有防火、防潮要求的隔墙。其与各种材质的龙骨、填充料复合后，可用作多层框架结构体系、高层建筑、室内内隔墙或吊顶等。

5. 水泥木丝板

该板是以木材下脚料经机器刨切成均匀木丝，加入水泥、无毒性化学添加物（水玻璃）等经成型、冷压、养护、干燥而成的薄型建筑平板。它结合两种主要材质——水泥与木材的优点，水泥木丝板如木材般质轻、有弹性、保温、隔音、隔热、施工方便；又具有水泥般坚固、防火、防潮、防霉、防蚁的优点，主要用于建筑物的内外墙板、天花板、壁橱板等。

6.3.2 石膏类墙用板材

石膏类墙用板材是以熟石膏为胶凝材料制成的板材。它是一种重量轻、强度较高、厚度较薄、加工方便、隔音绝热和防火等性能较好的建筑材料，是当前着重发展的新型轻质板材之一。石膏板已广泛用于住宅、办公楼、商店、旅馆和工业厂房等各种建筑物的内隔墙、墙体覆面板（代替墙面抹灰层）、天花板、吸音板、地面基层板和各种装饰板等。

1. 石膏空心板

石膏空心板以熟石膏为胶凝材料，加入膨胀珍珠岩、膨胀蛭石等各种轻质集料和矿渣、粉煤灰、石灰、外加剂等改性材料，经搅拌、振动成型、抽芯模、干燥而成。其规格尺寸：长度为 2500～3000mm，宽度为 500～600mm，厚度为 60～90mm。

石膏空心板具有质轻、比强度高、隔热、隔声、防火、可加工件好等优点，且安装方便，适用于各类建筑的非承重内隔墙，但若用于相对湿度大于 75％ 的环境（如卫生间等）中，则板材表面应作防水等相应处理。

2. 石膏纤维板

石膏纤维板（又称石膏刨花板）是以熟石膏为胶凝材料，木质、竹材刨花（木质、竹材或农作物纤维）为增强材料，以及添加剂经过配合、搅拌、铺装、冷压成型制成的新型环保墙体材料，且集建筑功能与节能功能于一体，被认为是一种很有发展前途的无污染、节能型建筑材料。广泛应用于建筑内隔墙、分隔墙、地板、天花板、室内装修、壁橱、高层建筑复合墙体等，具有自重轻、施工快、使用灵活、防火、隔热、隔音效果好、使用寿命长，并且在使用中无污染、尺寸稳定性好等优异性能。

3. 纸面石膏板

纸面石膏板是以熟石膏为主要原料，掺入适量添加剂与纤维做板芯，以特制的板纸为护面，经加工制成的一种绿色环保板材。分为普通型（P）、耐水型（S）和耐火型（H）3 种。普通纸面石膏板可作为内隔墙板、复合外墙板的内壁板、天花板等，耐水性板可用于相对湿度较大的环境（如卫生间、浴室等），耐火型纸面石膏板主要用于对防火要求较高的房屋建筑中。其主要规格尺寸：长度为 1800～3600mm，宽度为 900mm、1200mm，厚度为 9.5～25.0mm。

由于纸面石膏板具有质轻、防火、隔音、保温、隔热、加工性强良好（可刨、可钉、可锯）、施工方便、可拆装性能好，增大使用面积，可调节室内空气温、湿度以及装饰效果好等优点，因此广泛用于各种工业建筑、民用建筑，尤其是在高层建筑中可作为内墙材料和装饰装修材料。如用于框架结构中的非承重墙、室内贴面板、吊顶等，目前在我国主要用于公共建筑和高层建筑。

4. 装饰石膏板

装饰石膏板是以熟石膏为主要原料，掺加少量纤维材料和外加剂，与水一起搅拌成均匀料浆，经浇注成型，干燥而成的有多种图案、花饰的板材，如石膏印花板、穿孔吊顶板、石膏浮雕吊顶板、纸面石膏饰面装饰板等规格尺寸有两种：500mm×500mm×9mm、600mm×600mm×11mm。装饰石膏板主要用于工业与民用建筑室内墙壁装饰和吊顶装饰，以及非承重内隔墙，具有轻质、防火、防潮、易加工、安装简单等特点。

6.3.3　植物纤维类墙用板材

随着农业的发展，农作物的废弃物（如稻草、麦秸、玉米秆、甘蔗渣等）随之增多，但这些废弃物如进行加工，不但可以变废为宝，而且制成的各种板材可用于建筑结构，纸面草板就是其中的一种产品。

纸面草板是以稻草天然稻草（麦秸）、合成树脂为主要原料，经热压成型、外表粘贴面纸等工序制成的一种轻型建筑平板。根据原料种类不同，可分为纸面稻草板（D）和纸面麦秸（草）板（M）两大类。它具有轻质、高强、密度小和良好的隔热、保温、隔声等性能，其生产工艺简单，并可进行锯、胶、钉、漆，施工方便，因此广泛用于各种建筑物的内隔墙、天花板、外墙内衬；与其他材料组合后，可用于多层非承重墙和单层承重外墙。纸面草板利用可再生资源来生产建筑板材，有其独特的优势，并逐步得到推广和应用。

6.3.4　复合墙板

普通墙体板材因材料本身的局限性而使其应用受到限制，例如水泥混凝土类板材强度和耐久性较好，但其自重太大；石膏板等虽然质量较轻，但其强度又较低。为了克服普通墙体板材功能单一的缺点，达到一板多用的目的，通常将不同材料经过加工组合成新的复合墙板，以满足工程的需要。

1. 钢丝网架水泥夹芯板

钢丝网架水泥夹芯板包括以阻燃型泡沫塑料板条或半硬质岩棉板做芯材的钢丝网架夹芯板。该板具有重量轻，保温、隔热性能好，安全方便等优点。主要用于房屋建筑的内隔板、围护外墙、保温复合外墙、楼面、屋面及建筑加层等。

钢丝网架水泥夹芯板通常包括舒乐舍板、泰柏板等板材。

（1）舒乐舍板。舒乐舍板是以阻燃型聚苯乙烯泡沫塑料板为整体芯板，双面或单面覆以冷拔钢丝网片，双向斜插钢丝焊接而成的一种新型墙体材料。在舒乐舍板两侧喷抹水泥砂浆后，墙板的整体刚性好、强度高、自重轻、保温隔热好和隔声、防火等特点，适用于建筑的内外墙，以及框架结构的围护墙和轻质内墙等。

（2）泰柏板。泰柏板是以钢丝焊接而成的三维笼为构架，阻燃聚苯乙烯（EPS）泡沫塑料芯材组成的一种钢丝网架水泥夹芯板，是目前取代轻质墙体最理想的材料。其具有较高节能，重量轻、强度高、防火、抗震、隔热、隔音、抗风化、耐腐蚀等优良性能，并有组合性强、易于搬运、适用面广、施工简便等特点，广泛用于建筑业、装饰业的内隔墙、围护墙、保温复合外墙和双轻体系（轻板、轻框架）的承重墙，以及楼面、屋面、吊顶和新旧楼房加层、卫生间隔墙等。

2. 轻型夹芯板

轻型夹芯板是以轻质高强的薄板为外层，中间以轻质的保温隔热材料为芯材组成的复合板，用于外墙面的外层薄板有不锈钢板、彩色镀锌钢板、铝合金板、纤维增强水泥薄板等，芯材有岩棉毡、玻璃棉毡、阻燃型发泡聚苯乙烯、发泡聚氨酯等，用于内侧的外层薄板可根据需要选用石膏类板、植物纤维类板、塑料类板材等。由于具有强度高、重量轻、较高的绝热性、施工方便快捷、可多次拆卸重复安装、有较高的耐久性等主要优点，因此，轻型夹芯板普遍用于冷库、仓库、工厂车间、仓储式超市、商场、办公楼、洁净室、旧楼房加层、展览馆、体育场馆等建筑物。

6.3.5　其他墙板

目前我国墙体板材品种较多，除上述列出的板材以外，还有许多其他类型的板材，如混凝土大型墙板、铝塑复合墙板、混凝土夹芯板、炉渣混凝土空心板等，这些板材在建筑工程中都有应用。

我国这几年墙体材料虽然有了长足的进步，但与发达国家相比，目前无论是在产品结构上，还是在产品质量上，都有很大差距。资料显示，美国混凝土砌块占墙材总量的34％，板材约占47％；日本混凝土砌块占墙材总量的33％，板材约占41％；德国混凝土砌块占墙材总量的39.8％，板材约占41％；而我国混凝土砌块只占10％，板材只占2％左右。产品结构上的差距显而易见。另外，我国新型墙材的质量、功能和档次与国外相比也有很大差距。如我国承重多孔砖多为圆孔，25％的孔洞率尚难普遍达到，而国外空心砖的孔洞率为40％～47％，有的甚至达到53％，强度可达25～35MPa；国外空心砖和多孔砖普遍作为带饰面的清水墙，而我国基本上达不到这一要求；我国板材占有率低，主要是由于轻质内隔墙板质量不尽如人意，工程应用中容易出现问题。因此，我们必须密切跟踪世界墙体材料发展的趋势，通过改进生产工艺，提升施工技术，扩大砌块应用范围，发展轻质隔墙板，继续节约建筑能耗，减少环境污染，从而实现我国墙体材料的进步。

复 习 思 考 题

1. 目前所用的墙体材料有哪几类？各有哪些优缺点？
2. 墙体材料在工程中有哪些应用？
3. 什么是烧结普通砖的泛霜、石灰爆裂？各有什么危害？
4. 烧结普通砖在砌筑前为什么要浇水使其达到一定的含水率？
5. 烧结空心砖的产品等级如何划分？
6. 为什么推广多孔砖、空心砖、砌块？有什么意义？
7. 什么是砌块？怎样划分？常用的有哪些？
8. 常用墙用板材是什么？在工程中怎样应用？

习 题

有烧结普通砖一批，经抽样 10 块作抗压强度试验（每块砖的受压面积以 120mm×115mm 计）结果见表 6.15。确定该砖的强度等级。

表 6.15 抽样抗压强度试验结果

砖编号	1	2	3	4	5	6	7	8	9	10
破坏荷载（kN）	235	226	216	220	257	256	181	282	268	252
抗压强度（MPa）										

第7章 防 水 材 料

内容概述 本章主要介绍了防水材料中的沥青防水材料、改性沥青防水材料、合成高分子防水材料、刚性防水材料的技术性质、组成材料和质量控制。

学习目标 掌握防水材料的组成、主要技术性能及其影响因素、应用范围，明确防水材料的种类等内容。

防水材料是能够防止雨水、地下水、工业和民用的给排水、腐蚀性液体以及空气中的湿气、蒸气等浸入或透过建筑物的各种材料，是建筑工程中不可缺少的主要建筑材料之一。建筑物或构筑物采用防水材料的主要目的是为了防潮、防渗、防漏，尤其是为了防漏。建筑物一般均由屋面、墙面、基础构成外壳，这些部位是建筑防水的重要部位。防水就是防止建筑物各部位由于各种因素产生的裂缝或构件的接缝之间出现渗水。建筑防水材料的性能、质量、品种和规格直接影响到建筑工程的结构形式和施工方法，许多建筑物和构筑物的质量在很大程度上取决于建筑防水材料的正确选择和合理使用。

防水材料的主要特征是自身致密、孔隙率小，或具有憎水性，或能够填塞、封闭建筑缝隙或隔断其他材料内部孔隙使其达到防渗止水的目的。建筑工程对防水材料的主要要求是：具有良好的耐候性，对光、热、臭氧等应具有一定的承受能力；具有抗水渗和耐酸碱性能；具有适宜的强度及耐久性，整体性好，既能保持自身的黏结性，又能与基层牢固黏结。对柔韧性防水材料还要求有较好的塑性，能承受温差变化以及各种外力与基层伸缩、开裂所引起的变形。

自我国20世纪50年代开始应用沥青油毡以来，该类防水材料一直是我国建筑防水材料的主导产品。随着现代科学技术的发展，防水材料的品种、数量越来越多，性能各异。目前建筑防水材料除了传统的沥青类防水材料外，已向高聚物改性沥青防水材料、合成高分子防水材料的方向发展，其产品结构开始发生变化。高聚物改性沥青防水材料主要有：APP、SBS（APAO）等高聚物作改性材料的改性沥青防水卷材，CR、SBS、再生胶、PVC等作改性材料的改性沥青防水涂料。高分子防水材料主要有聚氯乙烯及氯化聚乙烯卷材，三元乙丙橡胶、氯丁橡胶、丁基橡胶、氯磺化聚乙烯橡胶以及它们的混用胶等防水卷材，聚氨酯、丙烯酸酯、有机硅以及聚合物水泥等防水涂料，聚硫橡胶、有机硅、聚氨酯、丙烯酸酯、丁基橡胶、氯丁橡胶、氯磺化聚乙烯橡胶等高分子密封材料；在防水砂浆、防水混凝土等刚性材料和止水堵漏材料中亦引入了大量的高分子材料。

依据防水材料的组成不同，可分为沥青防水材料、改性沥青防水材料、合成高分子防水材料等。

依据防水材料的外观形态，一般可将防水材料分为防水卷材、防水涂材、密封材料、刚性防水及堵漏材料四大系列。其分类情况参见表7.1。

此外，防水材料还有近年来发展起来的粉状憎水材料、水泥密封防水剂等多种。

表 7.1 防 水 材 料 的 分 类

防水材料	防水卷材	沥青类防水卷材
		改性沥青防水卷材
		合成高分子防水卷材
	防水涂料	乳化沥青类防水涂料
		改性沥青类防水涂料
		合成高分子类防水涂料
		水泥类防水涂料
	密封材料	非定形密封材料
		定形密封材料
	刚性防水及堵漏材料	防水砂浆
		防水混凝土
		外加剂（防水剂、减水剂、膨胀剂）
		堵漏材料

7.1 概　　述

7.1.1　防水卷材

防水卷材是建筑工程中最常用的柔性防水材料，是一种可卷曲的片状防水材料。

防水卷材的品种很多。常按其组成材料不同分为沥青防水卷材、高聚物改性沥青防水卷材和合成高分子防水卷材三大类；按卷材的结构不同又可分为有胎卷材及无胎卷材两种。

所谓有胎卷材，即是用纸、玻璃布、棉麻织品、聚酯毡或玻璃丝毡（无纺布）、塑料薄膜或编织物等增强材料作胎料，将石油沥青、煤沥青及高聚物改性沥青、高分子材料等浸渍或涂覆在胎料上所制成的片状防水卷材。所谓无胎卷材，即将沥青、塑料或橡胶与填充料、添加剂等经配料、混炼压延（或挤出）、硫化、冷却等工艺而制成的防水卷材。

常用的防水卷材按照材料的组成不同一般分为沥青防水卷材、高聚物改性沥青防水卷材、高分子防水卷材三大系列。

7.1.2　防水涂料

防水涂料是一种流态或半流态物质，主要组成材料一般包括成膜物质、溶剂及催干剂，有时也加入增塑剂及硬化剂等。涂布于基材表面后，经溶剂或水分挥发或各组分间的化学反应，而形成具有一定厚度的弹性连续薄膜（固化成膜），使基材与水隔绝，起到防水、防潮的作用。

防水涂料特别适合于结构复杂、不规则部位的防水，并能形成无接缝的完整防水层。它大多采用冷施工，减少了环境污染，改善了劳动条件。防水涂料可人工涂刷或喷涂施工，操作简单、进度快、便于维修。但是防水涂料为薄层防水，且防水层厚度很难保持均匀一致，致使防水效果受到限制。防水涂料适用于普通工业与民用建筑的屋面防水、地下室防水和地面防潮、防渗等防水工程，也用于渡槽、渠道等混凝土面板的防渗处理。

为满足防水工程的要求，防水涂料必须具备以下性能。

（1）固体含量。系指涂料中所含固体比例。涂料涂刷后，固体成分将形成涂膜。因此，固体含量多少与成膜厚度及涂膜质量密切相关。

（2）耐热性。系指成膜后的防水涂料薄膜在高温下不发生软化变形、流淌的性能。

（3）柔性。也称低温柔性，系指成膜后的防水涂料薄膜在低温下保持柔韧的性能。它反映防水涂料低温下的使用性能。

（4）不透水性。系指防水涂膜在一定水压和一定时间内不出现渗漏的性能，是防水涂料的主要质量指标之一。

（5）延伸性。系指防水涂膜适应基层变形的能力，防水涂料成膜后必须具有一定的延伸性，以适应基层可能发生的变形，保证涂层的防水效果。

7.1.3　密封材料

密封材料是指能承受建筑物接缝位移以达到气密、水密的目的，而嵌入结构接缝中的定形和非定形材料。定形密封材料是具有一定形状和尺寸的密封材料，如止水带、密封条、密封垫等。非定形密封材料，又称密封胶、密封膏，是溶剂型、乳剂型或化学反应型等黏稠状的密封材料，如沥青嵌缝油膏、聚氯乙烯建筑防水接缝材料、建筑窗用弹性密封剂等。

密封材料按其嵌入接缝后的性能分为弹性密封材料和塑性密封材料。弹性密封材料嵌入接缝后呈现明显弹性，当接缝位移时，在密封材料中引起的应力值几乎与应变量成正比；塑性密封材料嵌入接缝后呈现塑性，当接缝位移时，在密封材料中发生塑性变形，其残余应力迅速消失。密封材料按使用时的组分分为单组分密封材料和多组分密封材料；按组成材料分为改性沥青密封材料和合成高分子密封材料。

7.1.3.1　建筑防水密封膏

建筑防水密封膏属非定形密封材料，一般由气密性和不透水性良好的材料组成。为了保证结构密封防水效果，所用材料应具有良好的弹塑性、延伸率、变形恢复率、耐热性及低温柔性；在大气中的耐候性及在侵蚀介质环境下的化学稳定性、抵抗拉—压循环作用的耐久性；与基体材料间有良好的黏结性；易于挤出、易于充满缝隙，在竖直缝内不流淌、不下坠、易于施工操作等性能。所用材料主要有改性沥青材料和合成高分子材料两类。传统使用的沥青胶及油灰等嵌缝材料弹塑性差，属于低等级密封材料，只适用于普通或临时建筑填缝。

目前，常用的建筑防水密封膏有：建筑防水沥青嵌缝油膏、硅酮建筑密封膏、聚氨酯建筑密封膏、聚氯乙烯建筑防水接缝材料及窗用弹性密封剂等。

7.1.3.2　合成高分子止水带（条）

合成高分子止水带属定形建筑密封材料，是将具有气密和水密性能的橡胶或塑料制成一定形状（带状、条状、片状等），嵌入到建筑物接缝、伸缩缝、沉降缝等结构缝内的密封防水材料。主要用于工业及民用建筑工程的地下及屋顶结构缝防水工程；闸坝、桥梁、隧洞、溢洪道等建筑物（构筑物）变形缝的防漏止水；闸门、管道的密封止水等。

目前，常用的合成高分子止水材料有橡胶止水带、止水橡皮、塑料止水带及遇水膨胀型止水条等。

7.1.4 刚性防水及堵漏材料

刚性防水材料是指以水泥、砂、石为原材料或在其内插入少量外加剂、高分子聚合物等材料，通过调整配合比抑制或减少空隙率改变空隙特征，增加各原材料界面间的密实性等方法，配制成的具有一定抗渗透能力的水泥砂浆或水泥混凝土类防水材料。

堵漏材料包括抹面防水工程渗漏水堵漏材料和灌浆堵漏材料等。

目前，常用的刚性防水堵漏材料有砂浆防水剂、混凝土防水剂、无机防水堵漏材料等。

7.1.5 防水粉

防水粉是一种粉状的防水材料。它是利用矿物粉或其他粉料与有机憎水剂、抗老化剂和其他助剂等采用机械力化学原理，使基料中的有效成分与添加剂经过表面化学反应和物理吸附作用，生成链状或网状结构的挡水膜，包裹在粉料的表面，使粉料由亲水材料变成憎水材料，达到防水效果。

防水粉主要有两种类型：一种以轻质碳酸钙为基料，通过与脂肪酸盐作用形成长链憎水膜包裹在粉料表面；另一种是以工业废渣（炉渣、矿渣、粉煤灰等）为基料，利用其中有效成分与添加剂发生的反应，生成网状挡水膜，包裹其表面。

防水粉施工时是将其以一定厚度均匀铺洒于屋面，利用颗粒本身的憎水性和粉体的反毛细管压力，达到防水的目的，再覆盖隔离层和保护层即可组成松散型防水体系。这种防水体系具有三维自由变形的特点，不会发生其他防水材料由于变形引起本身开裂而丧失抗渗性能的现象。

防水粉具有松散、应力分散、透气不透水、不燃、抗老化、性能稳定等特点，适用于屋面防水、地面防潮、地铁工程防潮、抗渗等。但也有不足，如露天风力过大时，施工困难，建筑节点处理较难，立面防水不好解决等。

7.2 沥青及沥青防水制品

7.2.1 沥青

沥青材料是一种有机胶凝材料。它是由高分子碳氢化合物及其非金属（氧、硫、氮等）衍生物组成的复杂混合物。常温下，沥青呈褐色的固体、半固体或液体状态。

沥青是憎水性材料，几乎完全不溶于水，而与矿物材料有较强的黏结力，结构致密、不透水、不导电，耐酸碱侵蚀，并有受热软化、冷后变硬的特点。因此沥青广泛用于工业与民用建筑的防水、防腐、防潮以及道路和水利工程。

沥青防水材料是目前应用较多的防水材料，但是其使用寿命较短。近年来，防水材料已向橡胶基和树脂基防水材料或高聚物改性沥青系列发展；油毡的胎体由纸胎向玻纤胎或化纤胎方向发展；防水涂料由低塑性的产品向高弹性、高耐久性产品的方向发展；施工方法则由热熔法向冷粘法发展。

沥青按产源可分为地沥青（天然沥青、石油沥青）和焦油沥青（煤沥青、页岩沥青）。目前工程中常用的主要是石油沥青，另外还使用少量的煤沥青。

天然沥青，是将自然界中的沥青矿经提炼加工后得到的沥青产品。石油沥青，是将原油经蒸馏等提炼出各种轻油（汽油、柴油）及润滑油以后的一种褐色或黑褐色的残留物，经过再加工而得的产品。建筑上使用的主要是由建筑石油沥青制成的各种防水制品，道路工程使用的主要是道路石油沥青。

7.2.1.1 石油沥青

1. 石油沥青的组分

石油沥青是由多种复杂的碳氢化合物及其非金属衍生物所组成的混合物。因为沥青的化学组成复杂，对组成进行分析很困难，而且化学组成也不能反映出沥青性质的差异，所以一般不作沥青的化学分析。通常是将沥青中化学成分和物理力学性质相近、具有一些共同研究特征的部分划分为若干个组，称为"组分"。我国现行《公路工程沥青与沥青混合料试验规程》（JTJ 052—2000）中规定可采用三组分和四组分两种分析法。

（1）三组分分析法。

1）油分。油分系指沥青中较轻的组分，呈淡黄至红褐色，密度为 $0.7 \sim 1.0 \mathrm{g/cm^3}$。在 170℃ 以下较长时间加热可以挥发。它能溶于丙酮、苯、三氯甲烷等大多数有机溶剂，但不溶于酒精。油分在石油沥青中的含量为 40%～60%，使得沥青具有流动性。

2）树脂。树脂的密度略大于1，颜色为黑褐色或红褐色黏物质。在石油沥青中含量为 15%～30%，使得石油沥青具有塑性与黏结性。

3）沥青质。为密度大于1的黑色固体物质。在石油沥青中的含量为 10%～30%，它能提高石油沥青的温度稳定性和黏性，其含量愈多，石油沥青的黏性愈大，但塑性降低。

此外，石油沥青中常含有一定量的固体石蜡，它会降低沥青的黏性、塑性、温度稳定性和耐热性。由于存在于沥青油分中的蜡是有害成分，故对于多蜡沥青常采用高温吹氧、溶剂脱蜡等方法处理，使多蜡石油沥青的性质得到改善。

（2）四组分分析法。四组分分析法是将沥青分离为如下四种成分。

1）沥青质。沥青中不溶于正庚烷而溶于甲苯的物质。

2）饱和分。亦称饱和烃，沥青中溶于正庚烷、吸附于 Al_2O_3 谱柱下，能为正庚烷或石油醚溶解脱附的物质。

3）环烷芳香分。亦称芳香烃，沥青经上一步骤处理后，为甲苯所溶解脱附的物质。

4）极性芳香分。亦称胶质，沥青经上一步骤处理后能为苯—甲醇所溶解脱附的物质。

2. 石油沥青的组成结构

沥青中的油分和树脂质可以互溶，树脂质能浸润沥青质颗粒而在其表面形成薄膜，从而构成以沥青质为核心，周围吸附部分树脂质和油分的互溶物胶团，而无数胶团分散在油分中形成胶体结构。依据沥青中各组分含量的不同，沥青一般有三种胶体状态。

（1）溶胶型结构。当沥青中沥青质含量较少，油分及树脂质含量较多时，胶团在胶体结构中运动较为自由，此时的石油沥青具有黏滞性小、流动性大、塑性好、稳定性较差的性能。

（2）溶—凝胶型结构。若沥青质含量适当，胶团之间的距离和引力介于溶胶型和凝胶型之间的结构状态时，胶团间有一定的吸引力，在常温下变形的最初阶段呈现出明显的弹性效应，当变形增大到一定数值后，则变为有阻力的黏性流动。大多数优质石油沥青属于这种结构状态，具有黏弹性和触变性，故也称弹性溶胶。

（3）凝胶型结构。当沥青质含量较高，油分与树脂质含量较少时，沥青质胶团间的吸引力增大，且移动较困难，这种凝胶型结构的石油沥青具有弹性和黏性较高、温度敏感性较小、流动性和塑性较低的性能。

溶胶型、溶—凝胶型、凝胶型结构如图 7.1 所示。

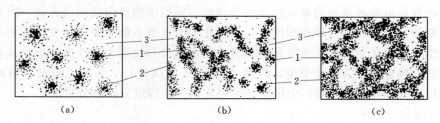

图 7.1　石油沥青胶体结构示意图
(a) 溶胶型；(b) 溶—凝胶型；(c) 凝胶型
1—沥青质；2—胶质；3—油分

3. 石油沥青的技术性质

（1）黏滞性。石油沥青的黏滞性又称黏性，它是反映沥青材料内部阻碍其相对流动的一种特性，是沥青材料软硬、稀稠程度的反映。各种石油沥青的黏滞性变化范围很大，黏滞性的大小与其组分及温度有关。当沥青质含量较高，同时又有适量树脂，油分含量较少时，则黏滞性较大；在一定温度范围内，当温度升高时，则黏滞性随之降低，反之则增大。

黏滞性是与沥青路面力学性质联系最密切的一种性质。工程中常用相对黏度（条件黏度）来表示黏滞性。测定沥青相对黏度的方法主要有黏滞度法和针入度法。

1）黏滞度法。黏滞度法适用于液体石油沥青（图 7.2）。这种方法是将一定量的液体沥青在 25℃或 60℃温度下经规定直径（35mm 或 10mm）的小孔流出，漏下 50mL 所需的时间，以 s 表示。流出的时间愈长，表示沥青的黏度越大。

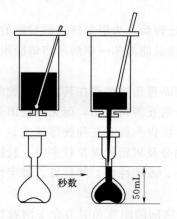

图 7.2　标准黏度测定示意图

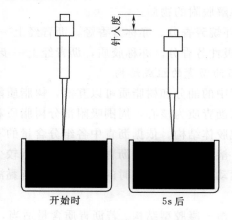

图 7.3　针入度测定示意图

2）针入度法。针入度法适用于固体或半固体的石油沥青（图7.3）。这种方法是在规定温度（25℃）条件下，以规定质量（100g）的标准针，在规定时间（5s）内贯入试样中的深度（0.1mm为1度）表示。针入度值越小，表明黏度越大。

（2）塑性。塑性指石油沥青在外力作用下产生变形而不破坏，除去外力后仍能保持变形后形状的性质。塑性表达沥青开裂后的自愈能力及受机械应力作用后变形而不破坏的能力。石油沥青之所以能配制成性能良好的柔性防水材料，很大程度上决定于沥青的塑性。

石油沥青的塑性用"延伸度"表示。延度愈大，塑性愈好。延度测定是把沥青制成"8"字形标准试件，在规定温度（25℃或15℃）和规定拉伸速度（5cm/min）下拉断时的伸长度来表示，单位用"cm"计（图7.4）。延伸度也是石油沥青的重要技术指标之一。

（3）温度敏感性。温度敏感性也称温度稳定性，是指沥青的黏滞性和塑性在温度变化时不产生较大变化的性能。使用温度稳定性好的沥青，可以保证在夏天不流淌、冬天不脆裂，保持良好的工程应用性能。温度稳定性包括耐高温和耐低温的性质。

耐高温即耐热性是指石油沥青在高温下不软化、不流淌的性能。固态、半固态沥青的耐热性用软化点表示。软化点是指沥青受热由固态转变为一定流动状态时的温度。软化点越高，表示沥青的耐热性越好。

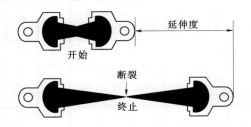

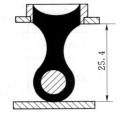

图7.4 延度测定示意图　　　图7.5 软化点测定示意图（单位：mm）

软化点通常用环球法测定，如图7.5所示，是将熔化的沥青注入标准铜环内制成试件，冷却后表面放置标准小钢球，然后在水或甘油中按标准试验方法加热升温，使沥青软化而下垂，当沥青下垂至与底板接触时的温度（℃），即为软化点。

耐低温一般用脆点表示。脆点是将沥青涂在一标准金属片上（厚度约0.5mm），将金属片放在脆点仪中，边降温边将金属片反复弯曲，直至沥青薄层开始出现裂缝时的温度（℃）称为脆点。寒冷地区使用的沥青应考虑沥青的脆点。沥青的软化点越高、脆点越低，则沥青的温度敏感性越小，温度稳定性越好。

（4）大气稳定性。大气稳定性是指石油沥青在热、阳光、氧气和潮湿等大气因素的长期综合作用下抵抗老化的性能，它反映沥青的耐久性。在阳光、空气、水等外界因素的综合作用下，石油沥青中低分子组分向高分子组分转化，即油分和树脂逐渐减少、地沥青质逐渐增多，这一演变过程称为沥青的老化。一般情况下，树脂转变为地沥青比油分转变为树脂的速度快得多，因此，石油沥青随着时间的进展，流动性和塑性将逐渐减小，硬脆性逐渐增大，从而变硬，直至脆裂乃至松散，使沥青失去防水、防腐效能。

我国现行试验规程JTJ 052—2000规定，石油沥青的老化性以蒸发损失百分率、蒸发后针入度比和老化后延度来评定。蒸发损失率越小，针入度比越大，则表示沥青的大气稳定性越好。

以上四种性质是石油沥青材料的主要性质。此外，沥青材料受热后会产生易燃气体，与空气混合遇火发生闪火现象。开始出现闪火的温度叫闪点，它是沥青施工加热时不能越过的最高温度。

4. 石油沥青的技术标准及应用

石油沥青按用途分为建筑石油沥青、道路石油沥青和普通石油沥青三种。在土木工程中使用的主要是建筑石油沥青和道路石油沥青。

（1）石油沥青的技术标准。

1）建筑石油沥青。建筑石油沥青按针入度划分牌号，每一牌号的沥青还应保证相应的延度、软化点、溶解度、蒸发损失率、蒸发后针入度比和闪点等。建筑石油沥青的技术要求列于表 7.2 中。

表 7.2   道路石油沥青、建筑石油沥青和普通石油沥青的技术标准

项 目		道 路 石 油 沥 青							建筑石油沥青			普通石油沥青 (SY 1665—88)		
		200	180	140	100 甲	100 乙	60 甲	60 乙	40	30	10	75	65	55
针入度（25℃）(1/10mm)		201～300	161～200	121～160	91～120	81～120	51～80	41～80	36～50	25～40	10～25	75	65	55
延度（25℃）(cm)，≥		—	100	100	90	60	70	40	3.5	3	1.5	2	1.5	1
软化点（环球法）(℃)		30～45	35～45	38～48	42～52	42～52	45～55	45～55	60	70	95	60	80	100
溶解度（%），≥	三氯乙烯、三氯甲烷或苯	99.0	99.0	99.0	99.0	99.0	99.0	99.0	—	—	—	—	—	—
	三氯乙烷、三氯乙烯、四氯化碳或苯	—	—	—	—	—	—	—	99.5	99.5	99.5	98	98	98
蒸发损失（163℃，5h）(%)，≤		1	1	1	1	1	1	1	1	1	1	—	—	—
蒸发后针入度比（%），≥		50	60	60	65	65	70	70	65	65	65	—	—	—
闪点（开口）(℃)，≥		180	200	230	230	230	230	230	230	230	230	230	230	230

2）道路石油沥青。道路石油沥青各牌号沥青的延度、软化点、溶解度、蒸发损失率、蒸发后针入度和闪点等都有不同的要求。在同一品种石油沥青中，牌号越大，则沥青越软、针入度与延度越大、软化点越低。道路石油沥青的技术要求列于表 7.2 中。道路沥青的牌号较多，使用时应根据地区气候条件、施工季节气温、路面类型、施工方法等按有关标准选用。道路石油沥青还可作密封材料、黏结剂以及沥青涂料等。

（2）石油沥青的应用。选用沥青材料时，应根据工程性质（房屋、道路、防腐）及当地气候条件、所处工程部位（屋面、地下）来选用不同品种和牌号的沥青。

1）道路石油沥青。通常情况下，道路石油沥青主要用于道路路面或车间地面等工程，

多用于拌制成沥青混凝土和沥青砂浆等。道路石油沥青还可作密封材料、黏结剂及沥青涂料等，适宜选用黏性较大和软化点较高的道路石油沥青。

2）建筑石油沥青。建筑石油沥青黏性较大，耐热性较好，但塑性较小，主要用作制造油毡、油纸、防水涂料和沥青胶等防水材料。它们绝大部分用于屋面及地下防水、沟槽防水、防腐蚀及管道防腐等工程。为避免夏季流淌，屋面用沥青材料的软化点应比当地气温下屋面可能达到的最高温度高 25～30℃。但软化点也不宜选择过高，否则冬季低温易发生硬脆甚至开裂。对一些不易受温度影响的部位，可选用牌号较大的沥青。

5. 石油沥青的掺配

当单独使用一种牌号沥青不能满足工程的要求时，可采用两种或三种牌号的石油沥青掺配使用。掺配量按式（7.1）、式（7.2）计算：

$$B_g = \frac{t - t_2}{t_1 - t_2} \times 100 \qquad (7.1)$$

$$B_d = 100 - B_g \qquad (7.2)$$

式中　B_g——高软化点的石油沥青含量，%；

　　　B_d——低软化点的石油沥青含量，%；

　　　t——掺配沥青所需的软化点，℃；

　　　t_1——高软化点石油沥青的软化点，℃；

　　　t_2——低软化点石油沥青的软化点，℃。

7.2.1.2 煤沥青

煤沥青是烟煤焦炭或制煤气时，将干馏挥发物中冷凝得到的煤焦油继续蒸馏出轻油、中油、重油后所剩的残渣，称作煤沥青。煤沥青又分软煤沥青和硬煤沥青两种。软煤沥青中含有较多的油分，呈黏稠状或固体状。硬煤沥青是蒸馏出全部油分后的固体残渣，质硬脆，性能不稳定。建筑上采用的煤沥青多为黏稠或半固体的软煤沥青。

1. 煤沥青的技术特性

煤沥青是芳香族碳氢化合物及氧、硫和氮等衍生物的混合物。煤沥青的主要化学组分为油分、脂胶、游离碳等。与石油沥青相比，煤沥青有以下主要技术特性：

（1）煤沥青因含可溶性树脂多，由固体变为液态的温度范围较窄，受热易软化，受冷易脆裂，故其温度稳定性差。

（2）煤沥青中不饱和碳氢化合物含量较多，易老化变质，故大气稳定性差。

（3）煤沥青因含有较多的游离碳，使用时易变形、开裂，塑性差。

（4）煤沥青中含有酸、碱物质均为表面活性物质，所以能与矿物表面很好地黏结。

（5）煤沥青因含酚、蒽等有毒物质，防腐蚀能力较强，故适用于木材的防腐处理。但因酚易溶于水，故防水性不如石油沥青。

2. 煤沥青与石油沥青的鉴别

由于煤沥青与石油沥青的外观和颜色大体相同，但两种沥青不能随意掺合使用，使用中必须用简易的鉴别方法加以区分，防止混淆用错。可参考表 7.3 所示的简易方法进行鉴别。

表 7.3　　　　　　　　　　　　　　石油沥青与煤沥青简易鉴别方法

鉴别方法	石 油 沥 青	煤 沥 青
密度法	密度近似于 1.0g/cm³	大于 1.1g/cm³
锤击法	声哑、有弹性、韧性较好	声脆、韧性差
燃烧法	烟无色、无刺激性臭味	烟呈黄色、有刺激性臭味
溶液比色法	用 30～50 倍汽油或煤油溶解后，将溶液滴于滤纸上，斑点呈棕色	溶解方法同左，斑点分内外两圈，内黑外棕

3. 煤沥青的应用

煤沥青具有很好的防腐能力、良好的黏结能力，因此可用于木材防腐、铺设路面、配制防腐涂料、胶粘剂、防水涂料、油膏以及制作油毡等。

7.2.2　沥青防水卷材

沥青防水卷材有石油沥青防水卷材和煤沥青防水卷材两种，一般生产和使用的多为石油沥青防水卷材。石油沥青防水卷材有纸胎油毡、油纸、玻璃布或玻璃毡胎石油沥青油毡等。

7.2.2.1　石油沥青纸胎油毡、油纸

采用低软化点沥青浸渍原纸所制成的无涂撒隔离物的纸胎卷材称为油纸。然后用高软化点沥青涂盖油纸两面并撒布隔离材料，则称为油毡。所用隔离物为粉状材料（如滑石粉、石灰石粉）时为粉毡，用片状材料（如云母片）时为片毡。按《石油沥青纸胎油毡、油纸》（GB 326）的规定：油毡按原纸 1m² 的质量克数，油毡分为 200、350 和 500 三种标号，油纸分为 200 和 350 两种标号。按物理性能分为合格品、一等品和优等品三个等级；其中 200 号石油沥青油毡适用于简易防水、临时性建筑防水、建筑防潮及包装等；350 号和 500 号油毡适用于屋面、地下、水利等工程的多层防水。油纸用于建筑防潮和包装，也可用作多层防水层的下层。

纸胎基油毡防水卷材存在一定缺点，如抗拉强度及塑性较低，吸水率较大，不透水性较差，并且原纸由植物纤维制成，易腐烂、耐久性较差，此外原纸的原料来源也较困难。目前已经大量用玻璃布及玻纤毡为胎基生产沥青卷材。

7.2.2.2　有胎沥青防水卷材

有胎沥青防水卷材主要有麻布油毡、石棉布油毡、玻璃纤维布油毡、合成纤维布油毡等。这些油毡的制法与纸胎油毡相同，但抗拉强度、耐久性等都比纸胎油毡好得多，适用于防水性、耐久性和防腐性要求较高的工程。

7.2.2.3　铝箔塑胶防水卷材

铝箔面防水卷材采用玻纤毡为胎基，浸涂氧化沥青，其表面用压纹铝箔贴面，底面撒以细颗粒矿物料或覆盖聚乙烯膜，所制成的一种具有热反射和装饰功能的新型防水卷材。该防水卷材幅宽 1000mm，按每卷质量（kg）分为 30、40 两种标号；按物理性能分为优等品、一等品、合格品三个等级。30 号适用于多层防水工程的面层，40 号适用于单层或多层防水工程的面层。

7.2.3　沥青基防水涂料

沥青基防水涂料有溶剂型和水乳型两类。溶剂型涂料即液体沥青（冷底子油），水乳型涂料即乳化沥青。根据建材行业标准《水性沥青基防水涂料》（JC 408—91），按所用乳

化剂、成品外观和施工工艺的不同分为厚质防水涂料（用矿物乳化剂，代号 AE－1）和薄质防水涂料（用化学乳化剂，代号 AE－2）两类。各类水性沥青基涂料的性能应满足表 7.4 的要求。

表 7.4　　　　　　　　　　　　　水性沥青基防水涂料质量标准

项　　目		AE－1类		AE－2类	
		一等品	合格品	一等品	合格品
固体含量（%），≥		50		43	
延伸性（mm），≥	无处理	5.5	4.0	6.0	4.5
	处理后	4.0	3.0	4.5	3.5
柔韧性		(5±1)℃	(10±1)℃	(−15±1)℃	(−10±1)℃
		无裂纹，断裂			
耐热度（80℃，45°）		5h 无流淌，起泡和滑动			
黏结性（MPa），≥		0.20			
不透水性		不渗水			
抗冻性		20 次无开裂			

沥青基防水涂料主要用于Ⅲ级、Ⅳ级防水等级的屋面防水工程以及道路、水利等工程中的辅助性防水工程。

7.3 改性沥青防水材料

7.3.1 改性沥青

建筑上使用的沥青应具备：在低温下有较好的柔韧性；在高温下有足够的稳定性；在加工和使用条件下具有抗"老化"的能力；对各种材料有较好的黏附力等。但石油沥青往往不能满足这些要求，为此常采用措施对沥青进行改性，如提高其低温下的韧性、塑性、变形性，高温下的热稳定性和机械强度，使沥青的性质得到不同程度的改善，经改善后的沥青称为改性沥青。改性沥青可分为以下几种。

1. 矿物填料改性沥青

在沥青中加入一定量的矿物填充料，可以提高沥青的黏性和耐热性，减小沥青的温度敏感性，同时也减少了沥青的耗用量，主要用于生产沥青胶。常用的矿物填充料有滑石粉、石灰粉、云母粉、石棉粉等。

2. 树脂改性沥青

用树脂改性沥青，可以提高改性沥青的耐寒性、耐热性、黏结性和不透水性。在生产卷材和防水涂料产品时均需应用。常用的树脂有聚乙烯（PE）、聚丙烯（PP）等。

（1）聚乙烯树脂改性沥青。沥青中聚乙烯树脂掺量一般为 7%～10%，将沥青加热熔化脱水，加入聚乙烯，不断搅拌 30min，温度保持在 140℃左右，即可得聚乙烯树脂改性沥青。

（2）环氧树脂改性沥青。环氧树脂具有热固性材料性质，加入沥青后，使得石油沥青的强度和黏结力大大提高，但对延伸性改变不大，环氧树脂改性沥青可用于屋面和厕所、浴室的修补。

（3）古马隆树脂改性沥青。将沥青加热熔化脱水，在 150～160℃ 下，把古马隆树脂放入熔化的沥青中，将温度升到 185～190℃，保持一定的时间，使之充分混合，即为古马隆树脂改性沥青。此沥青黏性大，可和 SBS 一起用于黏结油毡。

3. 橡胶改性沥青

橡胶与石油沥青有很好的混溶性，用橡胶改性沥青，能使沥青具有橡胶的很多优点，如高温变形性小，低温韧性好，有较高的强度、延伸率和耐老化性等。常用的橡胶改性沥青有氯丁橡胶改性沥青、丁基橡胶改性沥青、热塑性丁苯橡胶改性沥青等。

（1）氯丁橡胶改性沥青。将氯丁橡胶溶于一定的溶剂（如甲苯）中形成溶液，然后掺入液态沥青中混合均匀。石油沥青中掺入氯丁橡胶后，可使其气密性、低温柔性、耐腐蚀、耐光、耐候、耐燃等性能得到大大改善。

（2）再生橡胶改性沥青。将废旧橡胶加工成 1.5mm 以下的颗粒，然后与沥青混合，经加热搅拌脱硫，即得弹性、塑性和黏结性都较好的再生橡胶改性沥青。再生橡胶改性沥青掺入沥青中，同样可大大提高沥青的气密性、低温柔性，耐光、耐热和臭氧性。可用于制防水卷材、密封材料、胶粘剂和涂料等。

（3）SBS 改性沥青。SBS 是以丁二烯、苯乙烯为单体，加溶剂、引发剂、活化剂，以阴离子聚合反应生成的共原物。SBS 改性沥青具有塑性好、抗老化性能好、热不粘冷不脆的特性，主要用于制作防水卷材，掺量一般为 5%～10%，是目前应用最广的改性沥青材料之一。

4. 橡胶和树脂共混改性沥青

同时用橡胶和树脂来对石油沥青进行改性，可使沥青兼具橡胶和树脂的特性，并获得较好的技术效果。配制时采用的原材料品种、配比制作工艺不同，可以得到多种性能各异的产品，主要有防水卷材、密封材料、胶粘剂和涂料等。

7.3.2 高聚物改性沥青防水卷材

高聚物改性沥青防水卷材是以合成高分子聚合物改性沥青为涂盖层，以纤维织物或纤维毡为胎体，以粉状、粒状、片状或薄膜材料为覆面材料制成的可卷曲防水材料。

高聚物改性沥青防水卷材按涂盖层材料分为弹性体改性沥青防水卷材、塑性体改性沥青防水卷材及橡塑共混体改性沥青防水卷材三类。胎体材料有聚酯毡、玻纤毡、聚乙烯膜及麻布等。高聚物改性沥青防水卷材属中、高档防水卷材。常用的有 SBS 改性沥青防水卷材、APP 改性沥青防水卷材、改性沥青聚乙烯膜胎防水卷材及再生胶油毡等。

1. SBS 弹性体改性防水卷材

SBS 是对沥青改性后效果很好的高聚物，它是一种热塑性弹性体，是塑料、沥青等脆性材料的增韧剂，加入到沥青中的 SBS（添加量一般为沥青的 10%～15%）与沥青相互作用，使沥青产生吸收、膨胀，形成分子键牢固的沥青混合物，从而显著改善了沥青的弹性、延伸率、高温稳定性、低温柔韧性、耐疲劳性和耐老化等性能。SBS 改性沥青防水卷材是以玻纤毡、聚酯毡等增强材料为胎体，以 SBS 改性沥青为浸渍盖层，以塑料薄膜为防粘隔离层，经过选材、配料、共熔、浸渍、复合、卷曲加工而成。

SBS 改性防水卷材适用于一般工业与民用建筑防水，尤其适用于高级和高层建筑物的屋面、地下室、卫生间等的防水防潮，以及桥梁、停车场、屋顶花园、游泳池、蓄水池、隧道等建筑的防水。由于该卷材具有良好的低温柔韧性和极高的弹性、延伸性，更适合于北方寒冷地区和结构易变形建筑物的防水。

2. 丁苯橡胶改性防水卷材

丁苯橡胶改性防水卷材是采用低软化点氧化石油沥青浸渍原纸，将催化剂和丁苯橡胶改性沥青加填料涂盖两面，再撒以撒布料所制成的防水卷材。该类卷材适用于屋面、水塔、水池、水坝等建筑物的防水、防潮保护层，具有施工温度范围广的特点，在−15℃以上均可施工。

3. 塑性体 APP 改性防水卷材

石油沥青中加入 25%～35% 的 APP 可以大幅度提高沥青的软化点，并能明显改善其低温柔韧性。APP 改性防水卷材是以玻纤毡或聚酯毡为胎体，以 APP 改性沥青为浸渍覆盖层，上撒隔离材料，下层覆盖聚乙烯薄膜或撒布细砂制成的沥青改性防水卷材。该类卷材的特点是抗拉强度高、延伸率大，具有良好的耐热性和耐老化性能，温度适应范围为−15～130℃，耐腐蚀性好，自燃点较高（265℃），所以非常适用于高温或有强烈太阳辐照地区，广泛用于工业与民用建筑的屋面、地下室、卫生间等的防水防潮，以及桥梁、停车场、游泳池、蓄水池、隧道等建筑的防水。

4. 再生胶改性防水卷材

再生胶改性防水卷材是由再生橡胶粉掺入适量的石油沥青和化学助剂进行高温高压处理后，再填入一定量的填料经混炼、压延而制成的无胎体防水卷材。该卷材具有延伸率大、低温柔韧性好、耐腐蚀性强、耐水性好及热稳定性等特点，适用于屋面及地下接缝和满铺防水层，尤其适用于有保护层的层面或基层沉降较大的建筑物变形缝处的防水。

7.3.3 高聚物改性沥青防水涂料

采用橡胶、树脂等高聚物对沥青进行改性处理，可提高沥青的低温柔性、延伸率、耐老化性及弹性等。高聚物改性沥青防水涂料一般是采用再生橡胶、合成橡胶（如氯丁橡胶、丁基橡胶、顺丁橡胶等）或 SBS 聚合物对沥青进行改性，制成水乳型或溶剂型防水涂料。

高聚物改性沥青防水涂料的质量与沥青基防水涂料相比较，其低温柔性和抗裂性均显著提高。常用的高聚物改性沥青防水涂料的技术性能见表 7.5。

表 7.5　　　　　　　　　高聚物改性沥青防水涂料技术性能

项　目	再生橡胶改性		氯丁橡胶改性		SBS 聚合物改性水乳型沥青涂料
	溶剂型	水乳型	溶剂型	水乳型	
固体含量，≥	—	45%	—	43%	50%
耐热度	80℃，5h 无变化	80℃，5h 无变化	85℃，5h 无变化	80℃，5h 无变化	80℃，5h 无变化
低温柔性	−10～−28℃绕 ϕ10mm 无裂纹	−10℃，绕 ϕ10mm 无裂纹	−40℃，绕 ϕ5mm 无裂纹	−10～−15℃绕 ϕ10mm 无裂纹	−20℃，绕 ϕ10mm 无裂纹
不透水性（无渗漏）	0.2MPa 水压 2h	0.1MPa 水压 0.5h	0.2MPa 水压 3h	0.1～0.2MPa 水压 0.5h	0.1MPa 水压 0.5h
耐裂性（基层裂纹宽）	0.2～0.4mm 涂膜不裂	≤2.0mm 涂膜不裂	≤0.8mm 涂膜不裂	≤2.0mm 涂膜不裂	≤1.0mm 涂膜不裂

高聚物改性沥青防水涂料，适用于Ⅰ级、Ⅱ级、Ⅲ级防水等级的工业与民用建筑工程的屋面防水工程、地下室和卫生间的防水工程，以及水利、道路等工程的一般防水处理。

7.3.4 建筑防水沥青嵌缝油膏

常用的沥青密封材料有建筑防水沥青嵌缝油膏。建筑防水沥青嵌缝油膏（简称油膏），是以石油沥青为基料，加入改性材料、稀释剂、填料等配制成的嵌缝材料。油膏外观为黑色均匀膏状物，常用的改性材料有废橡胶粉、硫化鱼油、桐油等。建材行业标准按油膏的耐热性及低温柔性将其分为 702 和 801 两个标号。其物理力学性能符合表 7.6 的规定。

表 7.6　　　　　　　　　　　沥青嵌缝油膏的物理力学性能

项　　　目		建筑防水沥青嵌缝油膏	
		702	801
密度，产品说明书规定值（g/cm³）		±0.1	
施工度（mm）		≥22.0	≥20.0
耐热性	温度（℃）	70	80
	下垂值（mm）	≤4.0	
低温柔性	温度（℃）	−20	−10
	黏结状态	无裂纹和剥离现象	
拉伸黏结性	最大延伸率（%）	≥125	
浸水后拉伸黏结性	最大延伸率（%）	≥125	
渗出性	渗出幅度（mm）	≤5	
	渗出张数（张）	≤4	
挥发性（%）		≤2.8	

沥青嵌缝油膏主要用于冷施工型的屋面、墙面防水密封及桥梁、涵洞、输水洞及地下工程等的防水密封。

7.4　合成高分子防水材料

高分子材料，即以高分子化合物为基础的材料。按来源分为天然、半合成（改性天然高分子材料）和合成高分子材料。人类社会一开始就利用天然高分子材料作为生活资料和生产资料，并掌握了其加工技术。如利用蚕丝、棉、毛等织成织物，用木材、棉、麻造纸等。19 世纪 30 年代末期，进入天然高分子化学改性阶段，出现半合成高分子材料。1907年出现合成高分子酚醛树脂，标志着人类应用合成高分子材料的开始。合成高分子材料包括橡胶、塑料、纤维、涂料、胶粘剂和高分子基复合材料。

7.4.1 合成高分子防水卷材

合成高分子防水卷材是以合成橡胶、合成树脂或两者的共混体为基料，加入适量的化学助剂和填充料等，经不同工序（混炼、压延或挤出等）加工而成的可卷曲的片状防水材料。

合成高分子防水卷材目前品种有橡胶系列（聚氨酯、三元乙丙橡胶、丁基橡胶等）防水卷材、塑料系列（聚乙烯、聚氯乙烯等）和橡胶塑料共混系列防水卷材三大类。

合成高分子防水卷材具有拉伸强度和抗撕裂强度高、断裂伸长率大、耐热性和低温柔性好、耐腐蚀、耐老化等一系列优异的性能，是新型高档防水卷材。多用于高级宾馆、大厦、游泳池等要求有良好防水性能的屋面、地下等防水工程。

1. 三元乙丙橡胶（EPDM）防水卷材

该卷材是以乙烯、丙烯和少量双环戊二烯三种单体共聚合成的三元乙丙橡胶为主要原料，掺入适量的丁基橡胶、硫化剂、促进剂、软化剂、补强剂和填充剂等，经密炼、拉片、过滤、挤出（或压延）成型、硫化加工制成。该卷材是目前耐老化性能较好的一种卷材，使用寿命达 20 年以上。它的耐候性、耐老化性好，化学稳定性、耐臭氧性、耐热性和低温柔性好，具有质量轻、弹性和抗拉强度高、延伸率大、耐酸碱腐蚀等特点，对基层材料的伸缩或开裂变形适应性强，可广泛用于防水要求高、耐用年限长的防水工程。三元乙丙橡胶防水卷材的物理性能应符合表 7.7 的要求。

表 7.7　　三元乙丙橡胶防水卷材的物理性能

项　目		一等品	合格品	项　目		一等品	合格品
拉伸强度	常温	≥8	≥7	热空气老化 80℃×168h	拉伸强度变化率（%）	−20～+40	−20～+50
	−20℃	≤15			扯断伸长率减小值（%）		≤30
	60℃	≥2.5			撕裂强度变化率（%）	−40～+40	−50～+50
直角形撕裂强度（N/cm）	常温	≥280	≥245		定伸 100%		无裂纹
	−20℃	≤490		粘合性能	无处理		合格
	60℃	≥74			热空气老化（80℃×168h）		合格
扯断伸长度（%）	常温	≥450			耐碱		合格
	−20℃	≥200		耐碱性 10% Ca(OH)₂ 168h	拉伸强度变化率（%）		−20～+20
不透水性	0.3MPa，30min	合格	—		扯断伸长率减小值（%）		≤20
	0.1MPa，30min	—	合格				
加热变形（80℃，168h，mm）	伸长	<2		臭氧老化定伸 40%	500pphm，40℃，168h	无裂纹	—
	收缩	<4			100pphm，40℃，168h	—	无裂纹
脆性温度（℃）		≤−45	≤−40				

注　1pphm 臭氧浓度相当于 1.01MPa 臭氧分压。

三元乙丙橡胶防水卷材根据其表面质量、拉伸强度、撕裂强度、不透水性和耐低温性等指标，分为一等品与合格品。

2. 聚氯乙烯（PVC）防水卷材

聚氯乙烯防水卷材是以聚氯乙烯树脂为主要原料，掺加填充料和适量的改性剂、增塑剂等，经混炼、压延或挤出成型、分卷包装而成的防水卷材。

PVC 防水卷材根据基料的组分及其特性分为两种类型，即 S 型和 P 型。S 型是以煤焦油与聚氯乙烯树脂混溶料为基料的柔性卷材，厚度为 1.50mm、2.00mm、2.50mm 等。P 型防水卷材的基料是增塑的聚氯乙烯树脂，其厚度为 1.20mm、1.50mm、2.00mm 等。该卷材的特点是抗拉强度和断裂伸长率较高，对基层伸缩、开裂、变形的适应性强；低温柔韧性好，可在较低的温度下施工和应用。聚氯乙烯防水卷材适用于大型屋面板、空心板，并可用于地下室、水池、储水池及污水处理池的防渗等。PVC 防水卷材的物理力学性能应符合表 GB 12952－91 的规定，其性能见表 7.8。

表 7.8　　　　　　　　　　　PVC 防水卷材的物理力学性能

项　目	P 型			S 型	
	优等品	一等品	合格品	一等品	合格品
拉伸强度（MPa），≥	15.0	10.0	7.0	5.0	2.0
断裂撕裂伸长率（%），≥	250	200	150	200	120
热处理尺寸变化率（%），≥	2.0	2.0	3.0	5.0	7.0
低温弯折性	－20℃无裂纹				
抗渗透性	不透水				
剪切状态下的粘合性	不透水、$\sigma > 2.0$N/mm 或在接缝处断裂				

3. 氯化聚乙烯防水卷材

氯化聚乙烯防水卷材是以含氯量为 30%～40% 的氯化聚乙烯树脂为主要原料，配以大量填充料及适当的稳定剂、增塑剂等制成的非硫化型防水卷材。聚乙烯分子中引入氯原子后，破坏了聚乙烯的结晶性，使得氯化聚乙烯不仅具有合成树脂的热塑料性，还具有弹性、耐老化性、耐腐蚀性（其性能见表 7.9）。氯化聚乙烯可以制成各种彩色防水卷材，既能起到装饰作用，又能达到隔热的效果。氯化聚乙烯防水卷材适用于屋面做单层外露防水以及有保护层的屋面、地下室、水池等工程的防水，也可用于室内装饰材料，兼有防水与装饰双层效果。

表 7.9　　　　　　聚氯乙烯防水卷材及氯化聚乙烯防水卷材物理力学性能

项　目		聚氯乙烯防水卷材					氯化聚乙烯防水卷材					
		P 型			S 型		Ⅰ 型			Ⅱ 型		
		优等品	一等品	合格品	一等品	合格品	优等品	一等品	合格品	优等品	一等品	合格品
拉伸强度（MPa），≥		15.0	10.0	7.0	5.0	2.0	12.0	8.0	5.0	12.0	8.0	5.0
断裂伸长率（%），≥		250	200	150	200	120	300	200	100	10		
热处理尺寸变化率（%），≤	纵	2.0	2.0	3.0	5.0	7.0	2.5			1.0		
	横						1.5					
低温弯折性		－20℃无裂纹					－20℃无裂纹					
抗渗性		不渗水					不渗水					
抗穿孔性		不渗水					不渗水					
剪切状态下粘合性（N/mm），≥		2.0（或非接缝处断）					2.0					

续表

项目		聚氯乙烯防水卷材					氯化聚乙烯防水卷材					
		P型			S型		Ⅰ型			Ⅱ型		
		优等品	一等品	合格品	一等品	合格品	优等品	一等品	合格品	优等品	一等品	合格品
试验室处理后卷材相对于未处理的变化允许值												
人工气候老化处理	拉伸强度相对变化率(%)	±20	±25	±25	±50~-30	±50~-30	±20	±50~-20	±50~-20	±20	±50~-20	±50~-20
	断裂伸长率,变化率(%)	±20	±25	±25	±50~-30	±50~-30	±20	±50~-30	±50~-30	±20	±50~-30	±50~-30
	低温弯折性(无裂纹)	-20℃	-15℃	-20℃	-10℃	-10℃	-20℃	-15℃	-15℃	-20℃	-15℃	-15℃
热老化处理	外观质量	无气泡、无黏结、无孔洞					无气泡、无黏结、无孔洞					
	拉伸强度变化率(%)	±20	±25	±25	±50~-30	±50~-30	±20	±50~-20	±50~-20	±20	±50~-20	±50~-20
	断裂伸长率,变化率(%)	±20	±25	±25	±50~-30	±50~-30	±20	±50~-30	±50~-30	±20	±50~-30	±50~-30
	低温弯折性(无裂纹)	-20℃	-15℃	-20℃	-10℃	-10℃	-20℃	-15℃	-15℃	-20℃	-15℃	-15℃
水溶液处理	拉伸强度变化率(%)	±20	±25	±20	±25	±25	±20	±30	±30	±20	±30	±30
	断裂伸长率,变化率(%)	±20	±25	±20	±25	±25	±20	±30	±30	±20	±30	±30
	低温弯折性(无裂纹)	-20℃	-15℃	-20℃	-10℃	-10℃	-20℃	-15℃	-15℃	-20℃	-15℃	-15℃

4. 氯化聚乙烯—橡胶共混防水卷材

该卷材是以氯化聚乙烯树脂和合成橡胶为主体,加入适量的硫化剂、促进剂、稳定剂、软化剂和填充剂等,经过素炼、混炼、过滤、压延(或挤出)成型、硫化等工序加工制成的高弹性防水卷材。它不仅具有氯化聚乙烯所特有的高强度和优异的耐臭氧、耐老化性能,而且具有橡胶类材料所特有的高弹性、高延伸性和良好的低温柔性,拉伸强度在 7.5MPa 以上,断裂伸长率在 450% 以上,脆性温度在 -40℃ 以下,热老化保持率在 80% 以上(其性能见表 7.10)。因此,该类卷材特别适用于寒冷地区或变形较大的建筑防水工程。

表 7.10　　　　　　　　　　氯化聚乙烯—橡胶共混防水卷材

项目	指标 S型	N型	项目		指标 S型	N型
拉伸强度(MPa),≥	7.0	5.0	热老化保持率(80℃,168h)	拉伸强度(%)	≥80	
断裂伸长率(%),≥	400	250		断裂伸长率(%)	≥70	
直角形撕裂强度(kN/m),≥	24.5	20.0	黏结剥离强度	kN/m	≥2.0	
不透水性(30min,不透水压力)(MPa)	0.3	0.2		浸水168h,保持(%)	≥70	
脆性温度(℃)	-40	-20				
臭氧老化(500pphm,40℃,168h)	定伸40%无裂纹	定伸20%无裂纹	热处理尺寸变化率(%),≤		+1~-2	+2~-4

7.4.2　合成高分子防水涂料

合成高分子防水涂料是指以合成橡胶或合成树脂为主要成膜物质的单组分或多组分防水涂料。这类涂料具有高弹性、高耐久性及优良的耐高低温性能。适用于Ⅰ级、Ⅱ级、Ⅲ级防水等级的屋面防水工程,地下室、水池及卫生间的防水工程,以及重要的水利、道路、化工等防水工程。

合成高分子防水涂料的主要品种有双组分反应型聚氨酯防水涂料、单组分水乳型硅橡胶防水涂料、单组分溶剂型及水乳型丙烯酸酯防水涂料、单组分水乳型聚氯乙烯防水涂料及单组分水乳型高性能橡胶（以三元乙丙橡胶为主的复合橡胶）防水涂料等。

合成高分子防水涂料的产品质量应符合表7.11的要求。

表7.11   合成高分子防水涂料质量要求

项　　目		质　量　指　标	
		Ⅰ类	Ⅱ类
固体含量（%），≥		94	65
拉伸强度（MPa），≥		1.65	0.5
断裂延伸率（%），≥		300	400
柔性		−30℃ 弯折无裂纹	−20℃ 弯折无裂纹
不透水性	压力（MPa），≥	0.3	0.3
	保持时间	至少30min不渗透	至少30min不渗透

7.4.3　合成高分子密封防水材料

本节重点介绍常用建筑防水密封膏及合成高分子止水带。

1. 聚氯乙烯建筑防水接缝材料

聚氯乙烯防水接缝材料（简称PVC接缝材料），是以聚氯乙烯为原料，加入改性材料（如煤焦油等）及其他助剂（如增塑剂、稳定剂）和填充料等配制而成的防水密封材料。按施工工艺分两种类型：J型是指按热塑法施工的产品，俗称聚氯乙烯胶泥，外观为均匀黏稠状物；G型是指按热熔法施工的产品，俗称塑料油膏，外观为黑色块状物。根据建材行业标准《聚氯乙烯建筑防水接缝材料》（JC/T 798—97）的规定，PVC接缝材料按耐热性及低温柔性将其分为801和802两个标号，其物理力学性能符合表7.12的规定。

表7.12   聚氯乙烯接缝材料的物理性能

项　　目		聚氯乙烯建筑防水接缝材料	
		801	802
密度，产品说明书规定值（g/cm³）		±0.1	
耐热性	温度（℃）	80	80
	下垂值（mm）	≤4.0	
低温柔性	温度（℃）	−10	−20
	黏结状态	无裂缝	
拉伸黏结性	最大抗拉强度（MPa）	0.02～0.15	
	最大延伸率（%）	≥300	
浸水后拉伸黏结性	最大抗拉强度（MPa）	0.02～0.15	
	最大延伸率（%）	≥250	
挥发性（%）		≤3	
恢复率（%）		≥80	

聚氯乙烯胶泥（J 型）有工厂生产的产品，也可现场配制，常用配比见表 7.13。其配制方法是将煤焦油加热脱水，再将其他材料加入混溶，在 130～140℃ 温度下保持 5～10min，充分塑化后，即成胶泥。将熬好的胶泥趁热嵌入清洁的缝内，使之填注密实并与缝壁很好地黏结。冬季施工时，缝内应刷冷底子油。

表 7.13　聚氯乙烯胶泥配比

材料名称	煤焦油	聚氯乙烯	邻苯二甲酸二丁酯	硬脂酸钙	滑石粉
质量比例	100	10～15	10～15	1	10～15

塑料油膏（G 型）是在 PVC 胶泥的基础上，加入了适量的稀释剂等而形成的。使用时，加热熔化后即可灌缝、涂刷或粘贴油毡等。塑料油膏选用废 PVC 塑料代替 PVC 树脂为原料，可显著降低成本。

PVC 接缝材料防水性能好，具有较好的弹性和较大的塑性变形性能，可适应较大的结构变形。适用于各种屋面嵌缝或表面涂布成防水层，也可用于大型墙板嵌缝、渠道、涵洞、管道等的接缝处理。

2. 硅酮建筑密封膏（有机硅密封材料）

硅酮密封膏是以聚硅氧烷为主要成分的单组分和双组分室温固化型建筑密封材料。其中，单组分应用较多，双组分应用较少。

单组分有机硅建筑密封膏是把硅氧烷聚合物和硫化剂、填料及其他助剂在隔绝空气条件下混合均匀，装于密闭筒中备用。施工时，将筒中密封膏嵌填于缝隙，而后它吸收空气中的水分进行交联反应，形成橡胶状弹性体。

双组分密封膏将主剂（聚硅氧烷）、助剂、填料等混合作为一个组分，将交联剂作为另一组分，分别包装。使用时，将两组分按比例混合均匀后嵌填于缝隙中，膏体进行交联反应形成橡胶状弹性体。

硅酮密封膏具有优良的耐热性、耐寒性、耐水性及耐候性、拉—压循环疲劳耐久性，并与多种材料（尤其是玻璃、陶瓷等）有很好的黏结性。根据 GB/T 14683—93《硅酮建筑密封膏》，硅酮建筑密封膏按用途分为 F 类（用于建筑接缝密封）及 G 类（用于镶装玻璃）；按流动性分为 N 型（非下垂型）及 L 型（自流平型）。其物理性能符合表 7.14 的要求。

表 7.14　硅酮及聚氨酯建筑密封膏的物理性能

项　目	硅酮建筑密封膏（GB/T 14682—93）				聚氨酯建筑密封膏（JC 482—92）		
	F		G		优等品	一等品	合格品
	优等品	合格品	优等品	合格品			
密度，按产品说明规定值（g/cm³）	±0.1				±0.1		
挤出性（mL/min），≥	80				—		
适用期（h），≥	3				3		
表干时间（h），≤	6				24		48
渗出性指数，≤	—				2		

续表

项目		硅酮建筑密封膏（GB/T 14682—93）				聚氨酯建筑密封膏（JC 482—92）		
		F		G		优等品	一等品	合格品
		优等品	合格品	优等品	合格品			
流动性	下垂度（N型）(mm)，≤	3				3		
	流平性（L型）	自流平		—		5℃自流平		
低温柔性（℃），≥		−40				−40	−30	
拉伸黏结性	最大抗拉强度(MPa)，≥					0.2		
	最大伸长率（%），≥					400	200	
定伸性能	定伸黏结性	定伸200%	定伸160%	定伸160%	定伸125%	定伸200%	定伸160%	
		黏结和内聚破坏面积≤5%				黏结和内聚破坏面积≤5%		
	热—水循环后定伸黏结性	定伸200%	定伸160%					
		破坏面积≤5%						
	浸水光照后定伸黏结性			定伸160%	定伸125%			
				破坏面积≤5%				
剥离黏结性	剥离强度（N/mm)，≥					0.9	0.7	0.5
	黏结破坏面积（%)，≤					25	25	40
恢复率（%）		定伸200%	定伸160%	定伸160%	定伸125%	定伸160%		
		≥90		≥90		≥95	≥90	85
拉伸—压缩循环性能级别		9030	8020	9030	8020	9030	8020	7020
		黏结和内聚破坏面积≤25%						

　　G 类硅酮密封膏适用于玻璃幕墙的粘接密封及门窗等的密封。F 类硅酮密封膏适用于混凝土墙板、花岗岩外墙面板的接缝密封以及公路路面的接缝防水密封等。

　　3. 聚氨酯密封膏

　　聚氨酯密封膏是以聚氨基甲酸酯为主要成分的双组分反应型建筑密封材料。聚氨酯密封膏的特点是：①具有弹性模量低、高弹性、延伸率大、耐老化、耐低温、耐水、耐油、耐酸碱、耐疲劳等特性；②与水泥、木材、金属、玻璃、塑料等多种建筑材料有很强的黏结力；③固化速度较快，适用于要求快速施工的工程；④施工简便安全可靠。

　　根据建材行业标准《聚氨酯建筑密封膏》（JC 482—92），聚氨酯密封膏分的 N 型（非下垂型）和 L 型（自流平型）。其物理性能符合表 7.14 的规定。

　　聚氨酯密封膏价格适中，应用范围广泛。它适用于各种装配式建筑的屋面板、墙板、地面等部位的接缝密封；建筑物沉陷缝、伸缩缝的防水密封；桥梁、涵洞、管道、水池、厕浴间等工程的接缝防水密封；建筑物渗漏修补等。

　　4. 橡胶止水带和止水橡皮

　　橡胶止水带和止水橡皮是以天然橡胶及合成橡胶为主要原料，加入各种辅助剂和填充料，经塑炼、混炼成型或模压成型而得到的各种形状与尺寸的止水、封闭材料。常用的橡胶材料有天然橡胶、氯丁橡胶、三元乙丙橡胶、再生橡胶等。可单独使用，也可几种橡胶复合使用。止形水橡胶的断面形状有 P 形、无孔 P 形、L 形、U 形等，埋入型止带有桥形、哑铃形、锯齿形等，如图 7.6 所示。橡胶止水带及止水橡皮的技术性能见表 7.15。

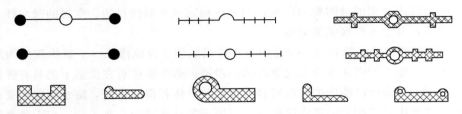

图 7.6　止水带及止水橡皮断面形状

表 7.15　　　　　　　　橡胶止水带及止水橡皮的物理性能

项　目		橡胶止水带 (HG/T 2288—92)		止水橡皮		
		天然橡胶	合成橡胶	防 50	防 100	氯丁止水
硬度（邵氏 A）（度）		60±5	60±5	55±5	65±5	60±5
拉伸强度（MPa），≥		18	16	13	20	14
扯断伸长率（%），≥		450	400	500	500	500
定伸永久变形（%），≤		20	25	30	30	15
压缩永久变形（%），≤	70℃×24h	35				
	23℃×168h	20				
撕裂强度（N/mm），≥		35				
脆性温度（℃），≤		−45	−40	−40	−40	−25
回弹率（%），≥				45	43	
热空气老化	70℃×72h	硬度变化，≤	+8		—		
		拉伸强度降低(%)，≤	10	—	20	15	15
		伸长率降低(%)，≤	20		20	15	15
	70℃×96h	硬度变化，≤	—	+8			
		拉伸强度降低(%)，≤	10				
		伸长率降低(%)，≤	20				
臭氧老化（50pphm，20%，48h）		2 级	0 级	—		

5. 塑料止水带

塑料止水带是用聚氯乙烯树脂、增塑剂、防老剂、填料等原料，经塑炼、挤出等工艺加工成型的止水密封材料，断面形状有桥形、哑铃形等（与橡胶止水带相似）。塑料止水带强度高、耐老化，各项物理性能虽然较橡胶止水带稍差，但均能满足工程要求。塑料止水带用热熔法连接，施工方便，成本低廉，可节约大量橡胶及紫铜片等贵重材料，应用广泛。

6. 遇水膨胀型橡胶止水条

遇水膨胀型橡胶止水条是用改性橡胶制得的一种新型橡胶止水条。将无机或有机吸水材料及高黏性树脂的材料作为改性剂，掺入合成橡胶可制得遇水膨胀的改性橡胶。这种橡胶既保留原有橡胶的弹性、延伸性等，又具有遇水膨胀的特性。将遇水膨胀橡胶止水条嵌在地下混凝土管或衬砌的缝隙更为严密，即可达到完全不漏的目的。常用的吸水性材料有膨润土（无机）及亲水性聚氯脂树脂等。

（1）SPJ 型遇水膨胀橡胶条。它是用亲水性聚氯脂及合成橡胶（丁氯橡胶）为原料所制成的止水条。能长期阻止水分及化学溶液的渗透；遇水膨胀后在低温下仍具有弹性和良好的防水性能；干燥时已膨胀的橡胶可释放出水分，体积得到恢复，防水性能不变；在淡水及含盐的海水中具有相同的遇水膨胀性，可用于各种环境的止水工程。SPJ 遇水膨胀橡胶条能扯断强度不小于 4.0MPa；静水膨胀率不小于 200%；在膨胀 100% 的情况下扯断强度不小于 0.5MPa。

（2）BW 型遇水膨胀橡胶止水条。它是用橡胶、膨润土、高黏性树脂等料加工制得的自黏性遇水膨胀型橡胶止水条，具有自黏性，可粘贴在混凝土基面上，施工方便；遇水后几十分钟内即可逐渐膨胀，吸水率高达 300%～500%；耐腐蚀、耐老化，具有良好的耐久性；使用温度范围宽，在 150℃ 温度时不流淌，在 -20℃ 温度下不发脆。

复 习 思 考 题

1. 试举例说明防水材料的类别及特点。

2. 试述石油沥青的三大组分及其特性。石油沥青的组分与其性质有何关系？

3. 石油沥青的主要技术性质是什么？各用什么指标表示？影响这些性质的主要因素有哪些？

4. 如何划分石油沥青的牌号？牌号的大小与沥青性质关系如何？

5. 如何鉴别煤沥青与石油沥青？

6. 什么是改性沥青？有哪几种？各具有哪些特点？

7. 防水卷材可分为几大类？请分别举出每一类中几个代表品种。

8. 改性沥青防水卷材、高分子防水卷材与传统沥青防水油毡相比有何突出的优点？

9. 试述 SBS 改性沥青防水卷材和 APP 改性沥青防水卷材的特点和适用范围。

10. 防水涂料的常用品种及组成、特性和应用如何？

11. 何谓建筑密封材料？建筑工程常用的密封材料有哪几种？

12. 某沥青胶用软化点为 50℃ 和 100℃ 两种沥青和占沥青总量 25% 的滑石粉配制，所需沥青的软化点为 80℃，试计算每吨沥青胶所需材料用量。

第8章 建 筑 钢 材

内容概述 本章主要介绍了建筑钢材的技术性质、技术标准和钢材的选用方法。同时对建筑用钢材制品、铝、铝合金及其制品也做了简要介绍。

学习目标 掌握建筑钢材的主要技术性能及其规范要求；明确建筑钢材的各种品种及其选用方法，了解铝、铝合金等相关内容。

8.1 建筑钢材的主要技术性质

建筑钢材是建筑工程中所用各种钢材的总称。包括钢结构用的各种型钢、钢板、钢筋混凝土中用的各种钢筋、钢丝和钢绞线等。

钢材具有强度高，有一定塑性和韧性，能承受冲击和振动荷载，可以焊接或铆接，具有良好的加工性能，便于装配等优点。可适用于大跨度结构、高层结构和受动力荷载的结构中，建筑钢材也可广泛用于钢筋混凝土结构之中。因此钢材被列为建筑工程的三大重要材料之一。钢材的主要缺点是易锈蚀、维护费用大、耐火性差、生产能耗大等。

8.1.1 钢材

8.1.1.1 钢的冶炼

炼钢就是在1700℃左右的炼钢炉中把熔融的生铁进行加工，使其含碳量降到2.06%以下，并将其他元素调整到规定范围之内。

钢的冶炼方法根据炼钢设备的不同主要分为平炉炼钢法、转炉炼钢法和电弧炼钢法三种。平炉炼钢法是以固态或液态的生铁、铁矿石或废钢材作为原料，用煤气或重油加热冶炼。由于冶炼时间长，钢的化学成分较易控制，除渣较净，成品质量高，可生产优质碳素钢、合金钢或特殊要求的专用钢，但投资大、能耗大、冶炼周期长。生产侧吹转炉钢是将熔融状态的铁水，由转炉侧面吹入高压热空气，使铁水中的杂质在空气中氧化，从而除去杂质。但是，在吹炼时易混入氮、氢等有害气体使钢质变坏，控制钢的成分较难。侧吹转炉钢的炉体容量小、出钢快，一般只能用来炼制普通碳素钢。顶吹氧气转炉法是将纯氧从转炉顶部吹入炉内，克服了空气转炉法的缺点，效率较高，钢质也易控制，近年来较多采用。

8.1.1.2 钢的分类

钢的品种繁多，一般分类归纳如下。

1. **按化学成分分类**

（1）碳素钢。碳素钢的化学成分主要是铁，其次是碳，故也称铁碳合金。其含碳量为0.02%~2.06%。此外还含有极少量的硅、锰和微量的硫、磷等元素。碳素钢按含碳量又可分为低碳钢（含碳量小于 0.25%）、中碳钢（含碳量为 0.25%～0.60%）和高碳钢（含碳量大于 0.60%）三种。其中低碳钢在建筑工程中应用最多。

（2）合金钢。合金钢是指在炼钢过程中，有意识的加入一种或多种能改善钢材性能的合金元素而制得的钢种。常用合金元素有硅、锰、钛、钒、铌、铬等。按合金元素总含量的不同，合金钢可以分为低合金钢（合金元素总含量小于 5%）、中合金钢（合金元素总含量为 5%～10%）和高合金钢（合金元素总含量大于 10%）。低合金钢为建筑工程中常用的主要钢种。

2. 按冶炼时脱氧程度分类

冶炼时脱氧程度不同，钢的质量差别很大，通常可分为以下四种。

（1）沸腾钢。炼钢时仅加入锰铁进行脱氧，脱氧不完全。这种钢水浇入锭模时，有大量的 CO 气体从钢水中外逸，引起钢水呈沸腾状，故称沸腾钢，代号为"F"。沸腾钢组织不够致密，成分不太均匀，硫、磷等杂质偏析较严重，故质量较差。但因其成本低、产量高，故被广泛用于一般建筑工程。

（2）镇静钢。炼钢时采用锰铁、硅铁和铝锭等作脱氧剂，脱氧完全，且同时能起去硫作用。这种钢水铸锭时能平静地充满锭模并冷却凝固，故称镇定钢，代号为"Z"。镇定钢虽成本较高，但其组织致密，成分均匀，性能稳定，故质量好。适用于预应力混凝土等重要的结构工程。

（3）半镇定钢。脱氧程度介于沸腾钢和镇定钢之间，为质量较好的钢，其代号为"b"。

（4）特殊镇静钢。比镇静钢脱氧程度还要充分还要彻底的钢，故其质量最好，适用于特别重要的结构，代号为"TZ"。

3. 按有害杂质含量分类

按钢中有害杂质磷（P）和硫（S）含量的多少，钢材可分为普通钢（磷含量不大于 0.045%，硫含量不大于 0.050%）、优质钢（磷含量不大于 0.035%，硫含量不大于 0.035%）、高级优质钢（磷含量不大于 0.030%，硫含量不大于 0.030%）和特级优质钢（磷含量不大于 0.025%，硫含量不大于 0.020%）四类。

4. 按用途分类

（1）结构钢。结构钢是主要用作工程结构构件及机械零件的钢。

（2）工具钢。工具钢是主要用于各种刀具、量具及模具的钢。

（3）特殊钢。特殊钢是具有特殊物理、化学或机械性能的钢，如不锈钢、耐热钢、耐酸钢、耐磨钢、磁性钢等。

8.1.1.3 建筑钢材的类属

建筑工程中常用的各种钢材及钢筋混凝土用钢筋，就其用途分类而言，均属于结构钢；就其质量分类而言，都属于普通钢；按其含碳量的分类，均属于低碳钢。因此建筑工程中用钢和钢筋混凝土用钢筋是属于碳素结构钢或低合金结构钢。

8.1.2 建筑钢材的主要技术性能

钢材的技术性能包括力学性能、工艺性能和化学性能等。力学性能主要包括拉伸性能、冲击韧性、疲劳强度、硬度等；工艺性能是钢材在加工制造过程中所表现的特性，包括冷弯性能、焊接性能、热处理性能等。

8.1.2.1　力学性能

1. 拉伸性能

钢材的拉伸性能，典型地反映在广泛使用的软钢（低碳钢）拉伸试验时得到的应力 σ 与应变 ε 的关系上，如图 8.1 所示。钢材从拉伸到拉断，在外力作用下的变形可分为四个阶段，即弹性阶段、屈服阶段、强化阶段和颈缩阶段。

在拉伸的开始阶段，OA 为直线，说明应力与应变成正比，即 $\sigma/\varepsilon = E$。A 点对应的应力 σ_p 称为比例极限。当应力超过比例极限时，应力与应变开始失去比例关系，但仍保持弹性变形。所以，e 点对应的应力 σ_e 称为弹性极限。

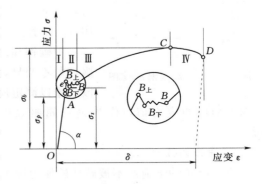

当荷载继续增大，线段呈曲线形，开始形成塑性变形。应力增加到 $B_{\pm}$ 点后，变形急剧增加，应力则在不大的范围（$B_{\pm}$、$B_{\mp}$、B）内波动，呈现锯齿状。把此时应力不增加，应变增加时的应力 σ_s，定义为屈服极限

图 8.1　低碳钢受拉应力—应变图

强度。屈服点 σ_s 是热轧钢筋和冷拉钢筋的强度标准值确定的依据，也是工程设计中强度取值的依据。该阶段为屈服阶段。超过屈服点后，应力增加又产生应变，钢材进入强化阶段，C 点所对应的应力，即试件拉断前的最大应力 σ_b，称为抗拉强度。抗拉强度 σ_b 是钢丝、钢绞线和热处理钢筋强度标准值确定的依据。BC 为强化阶段。超过 C 点后，塑性变形迅速增大，使试件出现颈缩，应力随之下降，试件很快被拉断，CD 为颈缩阶段。

钢材的 σ_e 和 σ_s 越高，表示钢材对小量塑性变形的抵抗能力越大。因此，在不发生塑性变形的条件下，所能承受的应力就越大。σ_b 越大，则钢筋所能承受的应力就越大。屈服强度和抗拉强度之比（σ_s/σ_b）能反应钢材的利用率和结构安全可靠程度。计算中屈强比取值越小，说明超过屈服点后的强度储备能力越大，则结构的安全可靠程度越高，但屈强比过小，又说明钢材强度的利用率偏低，造成钢材浪费。建筑结构钢合理的屈强比一般在 $0.60 \sim 0.75$。

试件拉断后，将拉断后的两段试件拼对起来，量出拉断后的标距长 l_1，如图 8.2 所示。按式（8.1）计算伸长率：

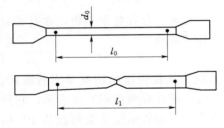

$$\delta = \frac{l_1 - l_0}{l_0} \times 100\% \qquad (8.1)$$

式中　δ——试件的伸长率，%；

l_0——原始标距长度，mm；

l_1——断后标距长度，mm。

伸长率是衡量钢材塑性的重要指标，其值越大说明钢材的塑性越好。塑性变形能力强，可使应力

图 8.2　试件拉伸前和断裂后标距长度

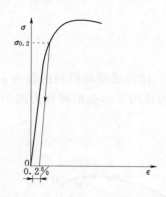

图 8.3 中、高碳钢 σ—ε 图

重新分布，避免应力集中，结构的安全性增大。塑性变形在试件标距内的分布是不均匀的，颈缩处的变形最大，离颈缩部位越远其变形越小。所以，原始标距与直径之比越小，则颈缩处伸长值在整个伸长值中的比重越大，计算出来的 δ 值就越大。标距的大小影响伸长率的计算结果，通常以 δ_5 和 δ_{10} 分别表示 $l_0 = 5d_0$ 和 $l_0 = 10d_0$ 时的伸长率。对于同一种钢材，其 δ_5 大于 δ_{10}。某些线材的标距用 $l_0 = 100$mm，伸长率用 δ_{100} 表示。

中碳钢和高碳钢（硬钢）的拉伸曲线与低碳钢不同，屈服现象不明显，伸长率小。这类钢材由于没有明显的屈服阶段，难以测定屈服点，则规定产生残余变形为 0.2%原标距长度时所对应的应力值，作为钢的屈服强度，称为条件屈服点，用 $\sigma_{0.2}$ 表示，如图 8.3 所示。

2. 冲击韧性

钢材抵抗冲击荷载不被破坏的能力称为冲击韧性。用于重要结构的钢材，特别是承受冲击振动荷载的结构所使用的钢材，必须保证冲击韧性。

钢材的冲击韧性是用标准试件在做冲击试验时，每平方厘米所吸收的冲击断裂功（J/cm²）表示，其符号为 α_k。试验时将试件放置在固定支座上，然后以摆锤冲击试件刻槽的背面，使试件承受冲击弯曲而断裂，如图 8.4 所示。显然，α_k 值越大，钢材的冲击韧性越好。

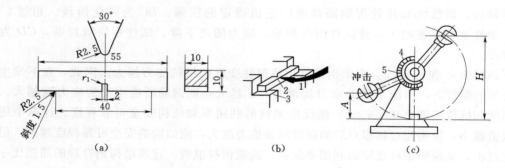

图 8.4 钢材冲击韧性试验示意图（单位：mm）

(a) 试件尺寸；(b) 试验装置；(c) 试验机

1—摆锤；2—试件；3—试验台；4—刻度盘；5—指针

影响钢材冲击韧性的因素很多，当钢材内硫、磷的含量高，存在化学偏析，含有非金属夹杂物及焊接形成的微裂缝时，钢材的冲击韧性都会显著降低。

3. 疲劳强度

钢材在交变荷载反复多次作用下，可在最大应力远低于抗拉强度的情况下突然破坏，这种破坏称为疲劳破坏。钢材的疲劳破坏指标用疲劳强度（或称疲劳极限）来表示，它是试件在交变应力的作用下，不发生疲劳破坏的最大应力值。一般将承受交变荷载达 10^7 周次时不发生破坏的最大应力定义为疲劳强度。在设计承受反复荷载且须进行疲劳验算的结构时，应当了解所用钢材的疲劳强度。

研究表明，钢材的疲劳破坏是由拉应力引起的，首先在局部开始形成微细裂缝，由于裂缝尖端处产生应力集中而使裂缝迅速扩展直至钢材断裂。因此，钢材内部成分的偏析和夹杂物的多少以及最大应力处的表面光洁程度、加工损伤等，都是影响钢材疲劳强度的因素。疲劳破坏常常是突然发生的，往往会造成严重事故。

4. 硬度

硬度是指钢材抵抗外物压入表面而不产生塑性变形的能力，即钢材表面抵抗塑性变形的能力。钢材的硬度是用一定的静荷载，把一定直径的淬火钢球压入试件表面，然后测定压痕的面积或深度来确定的。测定钢材硬度的方法有布氏法、洛氏法和维氏法等，较常用的为布氏法和洛氏法。相应的硬度试验指标称布氏硬度（HB）和洛氏硬度（HR）。

布氏法是利用直径为 $D(\mathrm{mm})$ 的淬火钢球，以 $P(\mathrm{N})$ 的荷载将其压入试件表面，经规定的持续时间后卸除荷载，得到直径为 $d(\mathrm{mm})$ 的压痕，以压痕表面积 $F(\mathrm{mm}^2)$ 去除荷载 P，所得的应力值即为试件的布氏硬度值，以数字表示，不带单位，如图 8.5 所示。各类钢材的 HB 值与抗拉强度之间有较好的相关关系。钢材的强度越高，塑性变形抵抗力越强，硬度值也越大。对于碳素

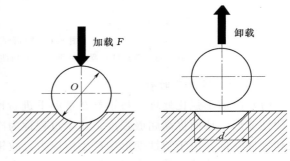

图 8.5　布氏硬度原理图

钢，当 $HB<175$ 时，抗拉强度 $\sigma_b \approx 3.6HB$；当 $HB>175$ 时，抗拉强度 $\sigma_b \approx 3.5HB$。根据这一关系，可以直接在钢结构上测出钢材的 HB 值，并估算出该钢材的抗拉强度。

洛氏法是按压入试件深度的大小表示材料的硬度值。洛氏法压痕很小，一般用于判断机械零件的热处理效果。

8.1.2.2　工艺性能

钢材要经常进行各种加工，因此必须具有良好的工艺性能，包括冷弯、冷拉、冷拔以及焊接等性能。

1. 冷弯性能

冷弯性能是钢材的重要工艺性能，是指钢材在常温下承受弯曲变形的能力。以试件弯曲的角度和弯芯直径对试件厚度（或直径）的比值来表示，如图 8.6 所示。弯曲的角度愈大，弯心直径对试件厚度（或直径）的比值愈小，表示对冷弯性能的要求愈高。冷弯检验是按规定的弯曲角度和弯心直径进行弯曲后，检查试件弯曲处外面及侧面不发生裂缝、断裂或起层，即认为冷弯性能合格。

冷弯是钢材处于不利变形条件下的塑性，更有助于暴露钢材的某些内在缺陷，而伸长率则是反映钢材在均匀变形下的塑性。因此，相对于伸长率而言，冷弯是对钢材塑性更严格的检验，它能揭示钢材是否存在内部组织不均匀、内应力和夹杂物等缺陷。冷弯试验对焊接质量也是一种严格的检验，能揭示焊件在受弯表面存在未熔合、微裂纹及夹杂物等缺陷。

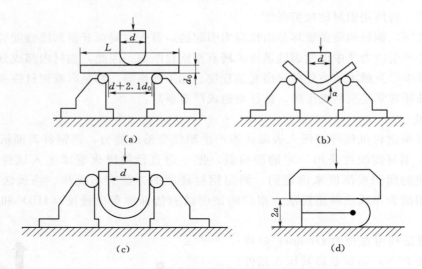

图 8.6 冷弯试验图

(a) 金属冷弯装置；(b) 弯曲至 90°；(c) 弯曲至两臂平行；(d) 弯曲至两臂重合

2. 冷加工性能及时效

(1) 冷加工强化处理。将钢材在常温下进行冷加工（如冷拉、冷拔或冷轧），使之产生塑性变形，从而提高屈服强度，这个过程称为冷加工强化处理。经强化处理后钢材的塑性和韧性降低。由于塑性变形中产生内应力，故钢材的弹性模量降低。

冷拉是将热轧钢筋在常温下用冷拉设备加力进行张拉。钢材冷拉后，屈服强度可提高 20%～30%，同时钢筋长度还可增加 4%～10%。钢材经冷拉后屈服阶段缩短，伸长率降低，材质变硬。冷拔是将光圆钢筋通过硬质合金拔丝模强行拉拔。每次拉拔断面缩小应在 10%以下。钢筋在冷拔过程中，不仅受拉，同时还受到挤压作用，因而冷拔的作用比冷拉作用强烈。经过一次或多次冷拔后的钢筋，表面光洁度高，屈服强度提高 40%～60%，但塑性大大降低，具有硬钢的性质。

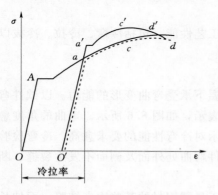

图 8.7 钢筋经冷拉时效后应力—应变图的变化图

(2) 时效。钢材经冷加工后，在常温下存放 15～20d，或加热至 100～200℃ 保持 2h 左右，其屈服强度、抗拉强度及硬度进一步提高，而塑性及韧性继续降低，这种现象称为时效。前者称为自然时效，后者称为人工时效。通常对强度较低的钢筋可采用自然时效，强度较高的钢筋则需采用人工时效。

钢材经冷加工及时效处理后，其应力—应变关系变化的规律，可明显地在应力—应变图上得到反映，如图 8.7 所示。

3. 焊接性能

焊接是各种型钢、钢板、钢筋的重要连接方式。建筑工程的钢结构有 90%以上是焊接结构。焊接的质量取决于焊接工艺、焊接材料及钢的焊接性能。

钢材的可焊性是指钢材是否适应用通常的方法与工艺进行焊接的性能。可焊性的好坏，主要取决于钢材的化学成分。含碳量小于0.25%的碳素钢具有良好的可焊性。加入合金元素（如硅、锰、钒、钛等）也将增大焊接处的硬脆性，降低可焊性，特别是硫能使焊接产生热裂纹及硬脆性。

8.1.2.3 钢的化学成分对钢材性能的影响

钢材的性能主要决定于其中的化学成分。钢的化学成分主要是铁和碳，此外还有少量的硅、锰、磷、硫、氧和氮等元素，这些元素的存在对钢材性能也有不同的影响。

1. 碳（C）

碳是形成钢材强度的主要成分，是钢材中除铁以外含量最多的元素。含碳量对普通碳素钢性能的影响如图8.8所示。由图可看出，一般钢材都有最佳含碳量，当达到最佳含碳量时，钢材的强度最高。随着含碳量的增加，钢材的硬度提高，但其塑性、韧性、冷弯性能、可焊性及抗锈蚀能力下降。因此，建筑钢材对含碳量要加以限制，一般不应超过0.22%，在焊接结构中还应低于0.20%。

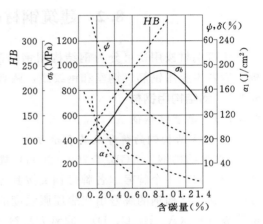

图8.8　含碳量对碳素结构钢性能的影响

2. 硅（Si）

硅是还原剂和强脱氧剂，是制作镇静钢的必要元素。硅适量增加时可提高钢材的强度和硬度而不显著影响其塑性、韧性、冷弯性能及可焊性。在碳素镇静钢中硅的含量为0.12%～0.3%，在低合金钢中为0.2%～0.55%。硅过量时则钢材的塑性和韧性明显下降，而且可焊性能变差，冷脆性增加。

3. 锰（Mn）

锰是钢中的有益元素，它能显著提高钢材的强度而不过多降低塑性和冲击韧性。锰有脱氧作用，是弱脱氧剂。同时还可以消除硫引起的钢材热脆现象及改善冷脆倾向。锰是低合金钢中的主要合金元素，含量一般为1.2%～1.6%，过量时会降低钢材的可焊性。

4. 硫（S）和磷（P）

硫是钢中极其有害元素、属杂质。钢材随着含硫量的增加，将大大降低其热加工性、可焊性、冲击韧性、疲劳强度和抗腐蚀性。此外，非金属硫化物夹杂经热轧加工后还会在厚钢板中形成局部分层现象，在采用焊接连接的节点中，沿板厚方向承受拉力时，会发生层状撕裂破坏。因此，对硫的含量必须严加控制，一般不超过0.045%～0.05%，Q235的C级与D级钢要求更严。

磷可提高钢材的强度和抗锈蚀能力，但却严重降低钢材的塑性、韧性和可焊性，特别是在温度较低时使钢材变脆，即在低温条件下使钢材的塑性和韧性显著降低，钢材容易脆裂。因而应严格控制其含量，一般不超过0.045%。但采取适当的冶金工艺处理后，磷也可作为合金元素，含量在0.05%～0.12%之间。

5. 氧（O）和氮（N）

氧和氮也是钢中的有害元素，氧能使钢材热脆，其作用比硫剧烈；氮能使钢材冷脆，与磷类似，故其含量应严格控制。

6. 铝、钛、钒、铌

铝、钛、钒、铌均是炼钢时的强脱氧剂，也是钢中常用的合金元素。可改善钢材的组织结构，使晶体细化，能显著提高钢材的强度，改善钢的韧性和抗锈蚀性，同时又不显著降低塑性。

8.2　建筑钢材的技术标准与选用

建筑钢材按用途可分为钢结构用钢和混凝土结构用钢两大类，前者主要用型钢和钢板，后者主要用钢筋、钢丝和钢绞线，两者均多为碳素结构钢和低合金结构钢。

8.2.1　钢结构用钢材

8.2.1.1　碳素结构钢

1. 碳素结构钢的牌号及其表示方法

《碳素结构钢》（GB/T 700—2006）规定，碳素结构钢按其屈服点分 Q195、Q215、Q235 和 Q275 4 个牌号。各牌号钢又按其硫、磷含量由多至少分为 A、B、C、D 4 个质量等级。碳素结构钢的牌号由代表屈服强度的字母"Q"、屈服强度数值（单位为 MPa）、质量等级符号（A、B、C、D）、脱氧方法符号（F、Z、TZ）等 4 个部分按顺序组成。例如 Q235AF，它表示屈服强度为 235MPa、质量等级为 A 级的沸腾碳素结构钢。

碳素结构钢的牌号组成中，表示镇静钢的符号"Z"和表示特殊镇静钢的符号"TZ"可以省略，例如：质量等级分别为 C 级和 D 级的 Q235 钢，其牌号表示为 Q235CZ 和 Q235DTZ，可以省略为 Q235C 和 Q235D。

随着牌号的增大，其含碳量增加，强度提高，塑性和韧性降低，冷弯性能逐渐变差。同一钢牌号内质量等级越高，钢材的质量越好。

2. 碳素结构钢的技术要求

碳素结构钢的化学成分、冷弯性能及力学性能应符合表 8.1～表 8.3 的规定。

表 8.1　　　　　　　　碳素结构钢的化学成分（GB/T 700—2006）

牌号	统一数字代号	等级	厚度（或直径）（mm）	脱氧方法	化学成分（质量分数）（%），≤				
					C	Si	Mn	P	S
Q195	U11952	—	—	F、Z	0.12	0.30	0.50	0.035	0.040
Q215	U12152	A	—	F、Z	0.15	0.35	1.20	0.045	0.050
	U12155	B							0.045
Q235	U12352	A	—	F、Z	0.22	0.35	1.40	0.045	0.050
	U12355	B			0.20				0.045
	U12358	C		Z	0.17			0.040	0.040
	U12359	D		TZ				0.035	0.035

牌号	统一数学代号	等级	厚度（或直径）（mm）	脱氧方法	化学成分（质量分数）（%），≤				
					C	Si	Mn	P	S
Q275	U12752	A	—	F、Z	0.24			0.045	0.050
	U12755	B	≤40	Z	0.21	0.35	1.50	0.045	0.045
			>40		0.22				
	U12758	C		Z	0.20			0.040	0.040
	U12759	D		TZ				0.035	0.035

注 1. 表中为镇静钢、特殊镇静钢牌号的统一数字，沸腾钢牌号的统一数字代号如下：
Q195F—U11950； Q215AF—U12150， Q215BF—U12153； Q235AF—U12350， Q235BF—U12353；
Q275AF—U12750。
2. 经需方同意，Q235B的碳含量可不大于0.22%。

表 8.2　　　　　　　　碳素结构钢的冷弯性能（GB/T 700—2006）

牌　　号	试 样 方 向	冷弯试验 B=2a，180°	
		钢材厚度或直径（mm）	
		≤60	>60～100
		弯芯直径 d	
Q195	纵	0	
	横	0.5a	
Q215	纵	0.5a	1.5a
	横	a	2a
Q235	纵	a	2a
	横	1.5a	2.5a
Q275	纵	1.5a	2.5a
	横	2a	3a

表 8.3　　　　　　　　碳素结构钢的力学性能（GB/T 700—2006）

牌号	等级	屈服点 σ_s（MPa）						抗拉强度 σ_b（MPa）	伸长率 δ_5（%）					冲击试验	
		厚度（或直径）（mm）							厚度（或直径）（mm）					温度（℃）	V形冲击功（纵向）（J），≥
		≤16	>16～40	>40～60	>60～100	>100～150	>150～200		≤40	>40～60	>60～100	>100～150	>150～200		
Q195	—	195	185	—	—	—	—	315～430	33	—	—	—	—	—	—
Q215	A	215	205	195	185	175	165	335～450	31	30	29	27	26	—	—
	B													+20	27
Q235	A	235	225	215	215	195	185	370～500	26	25	24	22	21	—	—
	B													+20	27
	C													0	
	D													−20	

牌号	等级	屈服点 σ_s（MPa）						抗拉强度 σ_b（MPa）	伸长率 δ_5（％）					冲击试验	
		厚度（或直径）（mm）							厚度（或直径）（mm）					温度（℃）	V 形冲击功（纵向）（J），≥
		≤16	>16～40	>40～60	>60～100	>100～150	>150～200		≤40	>40～60	>60～100	>100～150	>150～200		
Q275	A	275	265	255	245	225	215	410～540	22	21	20	18	17	—	—
	B													+20	27
	C													0	
	D													−20	

注 1. Q195 的屈服强度值仅供参考，不作交货条件。

2. 厚度大于 100mm 的钢材，抗拉强度下限允许降低 20N/mm²。宽带钢（包括剪切钢板）抗拉强度上限不作交货条件。

3. 厚度小于 25mm 的 Q235B 级钢材，如供方能保证冲击吸收值合格，经需方同意，可不做检验。

3. 碳素结构钢的特性与选用

工程中应用最广泛的碳素结构钢牌号为 Q235，其含碳量为 0.14％～0.22％，属低碳钢，由于该牌号钢既具有较高的强度，又具有较好的塑性和韧性，可焊性也好，且经焊接及气割后力学性能仍亦稳定，有利于冷加工，故能较好地满足一般钢结构和钢筋混凝土结构的用钢要求。

Q195、Q215 号钢强度低，塑性和韧性较好，易于冷加工，常用作钢钉、铆钉、螺栓及铁丝等。Q235 钢强度适中，具有良好的承载性，又具有较好的塑性、韧性、可焊性和可加工性，且成本较低，是钢结构常用的牌号，大量制作成钢筋、型钢和钢板等。在工程中应用较为广泛。Q275 号钢强度较高，但塑性、韧性和可焊性较差，不易焊接和冷加工，可用于轧制钢筋、制作螺栓配件等。

8.2.1.2 优质碳素结构钢

优质碳素结构钢分为优质钢、高级优质钢（钢号后加 A）和特级优质钢（钢号后加 E）。根据《钢铁产品牌号表示方法》（GB 221—2000）规定，优质碳素结构钢的牌号采用阿拉伯数字或阿拉伯数字和规定的符号表示，以两位阿拉伯数字表示平均含碳量（以万分数计），如平均含碳量为 0.08％的沸腾钢，其牌号表示为 "08F"；平均含碳量为 0.10％的半镇静钢，其牌号表示为 "10b"；较高含锰量的优质碳素结构钢，在表示平均含碳量的阿拉伯数字后加锰元素符号，如平均含碳量为 0.50％，含锰量为 0.70％～1.0％的钢，其牌号表示为 "50Mn"。目前，我国生产的优质碳素结构钢有 31 个牌号，优质碳素结构钢中的硫、磷等有害杂质含量更低，且脱氧充分，质量稳定，在建筑工程中常用做重要结构的钢铸件、高强螺栓及预应力锚具。

8.2.1.3 低合金高强度结构钢

为了改善碳素钢的力学性能和工艺性能，或为了得到某种特殊的理化性能，在炼钢时有意识地加入一定量的一种或几种合金元素，所得的钢称为合金钢。低合金高强度结构钢是在碳素结构钢的基础上，添加总量小于 5％的一种或几种合金元素的一种结构钢，所加元素主要有锰、硅、钒、钛、铌、铬、镍等元素。目的是为了提高钢的屈服强度、抗拉强度、耐磨性、耐蚀性及耐低温性能等。

1. 低合金高强度结构钢的牌号表示法

根据《低合金高强度结构钢》（GB 1591—1994）及《钢铁产品牌号表示方法》（GB 221—2000）的规定，低合金高强度结构钢分 5 个牌号。其牌号的表示方法由屈服点字母"Q"、屈服点数值（单位为 MPa）、质量等级（A、B、C、D、E 5 级）3 部分组成。例如：Q345C，Q345D。

低合金高强度结构钢分为镇静钢和特殊镇静钢，在牌号的组成中没有表示脱氧方法的符号。低合金高强度结构钢的牌号也可以采用两位阿拉伯数字（表示平均含碳量，以万分之几计）和规定的元素符号，按顺序表示。

2. 低合金高强度结构钢的技术要求

低合金高强度结构钢的拉伸、冷弯和冲击试验指标，按钢材厚度或直径不同，其技术要求见表 8.4。

表 8.4　　　　　　　　低合金高强度结构钢的拉伸性能（GB 1591—2008）

牌号	质量等级	拉伸试验[①,②,③]															
		以下公称厚度（直径，边长，mm）									以下公称厚度（直径，边长，mm）						
		≤16	16~40	40~63	63~80	80~100	100~150	150~200	200~250	250~400	≤40	40~63	63~80	80~100	100~150	150~250	250~400
		下屈服强度 R_{Cl}（MPa）									下屈服强度 R_m（MPa）						
Q345	A																
	B									—	470~630	470~630	470~630	470~630	450~600	450~600	—
	C	≥345	≥335	≥325	≥315	≥305	≥285	≥275	≥265								
	D									≥265							450~600
	E																
Q390	A																
	B																
	C	≥390	≥370	≥350	≥330	≥330	≥310	—	—		490~650	490~650	490~650	490~650	470~620	—	
	D																
	E																
Q420	A																
	B																
	C	≥420	≥400	≥380	≥360	≥360	≥340	—	—		520~680	520~680	520~680	520~680	500~650	—	
	D																
	E																
Q460	C																
	D	≥460	≥440	≥420	≥400	≥400	≥380	—	—		550~720	550~720	550~720	550~720	530~700	—	
	E																
Q500	C																
	D	≥500	≥480	≥470	≥450	≥440	—	—	—		610~770	600~760	590~750	540~730	—	—	
	E																

牌号	质量等级	拉 伸 试 验①,②,③															
		以下公称厚度（直径，边长，mm）									以下公称厚度（直径，边长，mm）						
		≤16	16~40	40~63	63~80	80~100	100~150	150~200	200~250	250~400	≤40	40~63	63~80	80~100	100~150	150~250	250~400
		下屈服强度 R_{el}（MPa）									下屈服强度 R_m（MPa）						
Q550	C																
	D	≥550	≥530	≥520	≥500	≥490	—	—	—	—	670~830	620~810	600~790	590~780	—	—	—
	E																
Q620	C																
	D	≥620	≥600	≥590	≥570	—	—	—	—	—	710~880	690~880	670~860				
	E																
Q690	C																
	D	≥690	≥670	≥660	≥640	—	—	—	—	—	770~940	750~920	730~900				
	E																

① 当屈服不明显时，可测量 $R_{P0.2}$ 代替下屈服强度。

② 宽度不小于 600mm 扁平材，拉伸试样取横向试样；宽度小于 600mm 扁平材、型材及棒材取纵向试样，断后伸长率最小值相应提高 1%（绝对值）。

③ 厚度＞250~400mm 的数值适用于扁平材。

3. 低合金高强度结构钢的特点与应用

由于低合金高强度结构钢中的合金元素的结晶强化和固熔强化等作用，该钢材不但具有较高的强度，而且也具有较好的塑性、韧性和可焊性。因此，在钢结构和钢筋混凝土结构中常采用低合金高强度结构钢轧制型钢（角钢、槽钢、工字钢）、钢板、钢管及钢筋，广泛用于钢结构和钢筋混凝土结构中，特别适用于各种重型结构、高层结构、大跨度结构及桥梁工程中等。

8.2.1.4 型钢

型钢是长度和截面周长之比相当大的直条钢材的统称。型钢按截面形状分为简单截面和复杂截面（异型）两大类。

简单截面的热轧型钢有 5 种：扁钢、圆钢、方钢、六角钢和八角钢，规格尺寸见表8.5。复杂截面的热轧型钢包括角钢、工字钢、槽钢和其他异型截面，其规格尺寸见表 8.6。

表 8.5　　　　　　　　　　　　简单截面热轧型钢的规格尺寸

型钢名称	表示规格的主要尺寸	尺寸范围（mm）	型钢名称	表示规格的主要尺寸	尺寸范围（mm）
扁钢	宽度	10~150	方钢	边长	5.5~200
	厚度	3~60	六角钢	对边距离	8~70
圆钢	直径	5.5~250	八角钢	对边距离	16~40

表 8.6　　　　　　　　　　　　　**角钢、工字钢和槽钢的规格尺寸**

型钢名称	表示规格的主要尺寸	尺寸范围（mm）
等边角钢	按边宽度的厘米数划分型号 （或以边宽度×边宽度×边厚度标记）	边宽度：20～200 边厚度：3～24
不等边角钢	按长边宽度/短边宽度厘米数划分型号 （或以长边宽度×短边宽度×边厚度标记）	长边宽度：25～200 短边宽度：16～125 边厚度：3～18
工字钢	按高度的厘米数划分型号 （或以高度×腿宽度×腰厚度标记）	高度：100～630 腿宽度：68～180
槽钢	按高度的厘米数划分型号 （或以高度×腿宽度×腰厚度标记）	高度：50～300 腿宽度：37～89

注　工字钢、槽钢的高度相同，但腿宽度、腰宽度不同时，在型号后注 a、b、c，以示区别，例如 25a、25b、25c 代表高度为 250mm，腿宽度为 78mm、80mm、82mm，腰厚度为 7mm、9mm、11mm 的 3 种规格的工字钢。

8.2.1.5　钢板

钢板是宽厚比很大的矩形板。按轧制工艺不同分热轧和冷轧两大类。按其公称厚度，钢板分为薄板（厚度 0.1～4mm）、中板（厚度 4～20mm）、厚板（厚度 20～60mm）和特厚板（厚度超过 60mm）。

热轧碳素结构钢厚板，是钢结构的主要用钢材。低合金高强度结构钢厚板，用于重型结构、大跨度桥梁和高压容器等。薄板用于屋面、墙面或压型板厚料等。

在钢结构中，单块钢板不能独立工作，必须用几块板组合成工字型、箱型等结构来承受荷载。

8.2.2　混凝土结构用钢材

8.2.2.1　热轧钢筋

用加热钢坯轧成的条型成品钢筋，称为热轧钢筋。它是建筑工程中用量最大的钢材品种之一。热轧钢筋按表面形状分为热轧光圆钢筋和热轧带肋钢筋。

1. 热轧光圆钢筋

经热轧成型，横截面通常为圆形，表面光滑的成品钢筋，称为热轧光圆钢筋（HPB）。热轧光圆钢筋按屈服强度特征值分为 235、300 级，其牌号由 HPB 和屈服强度特征值构成，分为 HPB235、HPB300 两个牌号。

热轧光圆钢筋钢筋的屈服强度 ReL、抗拉强度 R_m、断后伸长率 A、最大拉力总伸长率 Agt 等力学性能特征值应符合表 8.7 的规定。表中各力学性能特征值，可作为交货检验的最小保证值。按规定的弯芯直径弯曲 180°后，钢筋受弯部位表面不得产生裂纹。

表 8.7　　　　　　　　　　　　**热轧光圆钢筋的力学性能和工艺性能**

牌号	屈服强度 （MPa），≥	抗拉强度 （MPa），≥	断后伸长率 （%），≥	最大拉力总伸长率 （%），≥	冷弯试验 180°
HPB235	235	370	25.0	10.0	$d=a$
HPB300	300	420			

注　d—弯芯直径；a—钢筋公称直径。

2．热轧带肋钢筋

经热轧成型并自然冷却的横截面为圆形的，且表面通常带有两条纵肋和沿长度方向均匀分布的横肋的钢筋，称为热轧带肋钢筋。按肋纹的形状分为月牙肋和等高肋。月牙肋钢筋有生产简便、强度高、应力集中敏感性小、疲劳性能好等优点，但其与混凝土的黏结锚固性能稍逊于等高肋的钢筋。

热轧带肋钢筋按屈服强度特征值分为 335、400、500 级，其牌号由 HRB 和屈服强度特征值构成，分为 HRB335、HRB400、HRB500 3 个牌号，细晶粒热轧钢筋的牌号由 HRBF 和屈服强度特征值构成，分为 HRBF335、HRBF400、HRBF500 3 个牌号。

热轧带肋钢筋的力学性能和工艺性能应符合表 8.8 的规定。表中所列各力学性能特征值，可作为交货检验的最小保证值；按规定的弯芯直径弯曲180°后，钢筋受弯部位表面不得产生裂纹。反向弯曲试验是先正向弯曲90°，再反向弯曲20°，经反向弯曲试验后，钢筋受弯曲部位表面不得产生裂纹。

表 8.8　热轧带肋钢筋的力学性能和工艺性能（GB 1499.2—2007）

牌号	屈服强度（MPa），≥	抗拉强度（MPa），≥	断后伸长率（%），≥	最大拉力总伸长率（%），≥	公称直径（mm）	弯芯直径	反向弯曲
HRB335 HRBF335 HRBF335E	335	455	17		6～25	3d	4d
					28～40	4d	5d
					>40～50	5d	6d
HRB400 HRBF400 HRBF400E	400	540	16	7.5	6～25	4d	5d
					28～40	5d	6d
					>40～50	6d	7d
HRB500 HRBF500 HRBF500E	500	630	15		6～25	6d	7d
					28～40	7d	8d
					>40～50	8d	9d

注　d—弯芯直径。

热轧钢筋中热轧光圆钢筋的强度较低，但塑性及焊接性能很好，便于各种冷加工，因而广泛用作普通钢筋混凝土构件的受力筋及各种钢筋混凝土结构的构造筋；HRB335 和 HRB400 钢筋强度较高，塑性和焊接性能也较好，故广泛用作大、中型钢筋混凝土结构的受力钢筋；HRB500 钢筋强度高，但塑性及焊接性能较差，可用作预应力钢筋。

8.2.2.2　冷轧带肋钢筋

热轧圆盘条经冷轧后，在其表面带有沿长度方向均匀分布的三面或两面横肋的钢筋，称为冷轧带肋钢筋。

冷轧带肋钢筋的牌号由 CRB 和钢筋的抗拉强度最小值构成。冷轧带肋钢筋分为 CRB550、CRB650、CRB800、CRB970、CRB1170 5 个牌号。冷轧带肋钢筋的力学性能和工艺性能应符合表8.9的规定。有关技术要求细则，参见《冷轧带肋钢筋》（GB 13788—2000）。

表8.9　　　　　　　冷轧带肋钢筋的力学性能和工艺性能（GB 13788—2000）

牌号	抗拉强度 σ_b（MPa），≥	伸长率（%），≥		冷弯试验 180°	反复弯曲次数	松弛率初始应力 $\sigma_{con}=0.7\sigma_b$	
		δ_{10}	δ_{100}			1000h（%），≤	10h（%），≤
CRB550	550	8.0	—	$D=3d$	—	—	—
CRB650	650	—	4.0	—	3	8	5
CRB800	800	—	4.0	—	3	8	5
CRB970	970	—	4.0	—	3	8	5
CRB1170	1170	—	4.0	—	3	8	5

注　D—弯芯直径；d—钢筋公称直径。

冷轧带肋钢筋强度高、塑性好、握裹力强，同时又节约钢材，降低成本。可广泛用于中、小型预应力混凝土构件和普通混凝土构件，也可焊接网片。

8.2.2.3　热处理钢筋

热处理钢筋分为预应力用热处理钢筋和钢筋混凝土用余热处理钢筋。预应力用热处理钢筋是用热轧螺纹钢筋经淬火和回火调质热处理而成的。其外形分为有纵肋和无纵肋两种，但都有横肋。根据《预应力混凝土用热处理钢筋》（GB 4463—1984）的规定，其所用钢材有 $40Si_2Mn$、$48Si_2Mn$ 和 $45Si_2Cr$ 3 个牌号，力学性能应符合表 8.10 的规定。

表8.10　　　　　　　预应力混凝土用热处理钢筋的力学性能

公称直径（mm）	牌　号	屈服点（MPa），≥	抗拉强度（MPa），≥	伸长率 δ_{10}（%），≥
6	$40Si_2Mn$			
8.2	$48Si_2Mn$	1325	1470	6
10	$45Si_2Cr$			

预应力混凝土用热处理钢筋的优点是：强度高，可代替高强钢丝使用；节约钢材；锚固性好，不易打滑，预应力值稳定；施工简便，开盘后钢筋自然伸直，不需调直及焊接。主要用于预应力钢筋混凝土枕轨，也用于预应力梁、板结构及吊车梁等。

8.2.2.4　预应力混凝土用钢丝和钢绞线

1. 预应力混凝土用钢丝

预应力混凝土用钢丝是用优质碳素结构钢盘条为原料，经淬火、酸洗、冷拉等工艺制成的用做预应力混凝土骨架的钢丝。根据《预应力混凝土用钢丝》（GB/T 5223—2002）规定，预应力钢丝按加工状态分为冷拉钢丝和消除应力钢丝两类。消除应力钢丝按松弛性能又分为低松弛级钢丝和普通松弛级钢丝。预应力钢丝按外形分为光圆、螺旋肋和刻痕三种。

冷拉钢丝的力学性能应符合表8.11的规定。规定非比例伸长应力 $\sigma_{P0.2}$ 值不小于公称抗拉强度的 75%。消除应力的光圆及螺旋肋钢丝的力学性能应符合表 8.13 的规定。规定非比例伸长应力 $\sigma_{P0.2}$ 值对低松弛钢丝应不小于公称抗拉强度的 88%，对普通松弛钢丝应不小于公称抗拉强度的 85%。消除应力的刻痕钢丝的力学性能应符合表 8.12 的规定。规定非比例伸长应力 $\sigma_{P0.2}$ 值对低松弛钢丝值应不小于公称抗拉强度的 88%，对普通松弛钢丝应不小于公称抗拉强度的 85%。

表 8.11　　　　　　　　　　冷拉钢丝的力学性能（GB/T 5223—2002）

公称直径 d_0 (mm)	抗拉强度 σ_b (MPa)，≥	屈服强度 $\sigma_{P0.2}$ (MPa)，≥	伸长率 $L_0=200mm$ δ_{gt} (%)，≥	弯曲次数 次/180°，≥	弯曲半径 R (mm)	断面收缩率 Ψ (%)，≥	每 210mm 扭矩的扭转次数 n，≥	初始应力相当于 70%公称抗拉强度时，1000h 后应力松弛率 r (%)，≥
3.00	1470	1100		4	7.5	—	—	
4.00	1570	1180		4	10		8	
5.00	1670	1250		4	15	35	8	
	1770	1330	1.5					8
6.00	1470	1100		5	15		7	
7.00	1570	1180		5	20		6	
8.00	1670	1250		5	20	30		
	1770	1330						

表 8.12　　　　　　　　消除应力的刻痕钢丝的力学性能（GB/T 5223—2002）

公称直径 d_0 (mm)	抗拉强度 σ_b (MPa)，≥	规定非比例伸长应力 $\sigma_{P0.2}$ (MPa)，≥		最大力下的总伸长率 $L_0=200mm$ δ_{gt} (%)，≥	弯曲次数 次/180°，≥	弯曲半径 R (mm)	应力松弛性能		
							初始应力相当于公称抗拉强度的百分数（%）	1000h 后应力松弛率 r (%)，≥	
		WLR	WNR					WLR	WNR
							对所有规格		
≤5.0	1470	1290	1250						
	1570	1380	1330			15			
	1670	1470	1410				60	1.5	4.5
	1770	1560	1500	3.5	3				
	1860	1640	1580				70	2.5	8
>5.0	1470	1290	1250				80	4.5	12
	1570	1380	1330			20			
	1670	1470	1410						
	1770	1560	1500						

表 8.13　　　　消除应力光圆及螺旋肋钢丝的力学性能（GB/T 5223—2002）

公称直径 d_0 （mm）	抗拉强度 σ_b （MPa），≥	规定非比例伸长应力 $\sigma_{P0.2}$ （MPa），≥		最大力下的总伸长率 $L_0=200mm$ δ_{gt}（%），≥	弯曲次数 次/180°，≥	弯曲半径 R （mm）	应力松弛性能		
		WLR	WNR				初始应力相当于公称抗拉强度的百分数（%）	1000h后应力松弛率 r（%），≥	
								WLR	WNR
								对所有规格	
4.00	1470	1290	1250		3	10			
4.80	1570	1380	1330				60	1.0	4.5
	1670	1470	1410		4	15			
5.00	1770	1560	1500						
	1860	1640	1580						
6.00	1470	1290	1250		4	15	70	2.0	8
6.25	1570	1380	1330	3.5	4	20			
7.00	1670	1470	1410		4	20			
	1770	1560	1500						
8.00	1470	1290	1250		4	20			
9.00	1570	1380	1330		4	25	80	4.5	12
10.00	1470	1290	1250		4	25			
12.00					4	30			

　　预应力混凝土用钢丝具有强度高、柔性好、无接头等优点。施工方便，不需冷拉、焊接接头等处理，而且质量稳定、安全可靠。主要应用于大跨度屋架及薄腹梁、大跨度吊车梁、桥梁、电杆、枕轨或曲线配筋的预应力混凝土构件。刻痕钢丝由于屈服强度高且与混凝土的握裹力大，主要用于预应力钢筋混凝土结构以减少混凝土裂缝。

　　2. 预应力钢绞线

　　预应力混凝土用钢绞线简称预应力钢绞线，是由多根直径为 2.5～5.0mm 的高强度钢丝捻制而成。

　　按捻制结构分为 5 类。其代号为：（1×2）用 2 根钢丝捻制的钢绞线；（1×3）用 3 根钢丝捻制的钢绞线；（1×3Ⅰ）用 3 根刻痕钢丝捻制的钢绞线；（1×7）用 7 根钢丝捻制的标准型钢绞线；（1×7）用 7 根钢丝捻制又经模拔的钢绞线。

　　钢绞线具有强度高、断面面积大、使用根数少、柔性好、质量稳定、易于在混凝土结构中排列布置、易于锚固、松弛率低等优点，适用于做大型建筑和大跨度吊车梁等大跨度预应力混凝土构件的预应力钢筋，广泛应用于大跨度、重荷载的结构工程中。

8.3　建筑装饰用钢材制品

　　在现代建筑装饰中，由于金属装饰制品坚固耐用，装饰表面具有独特的艺术风格与强烈的时代感，且安装方便，故金属装饰制品受到广泛的使用。

目前，建筑装饰工程中常用的钢材制品主要有普通不锈钢板、彩色不锈钢板、彩色涂层钢板和彩色涂层压型钢板及塑料复合钢板及轻钢龙骨等。

8.3.1 不锈钢及其制品

1. 不锈钢的一般特性

普通钢材由于易锈蚀，就大大限制了其使用范围，而当钢材中含有铬元素时，由于铬的性质比铁活泼，在钢材中，铬首先与环境中的氧化合，生成一层与钢基材牢固结合的致密氧化膜层（称为钝化膜），它能使合金钢得到保护，不致锈蚀，从而就能大大提高其耐蚀性，这就是所谓的不锈钢。铬含量越高，钢的抗腐蚀性越好。除铬外，不锈钢中还含有镍、锰、钛、硅等元素，这些元素都会影响不锈钢的强度、塑性、韧性和耐蚀性。

不锈钢按其化学成分可分为铬不锈钢、铬镍不锈钢和高锰低铬不锈钢等几类。按不同耐腐蚀特点，又可分为普通不锈钢（简称不锈钢）和耐酸钢两类，前者具有耐大气和水蒸气侵蚀的能力，后者除对大气和水蒸气有抗蚀能力外，还对某些化学侵蚀介质（如酸、碱、盐溶液）具有良好的抗蚀性。

不锈钢不但耐腐蚀性强，而且还具有金属光泽。不锈钢经不同的表面加工，可形成不同的光泽度，并按此划分不同的等级。高级的抛光不锈钢具有镜面玻璃般的反射能力。

2. 普通不锈钢装饰制品

建筑装饰用不锈钢制品包括薄钢板、管材、型材及各种异型材。其中厚度小于 2mm 的薄钢板用得最多。

不锈钢的主要特点是：耐腐蚀性好；经不同表面加工可形成不同的光泽度和反射能力，安装方便，装饰效果好，具有时代感。

不锈钢制品在建筑上可用做屋面、幕墙、门、窗、内外墙饰面、栏杆扶手等。目前，不锈钢包柱被广泛用于大型商场、宾馆和餐馆的入口、门厅、中厅等处，在通高大厅和四季厅之中，也常被采用。这是由于不锈钢包柱不仅是一种新颖的具有很高观赏价值的建筑装饰手段，而且，由于其镜面反射作用，可取得与周围环境中的各种色彩、景物交相辉映的效果。同时，在灯光的配合下，还可形成晶莹明亮的高光部分，从而有助于在这些共享空间中，形成空间环境中的兴趣中心，对空间环境的效果起到强化、点缀和烘托的作用。

8.3.2 彩色不锈钢板

彩色不锈钢板系在不锈钢板上进行技术性和艺术性加工，使其表面成为具有各种绚丽色彩的不锈钢装饰板，其颜色有蓝、灰、紫、红、青、绿、金黄、橙、茶色等多种，能满足各种装饰的要求。

彩色不锈钢板具有抗腐蚀性强、机械性能较高、彩色面层经久不褪色、色泽随光照角度不同会产生色调变幻等特点，而且彩色面层能耐 200℃ 的温度，耐烟雾腐蚀性能比一般不锈钢好，耐磨和耐刻划性能相当于箔层镀金的性能。当弯曲 90°时，彩色层不会损坏。

彩色不锈钢板可用作厅堂、墙板、天花板、电梯厢板、车厢板、建筑装潢、招牌等装饰之用。采用彩色不锈钢板装饰墙面，不仅坚固耐用，美观新颖，而且具有强烈的时代感。

8.3.3 彩色涂层钢板

彩色涂层钢板又称彩色钢板、彩板或塑料金属板，是以冷轧板或镀锌板为基板，通过连续地在基板表面进行化学预处理和涂漆等工艺处理后，使基板表面覆盖一层或多层高性能的涂层、聚氯乙烯塑料薄膜或其他树脂表层后制得的。钢板的涂层大致可分为有机涂层、无机涂层和复合涂层三类，以有机涂层钢板的发展最快。有机涂层可以配制成各种不同的色彩和花纹，故通常称为彩色涂层钢板。

彩色涂层钢板具有优异的装饰性，涂层附着力强，可长期保持新颖的色泽，并且具有良好的耐污染性能、耐高低温性能和耐沸水浸泡性能，另外加工性能也好，可进行切断、弯曲、钻孔、铆接、卷边等。

彩色涂层钢板主要用于外墙护墙板，直接用它构成围护墙则需做隔热层。此外，还可作为屋面板、瓦楞板、防水防气渗透板、耐腐蚀设备、构件及家具、汽车外壳、挡水板等。彩色涂层钢板还可制成压型板，其断面形状与尺寸基本上与铝合金压型板相似。这种压型板具有耐久性好、美观大方、施工方便等优点，可用于工业厂房及公共建筑的屋面和墙面。

8.3.4 彩色涂层压型钢板

彩色涂层压型钢板是以镀锌钢板为基材，经成型机轧制，并涂敷各种耐腐蚀涂层与彩色烤漆而制成的轻型围护结构材料。形状有 V 形、梯形、水波纹等（图 8.9），这种钢板具有质量轻、抗震性好、耐久性强、色彩鲜艳、易于加工、施工方便等优点。适用于工业与民用及公共建筑的屋盖、内外墙、墙壁装贴及作为轻质夹芯板材的面板等。

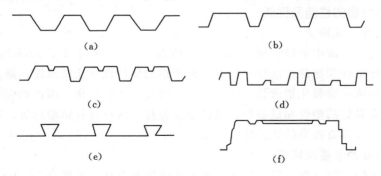

图 8.9　含碳量对碳素结构钢性能的影响

(a) V 形；(b) 肋形；(c) 加劲型；(d) 双曲波形；(e) 燕尾槽形；(f) 双向加劲型

8.3.5 轻钢龙骨

轻钢龙骨是以镀锌钢带或薄钢板由特制轧机以多道工艺轧制而成的。它具有强度大、通用性强、耐火性好、安装简易等优点，适合大规模装配施工，可装配各种类型的石膏板、钙塑板、吸声板等。用做墙体隔断和吊顶的龙骨支架，美观大方。目前，金属龙骨已经逐渐取代了传统的木骨架材料，在装饰工程中被广泛使用。

轻钢龙骨按使用位置的不同分为隔墙轻钢龙骨和吊顶轻钢龙骨等。

1. 隔墙轻钢龙骨

隔墙轻钢龙骨按用途分有沿顶龙骨、沿地龙骨、竖向龙骨、加强龙骨和通贯横撑龙骨等。轻钢龙骨断面有 U 形、C 形、T 形及 L 形。

根据《建筑用轻钢龙骨》（GB/T 11981—2001），隔墙轻钢龙骨主要有 Q50、Q75、

Q100 和 Q150 系列。Q50 系列用于层高小于 3.5m 高的墙，Q75 系列用于层高为 3.5～6.0m 高的墙，Q100 以上系列用于层高在 6.0m 以上的隔墙及外墙。

隔墙轻钢龙骨主要适用于办公楼、饭店、医院、娱乐场所、影剧院等的分隔墙和走廊墙，尤其适用于高层建筑、夹层工程的分隔墙及多层厂房、洁净车间的轻隔墙等。

2．吊顶轻钢龙骨

吊顶轻钢龙骨分主龙骨（又叫大龙骨、承重龙骨）、交龙骨（又叫覆面龙骨，包括中龙骨和小龙骨）。隔断龙骨则分竖龙骨、横龙骨和通贯龙骨等。按型材断面分为 U 形龙骨、C 形龙骨和 L 形龙骨。

吊顶轻钢龙骨主要有 D38、D35、D50 和 D60 4 种系列。

吊顶轻钢龙骨主要用于饭店、办公楼、娱乐场所和医院等新建或改造工程中。适用于空间较大的影剧院、音乐厅、会议中心或有中央空调的顶棚工程。

8.4　铝、铝合金及其制品

在金属材料中，铝仅次于钢铁，为第二大类金属。目前，铝及铝合金制品在建筑装饰工程中被广泛地用于制作各种铝合金门窗、货架、柜台、装饰板、吊顶板、幕墙骨架等。铝及铝合金制品在现代建筑装饰工程中发挥着越来越重要的作用。

8.4.1　铝、铝合金的性能及性质

8.4.1.1　铝的性能及特征

纯铝属于有色金属中的轻金属，银白色，熔点 660℃，密度 2.79g/cm³，铝具有塑性高、强度低、导电性和导热性能好等特点。由于铝的化学性质比较活泼，暴露在空气中极易氧化，表面生成一层氧化铝薄膜，能保护下面的金属不被氧化，因此铝在大气中耐腐蚀性极强。铝具有良好的塑性和延展性，可以制成管材、板材及各种型材等，甚至可以压延成极薄的铝箔，并具有极高的光、热反射比。

8.4.1.2　铝合金的性能及特征

在铝中加入镁、锰、铜、锌、硅等元素形成的铝基合金称为铝合金。铝合金既保持了铝质量轻的特性，同时，机械性能和力学性能明显提高，是典型的轻质高强材料，同时其耐腐蚀性和低温变脆性得到较大改善。但是铝合金弹性模量小、膨胀系数大、焊接时须采用惰性气体保护焊接技术。

铝合金分两大类：铸造铝合金，在铸态下使用；变形铝合金，能承受压力加工，可加工成各种形态、规格的铝合金材。现代建筑工程中应用的主要是变形铝合金，用变形铝合金做的门窗，不仅自重轻、比强度大，且经表面处理后耐磨、耐蚀、耐光、耐气候性好，还可以得到不同的美观大方的色泽。

8.4.1.3　铝及铝合金型材的加工和表面处理

1．铝及铝合金型材的加工

建筑铝合金型材的生产方法可分为挤压和轧制两种。

由于建筑铝合金型材品种规格繁多，断面形状复杂、尺寸和表面要求严格。因此，它和钢铁材料不同，在国内外的生产中，绝大多数采用挤压方法。仅在生产批量较少，尺寸

和表面要求较低的中、小规格的棒材和断面形状简单的型材时，才采用轧制方法。

2. 铝及铝合金型材的表面处理

铝材表面自然氧化膜薄而软，耐蚀性较差，为了提高其抗蚀性，常用人工方法提高其氧化膜厚度。因此在实际工程中必须用阳极氧化和表面着色的方法对其表面进行处理。

（1）阳极氧化处理。所谓阳极氧化处理就是通过控制氧化条件及工艺参数，在预处理后的铝合金表面形成比自然氧化膜（厚度小于 $0.1\mu m$）厚得多的氧化膜层（$5\sim20\mu m$）。

目前，具有工业价值的阳极氧化方法有铬酸法、硫酸法和草酸法。铬酸法形成的膜层很薄，因而耐磨性较差，草酸法则成本较高。所以硫酸法应用最为广泛。

（2）表面着色处理。经中和水洗或阳极氧化后的铝型材，可以进行表面着色处理。铝制品的表面着色是通过控制铝材中不同合金元素的种类、含量及热处理来实现的。常用的着色方法有自然着色法、电解着色法和化学着色法。

8.4.2 铝合金制品

在现代建筑中，常用的铝合金制品有铝合金门窗、铝合金装饰板和铝合金龙骨等。

8.4.2.1 铝合金门窗

铝合金门窗，是指采用铝合金挤压型材为框、梃、扇料制作的门窗称为铝合金门窗，简称铝门窗。包括以铝合金作受力杆件（承受并传递自重和荷载的杆件）基材的和木材、塑料复合的门窗，简称铝木复合门窗、铝塑复合门窗。

铝合金门窗具有以下特点：

（1）轻质、高强。由于门窗框的断面是空腹薄壁组合断面，这种断面利于使用并因空腹而减轻了铝合金型材的质量，每平方米耗用铝材平均为 $8\sim12kg$，比用钢木门窗质量减轻 50% 左右。在断面尺寸较大且质量较轻的情况下，其截面却有较高的抗弯刚度。

（2）密闭性能好。密闭性能为门窗的重要性能指标，铝合金门窗较之普通木门窗和钢门窗，其气密性、水密性和隔音性能均佳。铝合金门窗本身，其推拉门窗比平开门窗的密闭性稍差，因此推拉门窗在构造上采用了橡胶压条及性能优异的密封材料，以增强其密闭性能。

（3）使用中变形小。一是因为型材本身的刚度好；二是由于其制作过程中采用冷连接。横竖杆件之间、门窗五金配件的安装，均是采用螺丝、螺栓或铝钉，它是通过角铝或其他类型的连接件，使框、扇杆件连成一个整体。这种冷连接同钢门窗的电焊连接相比，可以避免在焊接过程中因受热不均而产生的变形现象，从而确保制作精度。

（4）立面美观。一是造型美观，门窗面积大，使建筑物立面效果简洁明亮，并增加了虚实对比，富有层次感；二是色调美观，其门窗框料经过氧化着色处理，可具银白色、墨绿色、金黄色、青铜色、古铜色、黄黑色等色调或带色的花纹，外观华丽雅致，无需再涂漆或进行表面维修。

（5）耐久性好，使用维修方便。铝合金门窗不锈蚀、不褪色、不脱落，几乎无需维修，零配件使用寿命极长。

（6）便于工业化生产。铝合金门窗框料型材加工、配套零件及密封件的制作与门窗装配试验等，均可在工厂内进行大批量工业化生产，有利于实现门窗设计标准化、产品系列化和零配件通用化，以及门窗产品商品化。

8.4.2.2 铝合金饰面板

铝合金饰面板是建筑墙面的一种高档次装饰材料，具有质量轻、不燃烧、耐久性好、施工方便、装饰效果好等优点，且可根据不同要求采用化学方法或喷漆处理成所需的各种颜色。目前，广泛应用于公共建筑室内外墙面和柱面的装饰等。

铝合金饰面板从板材构造特征上分为单层铝板、铝合金复合板、铝合金压型板、铝合金穿孔板、铝合金蜂窝板、铝合金花纹板、波纹板等。

1. 单层铝板

铝板通常厚度为 2.5mm，虽然厚度比纯铝板薄，但板面强度仍大于纯铝板强度，并且板的质量减轻。对于大面积的单层铝板由于刚度不足，往往在其背面加肋增强。

单层铝板的表面处理，不能用阳极氧化，由于每批铝板材质成分、氧化槽液均有差异，氧化后铝板表面色差较大。一般采用静电喷涂，静电喷涂分为粉末喷涂和氟碳喷涂。粉末喷涂原料为聚氨酯、环氧树脂等原料配以高性颜料，可得到几十种不同颜色。用该粉末喷涂料喷涂的铝板表面，耐碰撞，耐摩擦，在 50kg 重物撞击下，铝板不变形，且喷涂层无裂纹，唯一缺点是在长期阳光中的紫外线照射下会逐渐褪色。氟碳喷涂是用氟碳聚合物树脂做金属罩面漆，处理后经得起腐蚀，能抗酸雨和各种空气污染物；不怕强烈紫外线照射，耐极热极冷性能好，可以长期保持颜色均匀，使用寿命长。其不足之处是漆层硬度、耐碰撞性、耐摩擦性能比粉末喷涂差。

2. 铝合金复合板（铝塑板）

铝合金复合板也称铝塑板，是以铝合金板（或纯铝板）为面层，以聚乙烯（PE）、聚氯乙烯（PVC）或其他热塑性材料为芯层复合而成，是墙体装饰装修中用得最多的一种金属板。铝塑板有单面板和双面板之分。铝塑板的耐腐性、耐污性和耐候性较好，板面的色彩有红、黄、蓝、白等各种颜色，装饰效果好，施工时可弯、可锯、可刨、可冲孔、可切割、加工灵活方便。与铝合金板相比，具有重量轻、施工简便及造价低等特点。铝塑板可用作建筑物的幕墙饰面、门面及广告牌等处的装饰。

3. 铝合金压型板

将纯铝或防锈铝在压型机上压制形成的断面异性的板材。其具有质量轻、外形美观、耐久、耐腐蚀、安装容易、施工进度快等优点。经表面处理可得到各种优美的色彩，是现代广泛采用的一种新型建筑装饰材料。

4. 铝合金穿孔板

铝合金穿孔板是用各种铝合金平板经机械冲孔而成。孔形可根据需要冲成圆形、方形、长方形、三角形、星形、菱形等，是近几年开发的一种吸声并兼有装饰效果的新产品。铝合金板穿孔后既突出了板材轻、耐高温、耐腐蚀、防火、防振、防潮等优点，又可以将孔形处理成一定图案，起到良好的装饰效果。

铝合金穿孔板主要用于影剧院等公共建筑，也可用于棉纺厂等噪声大的车间、各种控制室、电子计算机房的天棚或墙壁，以改善音质。

5. 铝合金蜂窝板

铝合金蜂窝板，或称蜂窝结构铝合金墙板、蜂巢铝复合板。是在两块铝板中间加不同材料制成的各种蜂窝形状夹层，一般外层铝板厚为 1.0～1.5mm，内侧板厚 0.8～

1.0mm。夹层为铝箔、玻璃纤维或纸质材料的蜂窝芯，蜂窝形状有正六角形、长方或正方形、交叉折弯六角形等，以正六角形的蜂窝芯应用最多，六角形的边长为 3～7mm。蜂窝芯用结构胶与铝合金表层板黏结复合，板块表面涂装树脂类金属聚合物装饰膜。由于板块结构的特殊，此种板材的使用性能最为优异。

6. 铝合金花纹板

铝合金花纹板是采用防锈铝合金材料，用具有一定的花纹轧辊轧制而成的一种铝合金装饰板。它的特点是花纹美观大方，筋高适中（0.9～1.2mm），不易磨损，防滑性好，耐腐蚀性强等特点，其板材平整、尺寸精确、安装方便，可用于建筑的内外墙面及楼梯踏步等处的装饰。

7. 波纹板

铝合金波纹板是用机械轧辊将板材轧成一定的波形后而制成的。铝合金波纹板自重轻、外形美观、色彩丰富、防火、经久耐用、耐腐蚀、有较强的光线反射率，适用于墙面、屋面、店面、广告牌等处的装饰。

8.4.2.3 铝合金龙骨

铝合金龙骨是以铝合金板材为主要材料，轧制成各种轻薄型材后组合安装而成的一种金属骨架。铝合金龙骨具有强度大、刚度大、自重轻、通用性好、耐火性能好、隔声性能强、安装简易等优点，且可灵活布置和选用饰面材料，装饰效果美观。

按照用途分为隔墙龙骨和吊顶龙骨。铝合金隔墙龙骨具有制作简单、安装方便、结实牢固等特点，多用于室内隔断墙。铝合金吊顶龙骨具有不锈、质轻、美观、防火、抗震及安装方便等特点，适用于室内吊顶装饰。

铝合金隔墙龙骨常与各种玻璃、工艺玻璃、有机板、人造板等配合使用。形成具有一定透视效果的空间，用于办公室、厂房或其他空间的分隔。

复 习 思 考 题

1. 单项选择题

（1）下列碳素钢结构钢牌号中，代表半镇静钢的是（   ）。

A. Q195BF   B. Q235AF   C. Q255Bb   D. Q275A

（2）钢筋冷加工后，指标降低的是（   ）。

A. 屈服强度   B. 抗拉强度   C. 硬度   D. 塑性

（3）在低碳钢的应力应变图中，有线性关系的是（   ）阶段。

A. 弹性阶段   B. 屈服阶段   C. 强化阶段   D. 破坏阶段

（4）伸长率是衡量钢材（   ）的指标。

A. 弹性   B. 塑性   C. 脆性   D. 韧性

（5）钢材的冷弯试验中，不能作为评价冷弯性能的指标是（   ）。

A. 试件被弯曲的角度   B. 弯心直径

C. 弯心直径与试件厚度（或直径）的比值   D. 试件直径

（6）下列元素对钢材有明显危害的是（   ）。

A. 碳   B. 锰   C. 磷   D. 硅

2. 名词解释

（1）时效

（2）屈服强度

（3）疲劳强度

（4）Q235AF

（5）HRB335

3. 简答题

（1）钢结构设计时，是以钢材的什么强度作为设计依据的？

（2）钢材屈强比的大小与结构安全性有何关系？

（3）对钢材进行冷加工和时效的目的是什么？

（4）低碳钢受拉时的应力—应变图中，分为哪几个阶段？各阶段都有哪些特征指标？

（5）影响钢筋可焊性的主要因素有哪些？

（6）钢材的脱氧程度对钢材的质量有何影响？沸腾钢与镇静钢各有哪些优缺点？

（7）钢中含碳量的高低对钢的性能有何影响？

（8）钢材中各化学成分对钢材性能有什么影响？

（9）铝合金制品种类及其应用有哪些？

（10）铝合金饰面板的种类及应用范围有哪些？

第9章 常用建筑装饰材料

内容概述 本章主要介绍了建筑玻璃、建筑饰面材料、建筑涂料、建筑陶瓷、建筑塑料及胶粘剂、木材装饰制品的技术性质、组成材料以及相关应用。

学习目标 掌握建筑玻璃、建筑饰面材料、建筑涂料、建筑陶瓷、建筑塑料及胶粘剂、木材装饰制品的主要特性及用途。

9.1 建 筑 玻 璃

建筑玻璃在过去主要是用作采光和装饰材料，随着现代建筑技术发展的需要，玻璃制品正在向多品种、多功能的方向发展。近年来，兼具装饰性与功能性的玻璃新品种不断面世，为现代建筑设计提供了更加宽广的选择余地，使现代建筑中越来越多地采用玻璃门窗、玻璃幕墙和玻璃构件，建筑玻璃及其制品逐渐向着控制光线、调节热量、节约能源、控制噪声、降低建筑物自重、改善建筑环境、提高建筑艺术水平方向发展。

9.1.1 玻璃的基础知识

玻璃是一种具有无规则结构的非晶态固体。它没有固定的熔点，在物理和力学性能上表现为均质的各向同性。大多数玻璃都是由矿物原料和化工原料经高温熔融，然后急剧冷却而形成的。在形成的过程中，如加入某些辅助原料，如助熔剂、着色剂等可以改善玻璃的某些性能。

9.1.2 玻璃的性质

（1）导热性。玻璃的导热性很小，常温时大体上与陶瓷制品相当，而远远低于各种金属材料。但随着温度的升高将增大。另外，其导热性还受玻璃的颜色和化学成分的影响。

（2）热膨胀性。玻璃的热膨胀性能比较明显。热膨胀系数的大小取决于组成玻璃的化学成分及其纯度，玻璃的纯度越高热膨胀系数越小，不同成分的玻璃热膨胀性差别很大。

（3）热稳定性。玻璃的热稳定性是指抵抗温度变化而不破坏的能力。玻璃的热稳定性主要受热膨胀系数影响。玻璃热膨胀系数越小，热稳定性越高。玻璃越厚、体积越大，热稳定性越差；带有缺陷的玻璃，特别是带结石、条纹的玻璃，热稳定性也差。

（4）其他力学性质。常温下玻璃具有很好的弹性。常温下普通玻璃的弹性模量为$60000\sim75000MPa$，约为钢材的1/3，与铝相近。玻璃具有较高的硬度，莫氏硬度一般在4～7度之间，接近长石的硬度。玻璃的硬度也因其工艺、结构不同而不同。

一般的建筑玻璃具有较高的化学稳定性，在通常情况下，对酸、碱、盐以及化学试剂或气体等具有较强的抵抗能力，能抵抗氢氟酸以外的各种酸类的侵蚀。但是长期遭受侵蚀性介质的腐蚀，也能导致变质和破坏，如玻璃的风化、发霉都会导致玻璃外观的破坏和透光能力的降低。

9.1.3　玻璃的分类

9.1.3.1　平板玻璃

平板玻璃是建筑玻璃中用量最大的一种，它包括以下几种。

（1）窗用平板玻璃。窗用平板玻璃是平板玻璃中生产量最大、使用最多的一种，也是进一步加工成多种技术玻璃的基础材料。未经加工的平板玻璃，主要装配于门窗，起透光、挡风雨、保温、隔声等作用。窗用平板玻璃的厚度一般有 2mm、3mm、4mm、5mm、6mm 5 种，其中 2～3mm 厚的，常用于民用建筑；4～6mm 厚的，主要用于工业及高层建筑。

（2）磨砂玻璃。是用机械喷砂，手工研磨或使用氢氟酸溶液等方法，将普通平板玻璃表面处理为均匀毛面而得。该玻璃表面粗糙，使光线产生漫反射，具有透光不透视的特点，且使室内光线柔和，常被用于卫生间、浴室、厕所、办公室、走廊等处的隔断，也可作黑板的板面。

（3）彩色玻璃。也称有色玻璃，是在原料中加入适当的着色金属氧化剂可产生出透明的彩色玻璃。另外，在平板玻璃的表面镀膜处理后也可制成透明的彩色玻璃。该玻璃可拼成各种花纹、图案，适用于公共建筑的内外墙面、门窗装饰以及采光有特殊要求的部位。

（4）彩绘玻璃。是一种用途广泛的高档装饰玻璃产品。屏幕彩绘技术能将原画逼真地复制到玻璃上，这是其他装饰方法和材料很难比拟的。它不受玻璃厚度、规格大小的限制，可在平板玻璃上做出各种透明度的色调和图案，而且彩绘涂膜附着力强，耐久性好，可擦洗，易清洁。彩绘玻璃可用于家庭、写字楼、商场及娱乐场所的门窗、内外幕墙、顶棚吊顶、灯箱、壁饰、家具、屏风等，利用其不同的图案和画面来表达较高艺术情调的装饰效果。

9.1.3.2　安全玻璃

安全玻璃通常是对普通玻璃增强处理，或者和其他材料复合或采用特殊成分制成的。为减小玻璃的脆性、提高使用强度，通常可采用的方法有：①用退火法消除玻璃的内应力；②消除平板玻璃的表面缺陷；③通过物理钢化（淬火）和化学钢化而在玻璃中形成可缓解外力作用的均匀预应力；④采用夹丝或夹层处理。采用前述方法改性后的玻璃统称为"安全玻璃"。

1. 钢化玻璃

凡通过物理钢化（淬火）和化学钢化处理的玻璃称为钢化玻璃。

钢化玻璃制品主要包括平面钢化玻璃、曲面钢化玻璃、半钢化玻璃、区域钢化玻璃等。平面钢化玻璃主要用于建筑物的门窗、隔墙与幕墙及橱窗、家具等；曲面钢化玻璃主要用于汽车车窗等处。

2. 夹丝玻璃

夹丝玻璃是安全玻璃的一种。夹丝玻璃适用于震动较大的工业厂房门窗、屋面、采光天窗，需要安全防火的仓库、图书馆门窗，公共建筑的阳台、走廊、防火门、楼梯间、电梯井等。

3. 夹层玻璃

夹层玻璃的层数有 3 层、5 层、7 层，最多可达 9 层。夹层玻璃也属安全玻璃。

夹层玻璃的透明度好，抗冲击性能要比平板玻璃高几倍；破碎时不裂成分离的碎块，只有辐射的裂纹和少量碎玻璃屑，且碎片黏在薄衬片上，不致伤人。夹层玻璃主要用作汽车和飞机的挡风玻璃、防弹玻璃以及有特殊安全要求的建筑门窗、隔墙、工业厂房的天窗和某些水下工程等。

9.1.3.3 节能装饰玻璃

节能装饰玻璃是兼具采光、调节光线、调节热量进入或散失、防止噪声、改善居住环境、降低空调能耗等多种功能的建筑玻璃。

1. 吸热玻璃

吸热玻璃是一种能控制阳光中热能透过的玻璃，它可以显著地吸收阳光中热作用较强的红外线、近红外线，而又能保持良好的透明度。凡是既有采光要求又有隔热要求的场所均可使用。采用不同颜色的吸热玻璃能合理利用太阳光，调节室内温度，节省空调费用，而且对建筑物的外表有很好的装饰效果，一般多用作高档建筑物的门窗或玻璃幕墙。此外，它还可以按不同的用途进行加工，制成磨光、夹层、中空玻璃等。

2. 热反射玻璃

热反射玻璃是既有较高的热反射能力，又保持平板玻璃良好透光性能的玻璃，又称镀膜玻璃或镜面玻璃。热反射玻璃可用作建筑门窗玻璃、幕墙玻璃，还可以用于制作高性能中空玻璃、夹层玻璃等复合玻璃制品。但热反射玻璃幕墙使用不恰当或使用面积过大会造成光污染和建筑物周围温度升高，影响环境的和谐。

3. 中空玻璃

中空玻璃是由两片或多片平板玻璃，其周围用间隔框分开，四周边缘部分用胶接、焊接或熔接的办法密封，中间填充干燥空气或其他惰性气体，整体拼装构件在工厂完成的产品。中空玻璃主要用于需要采暖、空调、防噪音、控制结露、调节光照等建筑物上，或要求较高的建筑场所，也可用于需要空调的车、船的门窗等处。

9.2 建筑饰面材料

建筑饰面材料主要是指墙面装饰所使用的材料，根据墙面装饰材料的使用部位，基本上可分为内墙装饰材料和外墙装饰材料。外墙使用的装饰材料要求其具有良好的耐候、耐老化、耐污染性，要求使用寿命期限较长，一般以无机装饰材料为主。

9.2.1 面砖类材料

1. 水磨石

水磨石是采用水泥、石子（白云石）、颜料等，经搅拌、磨石和磨光的一种普及型墙面装饰材料。其具有坚固、防火、耐热、收缩小、价格便宜等特点。一般主要适用于旅馆、商店、学校等一般建筑的墙面装饰。

2. 玻璃马赛克（玻璃锦砖）

玻璃马赛克是在1975年统一陶瓷产品名称时，把马赛克定名为"陶瓷锦砖"。其具有耐热、耐磨、耐酸碱、不渗水、易清洗、吸水率小、质地坚实、色彩图案多、装饰效果好等特点，是一种经久耐用的地面装饰材料。主要用于工业与民用建筑的门厅、餐厅、浴室、厕所、化验室、洁净车间等地面、墙面。

3. 陶瓷锦砖

陶瓷锦砖由优质瓷土烧制而成，分为挂釉和无釉两种，现生产的多数为无釉产品。无釉外墙装饰面砖是色泽自然纯朴、质感强、富有民族风格的新型外墙装饰材料，其具有耐冻、耐急热急冷性好、不褪色、经久耐用、价格适中等特点，主要用于会场、公园、学校、住宅等建筑物外墙装饰。

9.2.2　无机矿物棉及其制品

1. 玻璃棉及其制品

玻璃棉具有表观密度小、导热系数小、吸声性能好、过滤效率高、不燃烧、耐腐蚀等优良性能，是一种优良的绝热、吸声、过滤材料。玻璃棉装饰吸声板具有质轻、吸声、防火、保温隔热、美观大方、施工方便等特点。其适用于建筑室内控制和调整室内的混响时间、消除回声，改善室内音质、提高清晰度，降低室内噪声级、改善工作环境。

2. 矿棉（矿渣棉）及其制品

常用矿棉制品包括粒状棉、矿棉沥青毡、矿棉半硬板、矿棉保温管、矿棉半硬板缝毡、矿棉保温带、矿棉吸声带以及矿棉装饰吸声板等。其具有质轻、导热系数小、不燃烧、防蛀、价廉、耐腐蚀、化学稳定性好、吸声性能好等特点。

3. 岩棉及其制品

常用岩棉制品包括岩棉板、岩棉软板、岩棉缝毡、岩棉保温带、岩棉管壳以及岩棉装饰吸声板等。其具有质轻、导热系数小、吸声性能好、不燃烧、绝缘性能和化学稳定性好等特点。

4. 石棉及其制品

石棉是一种蕴藏在中性或酸性火成岩矿床中的非金属矿物，常制作成石棉粉、石棉灰、石棉纸、石棉线、石棉毡和石棉板等。其具有绝热、耐火、耐酸碱、耐热、隔声、不腐朽等特点。

9.2.3　饰面板类

1. 人造大理石装饰板

我国人造大理石装饰板大多采用聚酯型法生产。聚酯型法人造大理石以不饱和聚酯树脂及有关助剂为胶粘剂，加入方解石粉、石英砂、大理石粉等无机填料和颜料，经搅拌、混合、成型、脱模、修整等工艺加工而成。其具有优良的物理、化学性能，与天然大理石相比，它强度高、容重小、耐腐蚀、化学稳定性好，并能加工成薄型装饰材，安装施工方便等。主要用于宾馆、大型商店、影剧院、办公大楼、接待厅等建筑物的墙面装饰。

2. 塑料贴面胶合板

常用的贴面塑料板是三聚氰胺塑料板、不饱和聚酯塑料板等。其具有塑料贴面胶合板外观平滑、光洁，花纹图案色泽多，装饰效果好，可锯、可钉、可刨，便于施工等特点。主要用于旅馆、办公楼、剧场、商店等各种建筑物的室内墙面装饰。

3. 聚氯乙烯塑料装饰板

聚氯乙烯塑料装饰板是由聚氯乙烯树脂、稳定剂、润滑剂、增塑剂、填料、颜料等，经捏和、混炼、拉片、切粒、挤出或捏和、混炼、压延或热压成型而成。其具有防水、耐腐蚀、表面光洁、色彩多样，可锯，可刨、可钉、施工方便等。主要用于旅馆、办公楼、影剧院、商店等建筑物内墙装饰。

9.2.4 墙纸类

国内生产的墙纸种类主要有塑料墙纸、纸基涂塑墙纸和麻草墙纸三类。其具有质感强、装饰效果好，具有一定的伸缩性和耐裂强度，表面可洗涤；具有一定的耐水性，使用寿命较长，施工方便等特点。主要用于宾馆、饭店、办公楼、影剧院、住宅等各类建筑室内墙面装饰。

9.2.5 金属装饰板

铝合金装饰板是我国近年来发展起来的墙面装饰材料。铝合金装饰板的密度仅为钢材的 1/3，是较理想的轻金属装饰材料。其具有自重轻、易于加工和焊接、防火、防潮、耐腐蚀，可采用化学方法在表面着色，经久耐用等特点。主要用于商店、饭店、旅馆等公共建筑物的墙面装饰。

9.3 建 筑 涂 料

涂料是指涂敷于物体表面，能与物体黏结在一起，并能形成连续性涂膜，从而对物体起到装饰、保护或使物体具有某种特殊功能的材料。建筑涂料能以其丰富的色彩和质感装饰美化建筑物，并能以其某些特殊功能改善建筑物的使用条件，延长建筑物的使用寿命。同时，建筑涂料具有涂饰作业方法简单、施工效率高、自重小、便于维护更新、造价低等优点。因而建筑涂料已成为应用十分广泛的装饰材料。

9.3.1 涂料的作用和组成

涂料的作用可以概括为三个方面：保护作用、装饰作用、特殊功能作用。

涂料的一般组成：一般涂料的组成中包含成膜物质、颜填料、溶剂、助剂共 4 类成分。

1. 成膜物质

成膜物质是组成涂料的基础，它对涂料的性质起着决定作用。可作为涂料成膜物质的品种很多，主要可分为转化型和非转化型两大类。转化型涂料成膜物主要有干性油和半干性油，双组分的氨基树脂、聚氨酯树脂、醇酸树脂、热固型丙烯酸树脂、酚醛树脂等。非转化型涂料成膜物主要有硝化棉、氯化橡胶、沥青、改性松香树脂、热塑型丙烯酸树脂、乙酸乙烯树脂等。

2. 颜填料

颜料可以使涂料呈现出丰富的颜色，使涂料具有一定的遮盖力，并且具有增强涂膜机械性能和耐久性的作用。颜料的品种很多，在配制涂料时应注意根据所要求的不同性能和用途仔细选用。填料也可称为体质颜料，特点是基本不具有遮盖力，在涂料中主要起填充作用。填料可以降低涂料成本，增加涂膜的厚度，增强涂膜的机械性能和耐久性。常用填料品种有滑石粉、碳酸钙、硫酸钡、二氧化硅等。

3. 溶剂

除了少数无溶剂涂料和粉末涂料外，溶剂是涂料不可缺少的组成部分。一般常用有机溶剂主要有脂肪烃、芳香烃、醇、酯、酮、卤代烃等。溶剂在涂料中所占比重大多在 50％以上。溶剂的主要作用是溶解和稀释成膜物，使涂料在施工时易于形成比较完美的漆膜。溶剂在涂料施工结束后，一般都挥发至大气中，很少残留在漆膜里。从这个意义上来说，涂料中的溶剂既是对环境的极大污染，也是对资源的很大浪费。所以，现代涂料行业正在努力减少溶剂的使用量，开发出了高固体份涂料、水性涂料、乳胶涂料、无溶剂涂料等环保型涂料。

4．助剂

助剂在涂料中的作用，就相当于维生素和微量元素对人体的作用一样。用量很少，作用很大，不可或缺。现代涂料助剂主要有四大类的产品。

（1）对涂料生产过程发生作用的助剂，如消泡剂、润湿剂、分散剂、乳化剂等。

（2）对涂料储存过程发生作用的助剂，如防沉剂、稳定剂、防结皮剂等。

（3）对涂料施工过程起作用的助剂，如流平剂、消泡剂、催干剂、防流挂剂等。

（4）对涂膜性能产生作用的助剂，如增塑剂、消光剂、阻燃剂、防霉剂等。

9.3.2　涂料的分类

建筑的装饰和保护有各种途径，但采用涂料是最简便、最经济的方法。它具有色彩丰富、质感逼真、施工方便、维修容易、自重轻、环保、节能等特点。

（1）按部位不同。油漆主要分为墙漆、木器漆和金属漆。墙漆包括了外墙漆、内墙漆和顶面漆，主要是乳胶漆等品种；木漆主要有硝基漆、聚氨酯漆等，金属漆主要是磁漆。

（2）按状态不同。油漆又可分为水性漆和油性漆。乳胶漆是主要的水性漆，而硝基漆、聚氨酯漆等多属于油性漆。

（3）按功能不同。油漆又可分为防水漆、防火漆、防霉漆、防蚊漆等多功能漆。

（4）按作用形态。油漆可分为挥发性漆和不挥发性漆。

（5）按表面效果。油漆可分为透明漆、半透明漆和不透明漆。

9.3.3　内墙涂料

内墙涂料在全国建筑涂料总量中约占 60％，它是量大面广的建筑装饰材料。内墙涂料要求平整度高，饱满度好，色调柔和新颖，且要求耐湿擦和耐干擦的性能好。涂料必须有很好的耐碱性、防霉。同时外观光洁细腻，颜色丰富多彩，给人以亲切的感觉，内墙涂料一般都可用于顶棚涂饰，但是不宜用于外墙。

目前，市场上内墙涂料品种有：合成树脂乳液内墙涂料（俗称乳胶漆）；水溶性内墙涂料，以聚乙烯醇和水玻璃为主要成膜物质，包括各种改性的经济型涂料；多彩内墙涂料，包括水包油型和水包水型两种；此外还有梦幻涂料、纤维状涂料、仿瓷涂料、绒面涂料、杀虫涂料等。

在众多的内墙装饰涂料中，乳胶涂料以它高雅、清新的装饰效果，无毒、无味的环保特点而备受青睐，成为当前内墙涂料的主要品种，特别是高档丝面乳胶涂料的问世，更为乳胶涂料的发展增加了活力。

不同的内墙涂料，展示出不同的装饰效果，多彩涂料色彩丰富、造型新颖、立体感强；梦幻涂料显现出高贵、华丽，给人以类似"云雾"、"大理石"等梦幻感觉；仿瓷涂料饰面光亮如镜；乳胶涂料清新淡雅等。

9.3.4 外墙涂料

外墙装饰直接暴露在大自然，经受风、雨、日晒的侵袭，故要求涂料有耐水、保色、耐污染、耐老化以及良好的附着力，同时还具有抗冻融性好、成膜温度低的特点。外墙涂料按照装饰质感分为四类。

（1）薄质外墙涂料。质感细腻、用料较省，也可用于内墙装饰，包括平面涂料、沙壁状、云母状涂料。

（2）复层花纹涂料。花纹呈凹凸状，富有立体感。

（3）彩砂涂料。用染色石英砂、瓷粒云母粉为主要原料，色彩新颖，晶莹绚丽。

（4）厚质涂料。可喷、可涂、可滚、可拉毛，也能作出不同质感的花纹。

1. 薄质类外墙涂料

大部分彩色丙烯酸有光乳胶漆，均系薄质涂料，它是以有机高分子材料为主要成膜物质，加上不同的颜料、填料和骨料而制成的薄涂料。其特点是耐水、耐酸、耐碱、抗冻融等。

使用注意事项：施工后 4～8h 避免雨淋，预计有雨则停止施工；风力在 4 级以上时不宜施工；气温在 5℃ 以上方可施工；施工器具不能沾上水泥、石灰等。

2. 复层彩纹类外墙涂料

复层花纹类外墙涂料，是以丙烯酸酯乳液和高分子材料为主要成膜物质的有骨料的新型建筑涂料。分为底釉涂料、骨架涂料、面釉涂料 3 种。底釉涂料，起对底材表面进行封闭的作用，同时增加骨料和基材之间的结合力。骨架材料，是涂料特有的一层成型层，是主要构成部分，它增加了喷塑涂层的耐久性、耐水性及强度。面釉材料，是喷塑涂层的表面层，其内加入各种耐晒彩色颜料，使其面层带柔和的色彩。

3. 彩砂类外墙涂料

彩砂涂料是以丙烯酸共聚乳液为胶粘剂，由高温燃结的彩色陶瓷粒或以天然带色的石屑作为骨料，外加添加剂等多种助剂配置而成。

该涂料无毒，无溶剂污染，快干，不燃，耐强光，不褪色，耐污染性能好。利用骨料的不同组配可以使深层色彩形成不同层次，取得类似天然石材的丰富色彩的质感。彩砂涂料的品种有单色和复色两种。单色有粉红、铁红、紫色咖啡、棕色、黄色、绿色、棕黄色、黑色等系列；复色由单色组成，形成一种基色，还可附以其他颜色的斑点，质感更加丰富。彩砂涂料主要用于各种板材及水泥砂浆抹面的外墙面装饰。

4. 厚质类外墙涂料

厚质类外墙涂料是指丙烯酸凹凸乳胶底漆，它是以有机高分子材料——苯乙烯、丙烯酸、乳胶液为主要成膜物质，加上不同的颜料、填料和骨料而制成的厚涂料。特点是耐水性好、耐碱性、耐污染、耐候性好，施工维修容易。

9.3.5 地面涂料

地面涂料的主要功能是装饰和保护室内地面，使地面清洁美观，为人们创造一种优雅的室内环境。地面涂料应该具有以下特点：耐碱性良好，因为地面涂料主要涂刷在带碱性的水泥砂浆基层上；与水泥砂浆有较好的黏结性能，有良好的耐水性、耐擦洗性，有良好的耐磨性，有良好的抗冲击力，涂刷施工方便，价格合理。常用的地面漆主要有以下几类：

（1）过氯乙烯地面涂料。耐老化和防水性能好，漆膜干燥快（2h），有一定的硬度、附着力和耐磨性、抗冲击力，色彩丰富，漆膜干燥后无刺激气味，对人体健康无害等。该涂料适用于住宅建筑、物理实验室等水泥地面的装饰。

（2）H80－环氧地面涂料。具有良好的耐腐蚀性能，涂层坚硬，耐磨且有一定韧性，涂层与水泥基层黏结力强，耐油、耐水、耐热、不起尘，可以涂刷成各式图案。适用于机场以及工业与民用建筑中的耐磨、防尘、耐酸、耐碱、耐有机溶剂、耐水等工程的地面装饰。

（3）聚氨酯地面涂料。该涂料属于高固体厚质涂料，它具有优良的防腐蚀性能和绝缘性能，特别是有较全面的耐酸碱盐的性能，有较高的强度和弹性，对金属和非金属混凝土的基层表面有较好的黏结力。涂铺的地面光洁不滑，弹性好，耐磨、耐压、耐水、美观大方，行走舒适，不起尘、易清扫，有良好的自熄性，使用中不变色，不需要打蜡，可代替地毯使用，但是价格较贵。适用于会议室、放映厅、图书馆等人流较多的场合做弹性装饰地面，工业厂房、车间和精密机房的耐磨、耐油、耐腐蚀地面及地下室、卫生间的防水装饰地面。

（4）氯－偏共聚乳液地面涂料。它以氯乙烯共聚乳液为基料，加入填料、颜料等加工而成的一种水乳性乳料。它具有无味、快干、不燃、易施工等特点。涂层坚固光滑，有良好的防潮、防霉、耐酸、耐碱、化学稳定性。多用于机关、商店、宾馆、仓库、工厂、企业及公共场所的地面涂层，可仿制木纹地板、花卉图案、大理石、瓷砖等彩色地面。

（5）聚乙烯醇缩甲醛水泥地面涂料。又称777水性地面涂料，其特点是无毒、不燃、涂层与水泥基层结合紧固，干燥快、耐磨、耐水、不起砂、不裂缝，可以在潮湿的水泥基层上涂刷，施工方便、色彩鲜艳、光洁美观、价格便宜、经久耐用、装饰效果良好等。适用于建筑、住宅以及一般的实验室、办公室、新旧水泥地面装饰。

（6）聚醋酸乙烯酯水泥地面涂料。又称HC－地面涂料，它是以聚醋酸乙烯酯为基料加上无机颜料、各种助剂、石英粉和普通硅酸盐水泥组成，是一种水性聚合物水泥涂料。其特点是无毒、不燃、快干、黏结力强，耐磨、耐冲击、有弹性感，装饰效果好，生产工艺简单、施工方便、价格便宜。可用于民用及其他建筑地面，可以代替部分水磨石和塑料地面，特别适合水泥旧地面的翻修。

9.4 建 筑 陶 瓷

建筑陶瓷是以黏土为主要原料，经配料、制坯、干燥、焙烧而制成的，用于建筑工程的制品。建筑陶瓷具有色彩鲜艳、图案丰富、坚固耐久、防火防水、耐磨耐蚀、易清洗、维修费用低等优点，是主要的建筑装饰材料之一，大多用作建筑物墙面（面砖）、地面（地砖）、卫生洁具（面盆、马桶）等。

常用的建筑陶瓷有内墙砖、陶瓷墙地砖、陶瓷锦砖、琉璃制品等。

9.4.1 内墙砖

内墙砖简称釉面砖，又称瓷砖或瓷片。釉面砖由于釉料颜色多样，故有白瓷砖、彩釉面砖、印花砖、图案砖等品种。各种釉面砖色泽鲜艳，美观耐用，热稳定性好，吸水率小于18%，表面光滑，易于清洗。釉面砖主要用作厨房、浴室、卫生间、盥洗间、实验室、精密仪器车间和医院等室内地面、台面等处的饰面材料，既清洁卫生，又美观耐用。

釉面砖是用瓷土压制成坯，干燥后上釉焙烧而成。通常做成 152mm×152mm×5mm 和 108mm×108mm×5mm 等正方形体。配件砖包括阳角条、阴角条、阳三角、阴三角等，用于铺贴一些特殊部位。

釉面砖不宜用于室外，原因在于其吸水率较大（小于22%），吸水后坯体产生膨胀，而表面釉层的湿胀很小，若用于室外经常受到大气温湿度变化的影响，会导致釉层产生裂纹或剥落，尤其是在寒冷地区，会大大降低其耐久性。釉面砖铺贴前须浸水 2h 以上，然后取出阴干至表面无明水，才可进行粘贴施工，否则将影响粘贴质量。在粘贴用的砂浆中掺入一定量的 108 胶效果更好，不仅可以改善灰浆的和易性，延长水泥凝结时间，以保证铺贴时有足够的时间对所贴砖进行拔缝处理，也有利于提高粘贴强度，提高质量。

9.4.2 陶瓷墙地砖

陶瓷墙地砖包括建筑物外墙装饰贴面用砖和室内、外地面装饰铺贴用砖，由于目前此类砖常可墙、地两用，故称为墙地砖。

陶瓷墙地砖具有强度高、致密坚实、耐磨、吸水率小（小于10%）、抗冻、耐污染、易清洗、耐腐蚀、经久耐用等特点。

陶瓷墙地砖品种较多，按其表面是否施釉可分为彩釉墙地砖和无釉墙地砖。近年来墙地砖品种创新很快，劈离砖、渗花砖、玻化砖、仿古砖、大颗粒瓷质砖、广场砖等得到了广泛的应用。

无釉砖的主要规格有 300mm×300mm、400mm×400mm、450mm×450mm、500mm×500mm、600mm×600mm 和 800mm×800mm，厚度 7～12mm。

无釉瓷质砖抛光砖富丽堂皇，适用于商场、宾馆、饭店、游乐场、会议厅、展览馆等的室内外地面和墙面的装饰。

无釉的细炻砖、炻质砖，是专用于铺地的耐磨砖。劈离砖坯体密实、抗压强度高、吸水率小、耐酸碱、防滑防腐、表面硬度大、性能稳定，其砖背面呈楔形凹槽，铺贴时与砂浆层胶结坚固。劈离砖主要用于建筑内、外墙装饰，也适用于车站、机场、餐厅、楼堂馆所等室内地面的铺贴材料。厚型砖也可适用于甬道、花园、广场等露天地面的铺地用砖。

9.4.3 陶瓷锦砖

陶瓷锦砖是陶瓷什锦砖的简称，俗称马赛克，是指由边长不大于40mm、具有多种色彩和不同形状的小块砖镶拼组成各种花色图案的陶瓷制品。陶瓷锦砖采用优质瓷土烧制成方形、长方形、六角形等薄片状小块瓷砖后，再通过铺贴盒将其按设计图案反贴在牛皮纸上，称作一联，每 40 联为一箱。联的边长有 284.0mm、295.0mm、305.0mm 和 325.0mm 四种。常见的联长为按 305mm 计算。陶瓷锦砖可制成多种色彩和纹点，但大多为白色砖。陶瓷锦砖的表面有无釉和施釉的两种，目前国内生产的多为无釉马赛克。

陶瓷锦砖质地坚实、色泽图案多样、吸水率极小、耐酸、耐碱、耐磨、耐水、耐压、耐冲击、易清洗、防滑。陶瓷锦砖色泽美观稳定，可拼出风景、动物、花草及各种图案。

陶瓷锦砖在室内装饰中，可用于浴厕、厨房、阳台、客厅、起居室等处的地面，也可用于墙面。在工业及公共建筑装饰工程中，陶瓷锦砖也被广泛用于内墙、地面，亦可用于外墙。

9.4.4 琉璃制品

琉璃制品是用难熔黏土为主要原料制成坯泥，制坯成型后经干燥、素烧，施琉璃彩釉、釉烧而成琉璃制品。

琉璃制品的特点是质细致密、表面光滑、不易沾污、坚实耐久、色彩绚丽、造型古朴，富有我国传统的民族特色。琉璃制品主要有琉璃瓦、琉璃砖、琉璃兽以及琉璃花窗、栏杆等各种装饰制件，还有陈设用的建筑工艺品，如琉璃桌、绣墩、鱼缸、花盆、花瓶等。

其中，琉璃瓦是我国用于古建筑的一种高级屋面材料。陶瓷壁画是大型画，它是以陶瓷面砖、陶板等建筑块材经镶拼制作的、具有较高艺术价值的现代建筑装饰，属新型高档装饰。现代陶瓷壁画具有单块砖面积大、厚度薄、强度高、平整度好、吸水率小、抗冻、抗化学腐蚀、耐急冷急热等特点。陶瓷壁画适于镶嵌在大厦、宾馆、酒楼等高层建筑物上，也可镶贴于公共活动场所。

9.5 建筑塑料及胶粘剂

9.5.1 建筑塑料

塑料是以天然或合成高分子化合物为基体材料，加入适量的填料和添加剂，在高温、高压下塑化成型，且在常温、常压下保持制品形状不变的材料。塑料在一定的温度和压力下具有较大的塑性，容易做成所需要的各种形状尺寸的制品，而成型后在常温下又能保持既得的形状和必需的强度。

塑料作为建筑材料有着广阔的前途。如建筑工程常用塑料制品有塑料壁纸、饰面板、塑料地板、塑料门窗、管线护套等；防水和密封材料有塑料薄膜、密封膏、管道、卫生设施等。

9.5.1.1 建筑塑料的基本组成

塑料大多数都是以合成树脂为基本材料，再按一定比例加入填充料、增塑剂、固化剂、着色剂及其他助剂等加工而成。

(1) 合成树脂。合成树脂是塑料的主要组成材料，在塑料中的含量约为 $30\% \sim 60\%$，能将塑料中的其他组分牢固地胶结在一起成为一个整体，使其具有加工成型的性能。合成树脂塑料的主要性质取决于所用合成树脂的性质。

(2) 填料。填料又称填充剂，是绝大多数塑料不可缺少的填料，通常占塑料组成材料的 $40\% \sim 70\%$。加入的目的可提高塑料的强度、硬度、韧性、耐热性、耐老化性、抗冲击性等，同时可降低塑料的成本。常用的填料有滑石粉、硅藻土、石灰石粉、云母、木粉、各类纤维材料、纸屑等。

(3) 增塑剂。掺入增塑剂的目的是为了提高塑料加工时的可塑性、流动性以及塑料制品在使用时的弹性和柔软性，改善塑料的低温脆性等，但会降低塑料的强度与耐热性。对增塑剂的要求是要与树脂的混溶性好，无色、无毒、挥发性小。常用的增塑剂有邻苯二甲酸二甲酯、邻苯二甲酸二丁酯、磷酸三苯酯等。

（4）固化剂。固化剂又称硬化剂，主要用于热固性树脂，其作用是使线形高聚物交联成体型高聚物，从而制得坚硬的塑料制品。如环氧树脂常用的胺类（乙二胺、二乙烯三胺、间苯二胺），某些酚醛树脂常用的六亚甲基四胺（乌洛托品）、酸酐类（邻苯二甲酸酐、顺丁烯二酸酐）及高分子类（聚酰胺树脂）。

（5）着色剂。又称色料，其作用是使塑料制品具有鲜艳的色彩和光泽。着色剂的种类按其在着色介质中或水中的溶解性分为染料和颜料两大类。塑料中所用的染料可溶于被着色树脂或水中，其着色力强，透明性好，色泽鲜艳，但耐碱、耐热性、光稳定性差，主要用于透明的塑料制品。颜料是基本不溶的细微粉末状物质。塑料中所用的颜料，除具有优良的着色作用外，还可作为稳定剂和填充料来提高塑料的性能，起到一剂多能的作用。在塑料制品中，常用的是无机颜料。

（6）其他助剂。为了改善和调节塑料的某些功能，以适应使用和加工的特殊要求，可在塑料中掺加各种不同的助剂，如稳定剂可提高塑料在热、氧、光等作用下的稳定性；阻燃剂可提高塑料的耐燃性和自熄性；润滑剂能改善塑料在加工成型时的流动性和脱模性等。此外，还有抗静电剂、发泡剂、防霉剂、偶联剂等。

9.5.1.2 建筑塑料的分类

1. 按应用范围分

（1）通用塑料。是指产量大、用途广、价格低的一类塑料，主要包括聚氯乙烯、聚丙烯、聚苯乙烯、酚醛塑料和氨基塑料等六大品种。

（2）工程塑料。工程塑料是指机械性能好，能作为工程材料使用或代替金属生产各种设备和零件的塑料，主要品种有聚碳酸酯、聚酰胺酯、聚酰胺（尼龙）、ABS等。

（3）特种塑料。特种塑料是指具有特种性能和特种用途的塑料，主要有氟塑料、有机树脂、环氧树脂和有机玻璃等。

2. 按受热形态分

按受热时形态性能变化的不同，合成树脂可分为热塑性树脂和热固性树脂两类。由热塑性树脂组成的塑料称为热塑性塑料；由热固性树胎组成的塑料称为热固性塑料。

（1）热塑性塑料受热后软化，逐渐熔融，冷却后变硬成型，这种软化和硬化过程可重复进行。其优点是加工成型简便，机械性能较高。缺点是耐热性、刚性较差。用于塑料的热塑性树脂主要有聚乙烯、聚氯乙烯、聚苯乙烯、聚四氟乙烯等加聚高聚物。

（2）热固性塑料加热时软化，产生化学变化，形成聚合物交联而逐渐硬化成型，再受热则不软化或改变其形状。其耐热性和刚性较高，但机械性能较差。用于塑料的热固性树脂主要有酚醛树脂、脲醛树脂、不饱和聚酯树脂、环氧树脂、有机硅树脂等缩聚高聚物。

9.5.1.3 建筑塑料的主要特性

（1）质轻、比强度高。塑料质轻，一般塑料的密度都在 $0.9 \sim 2.3 \mathrm{g/m}^3$ 之间。

（2）优异的电绝缘性能。几乎所有的塑料都具有优异的电绝缘性能，如极小的介电损耗和优良的耐电弧特性，这些性能可与陶瓷媲美。

（3）优良的化学稳定性能。一般塑料对酸碱等化学药品均有良好的耐腐蚀能力。

（4）减摩、耐磨性能好。大多数塑料具有优良的减摩、耐磨和自润滑特性。许多工程塑料制造的耐摩擦零件就是利用塑料的这些特性，在耐磨塑料中加入某些固体润滑剂和填料时，可降低其摩擦系数或进一步提高其耐磨性能。

（5）优良的加工性能。塑料可采用多种加工工艺塑制成各种形状、厚薄的塑料制品，如薄膜、板材、管材、门帘等，尤其是易加工成断面较复杂的异形板材和管材，有利于机械化规模生产。

（6）出色的装饰性。通过现代先进的加工技术（如着色、印刷、压花、电镀等）可制得具有优异的装饰性能的各种塑料制品，其纹理和质感可模仿天然材料（如大理石、木纹等），图像异常逼真。

（7）透光及防护性能。多数塑料都可以作为透明或半透明制品，其中聚苯乙烯和丙烯酸酯类塑料像玻璃一样透明。

（8）减震、消音性能优良。某些塑料柔韧而富有弹性，当它受到外界频繁的机械冲击和振动时，内部产生黏性内耗，将机械能转变成热能，因此，工程上用作减震消音材料。

（9）节能效果显著。建筑塑料在生产和使用两方面均显示出其明显的节能效益，如生产聚氯乙烯（PVC）的能耗仅为钢材的 1/4、铜材的 1/8，采暖地区采用塑料窗代替普通钢窗，可节约采暖能耗 30%～40%。

然而，塑料也有不足之处。例如，耐热性比金属等材料差，一般塑料仅能在 100℃ 以下温度使用，少数 200℃ 左右使用；塑料的热膨胀系数要比金属大 3～10 倍，容易受温度变化而影响尺寸的稳定性；塑料的弹性模量较小，只有钢材的 1/20～1/10，在载荷作用下，塑料会缓慢地产生黏性流动或变形，即蠕变现象；建筑防火性差，有些塑料不仅可燃，燃烧时还会产生大量的烟雾，甚至产生有毒气体；此外，塑料在大气、阳光、长期的压力或某些介质作用下会发生老化，使性能变坏等。随着塑料工业的发展和塑料材料研究工作的深入，这些缺点正被逐渐克服，性能优异的新颖塑料和各种塑料复合材料正不断涌现。

9.5.1.4　塑料在建筑工程中的应用

塑料在土木工程的各个领域均有广泛的应用，建筑塑料大部分是用于非结构材料，只有小部分用于制造承受轻荷载的结构构件，如塑料波形瓦、候车棚、储水塔罐、充气结构等。更多的是与其他材料复合使用，可以充分发挥塑料的特性，如用作电线的绝缘材料、人造板的贴面材料、有泡沫塑料夹心层的各种复合外墙板、屋面板等。

常用的建筑塑料制品主要有以下几种：

（1）塑料门窗。塑料门窗主要采用改性硬质聚氯乙烯（PVC-U）经挤出机形成各种型材。型材经过加工、组装成建筑物的门窗。塑料门窗具有耐水、耐腐蚀、气密性、水密性、绝热性、隔声性、耐燃性、尺寸稳定性、装饰好等特点，而且不需粉刷油漆，维护保养方便，同时还能显著节能，在国外已广泛应用。

（2）塑料管材。塑料管材与金属管材相比，具有质轻、不生锈、不生苔、不易积垢、管壁光滑、对流体阻力小、安装加工方便、节能等特点。近年来，塑料管材的生产与应用已得到了较大的发展，它在工程塑料制品中所占的比例较大。以塑代铁是国际上管道发展的方向，塑料管材已成为整个管道行业中不可缺少的组成部分。

（3）塑料壁纸。壁纸是当前使用较广泛的墙面装饰材料，尤其是塑料壁纸，其图案变化多样，色彩丰富多彩。通过印花、发泡等工艺，可仿制木纹、石纹、锦缎、织物，也有仿制瓷砖、普通砖等，如果处理得当，甚至能达到以假乱真的程度，为室内装饰提供了极大的便利。

（4）塑料地板。塑料地板是建筑物地面的饰面层，它可以粘贴在各种基层如水泥混凝土、木材上。地面的装饰对形成一个适宜的生活和工作环境起着重要作用。塑料地板与传统的地面材料相比，具有装饰效果好，色彩及图案不受限制，能满足各种用途的需要，也可以模仿天然材料，十分逼真；塑料地板种类多，有适用于公共建筑的硬质地板，也有适用于住宅建筑的软性发泡的地板，能满足各种建筑物的使用要求。此外，塑料地板还具有质轻、美观、耐磨、耐腐蚀、防潮、防火、吸声、绝热、有弹性、施工简便、易于清洗与保养等特点，使用较为广泛。

（5）玻璃钢。玻璃钢（简称 GRP）又称为玻璃纤维增强材料，它是以玻璃纤维及其制品为增强材料，以合成树脂为胶粘剂，加入多种辅助材料，经过一定的成型工艺制作而成的复合材料。常用玻璃钢的种类有环氧玻璃钢、酚醛玻璃钢、呋喃玻璃钢和聚酯玻璃钢等。玻璃钢具有质轻、强度高、装饰好、耐水、耐化学腐蚀、耐高温、电绝缘性好等优点，广泛应用于建筑工程，常见的玻璃钢建筑制品主要有耐酸玻璃钢管、玻璃钢波形瓦；玻璃钢采光罩、玻璃钢卫生洁具、玻璃钢盒子卫生间等。

（6）其他塑料制品。

1）塑料饰面板。可分为硬质、半硬质与软质。表面可印木纹、石纹和各种图案，可以粘贴装饰纸、塑料薄膜、玻璃纤维布和铝箔，也可制成花点、凹凸图案和不同立体造型；当原料中掺入荧光颜料，能制成荧光塑料板。此类板材具有质轻、绝热、吸声、耐水、装饰好等特点，适用于作内墙或吊顶的装饰材料。

2）塑料薄膜。耐水、耐腐蚀、伸长率大，可以印花，并能与胶合板、纤维板、石膏板、纸张、玻璃纤维布等黏结、复合。塑料薄膜除用作室内装饰材料外，还可作防水材料、混凝土施工养护等作用。

9.5.2 建筑胶粘剂

能直接将两种材料牢固地黏结在一起的物质通称为胶粘剂。随着合成化学工业的发展，胶粘剂的品种和性能获得了很大发展，越来越广泛地应用于建筑构件、材料等的连接，这种连接方法有工艺简单、省工省料、接缝处应力分布均匀、密封和耐腐蚀等优点。

9.5.2.1 胶粘剂的基本要求

（1）具有足够的流动性，保证被黏结表面能充分浸润。

（2）易于调节黏结性和硬化速度。

（3）不易老化。

（4）膨胀或收缩变形小。

（5）具有足够的黏结强度。

9.5.2.2 胶粘剂的组成与分类

1. 胶粘剂的组成

胶粘剂是一种多组分的材料，它一般由黏结物质、固化剂、增韧剂、填料、稀释剂和改性剂等组分配制而成。

（1）黏结物质。黏结物质又称为粘料，是胶粘剂中的基本组分，其性质决定了胶粘剂的性能、用途和使用条件。一般多用各种树脂、橡胶类及天然高分子化合物作为黏结物质。

（2）固化剂。固化剂是促使黏结物质通过化学反应加快固化的组分，它可以增加胶层的内聚强度。有的胶粘剂中的树脂（如环氧树脂）若不加固化剂，本身不能变成坚硬的固体。固化剂也是胶粘剂的主要成分，其性质和用量对胶粘剂的性能起着重要的作用。

（3）增韧剂。增韧剂用于提高胶粘剂硬化后黏结层的韧性，提高其抗冲击强度的组分。常用的有邻苯二甲酸二丁酯和邻苯二甲酸二辛酯等。

（4）稀释剂。稀释剂又称溶剂，主要是起降低胶粘剂黏度的作用，以便于操作，提高胶粘剂的湿润性和流动性。常用的有机溶剂有丙酮、苯、甲苯等。

（5）填料。填料一般在胶粘剂中不发生化学反应，它能使胶粘剂的稠度增加，降低热膨胀系数、减少收缩性，提高胶粘剂的抗冲击韧性和机械强度。常用的品种有滑石粉、石棉粉、铝粉等。

（6）改性剂。改性剂是为了改善胶粘剂的某一方面性能，以满足特殊要求而加入的一些组分。如为增加胶结强度，可加入偶联剂，还可以分别加入防老化剂、防腐剂、防霉剂、阻燃剂、稳定剂等。

2．胶粘剂的分类

（1）按来源分可分为天然胶粘剂和合成胶粘剂。所谓天然胶粘剂，就是其组成的原料主要来自天然，如虫胶、动物胶、淀粉、糊精和天然橡胶等。所谓合成胶粘剂，就是由合成树脂或合成橡胶为主要原料配制而成的胶粘剂，如环氧树脂、酚醛树脂、氯丁橡胶和丁腈橡胶等。

（2）按用途分可分为通用胶粘剂和专用胶粘剂。在专用胶粘剂中又分为金属用、木材用、玻璃用、陶瓷用、橡胶用和聚乙烯泡沫塑料用等多种胶粘剂。

（3）按黏结强度分可分为结构胶粘剂和非结构胶粘剂。结构胶粘剂的特点在于不论用于什么黏结部位，均能承受较大的应力。在静载荷情况下，这类胶粘剂的抗剪强度就到达7MPa，并具有较好的不均匀扯离强度和疲劳强度。非结构胶粘剂不能承受较大的载荷，原则上用于黏结较小的零件或者在装配工作中作临时固定之用。

（4）按胶粘剂固化温度分可分为室温固化胶粘剂、中温固化胶粘剂和高温固化胶粘剂。所谓室温固化胶粘剂，就是在室温下通常是在30℃以下能固化的胶粘剂；所谓中温固化胶粘剂，就是在30～99℃能固化的胶粘剂；所谓高温固化胶粘剂，就是在100℃以上能固化的胶粘剂。

（5）按胶粘剂固化以后胶层的特性分可分为热塑性胶粘剂和热固性胶粘剂。热塑性胶粘剂为线性结构，一般通过溶剂挥发、熔体冷却和乳液凝聚的方式实现固化。其胶层受热软化，遇溶剂可溶，凝聚强度较低，耐热性能较差。热固性胶粘剂为网状体形结构，受热不软化，遇溶剂不溶解，具有较高的凝聚强度，而且耐热、耐介质腐蚀、抗蠕变。其缺点是冲击强度和剥离强度低。

（6）按胶粘剂基料物质分可分为树脂型胶粘剂、橡胶型胶粘剂、无机胶粘剂和天然胶粘剂等。

（7）按其他特殊性能分可分为导电胶粘剂、导磁胶粘剂和点焊胶粘剂等。

9.5.2.3 常用胶粘剂

1. 壁纸、墙布用胶粘剂

这种胶粘剂主要用于壁纸、墙布的裱糊，它的形态有液状的、也有粉末状的。

（1）聚乙烯醇胶粘剂。这种胶粘剂是将聚乙烯醇树脂溶于水后而制成的，俗称"胶水"。它的外观如白色或微黄色的絮状物，具有芬芳气味、无毒、施涂方便，能在胶合板、水泥砂浆、玻璃等材料表面涂刷。

（2）聚乙烯醇缩甲醛胶。这种胶粘剂又称"108胶"，是以聚乙烯醇与甲醛在酸性介质中进行缩合反应而制得的一种透明水溶液，无臭、无味、无毒，有良好的黏结性能，黏结强度可达 0.9MPa。它在常温下能长期储存，但在低温状态下易发生冻胶。聚乙烯醇缩甲醛胶除了可用于壁纸、墙布的裱糊外，还可用作室内外墙面、地面涂料的配置材料。在普通水泥砂浆内加入108胶后，能增加砂浆与基层的黏结力。

（3）聚醋酸乙烯胶粘剂。这种胶粘剂又称"白乳胶"，它是由醋酸乙烯经乳液聚合而制得的一种乳白色的、带酯类芳香的乳状胶液。它配置方便，常温下固化速度快，胶层的韧性及耐久性好，不易老化，无刺激性臭味，可作为壁纸、墙布、防水涂料和木材的胶结材料，也可作为水泥砂浆的增强剂。

（4）801胶。801胶是由聚乙烯醇与甲醛在酸性介质中经缩聚反应，再经氨基化后而制得的。它是一种微黄色或无色透明的胶体，具有无毒、不燃、无刺激性气味等特点，它的耐磨性、剥离强度及其他性能均优于108胶。

（5）墙纸专用胶粉（粉末壁纸胶）。粉末壁纸胶是一种粉末状的固体，能在冷水中溶解，使用前将胶粉以 1∶17 的比例与清水搅匀混合，搅拌 10min 后形成糊状时即可使用。这种胶粘剂的黏度适中，无毒、无味、防潮、防霉、干后无色，不污染墙纸，并具有使用方便、便于包装运输等优点，可用于各类基层的墙纸及墙布的粘贴。

2. 塑料地板胶粘剂

塑料地板胶粘剂属非结构型胶粘剂，具有一定的黏结力，能将塑料地板牢固地黏结在各类基层上，施工方便。它对塑料地板无溶解或溶胀作用，能保证塑料地板黏结后的平整程度，并有一定的耐热性、耐水性和储存稳定性。常用的塑料地板胶粘剂有聚醋酸乙烯类、合成橡胶类、聚氨酯类、环氧树脂类等。

3. 瓷砖、大理石胶粘剂

（1）AH-03大理石胶粘剂。是由环氧树脂等多种高分子合成材料组成的基材，再添加适量的增稠剂、乳化剂、防腐剂、交联剂及填料等配制成单组分白色的膏状胶粘剂。它具有黏结强度高、耐水、耐气候、使用方便等特性，适用于大理石、花岗石、马赛克、陶瓷面砖等与水泥基层的黏结。

（2）TAM型通用瓷砖胶粘剂。是以水泥为基材、用聚合物改性材料等掺加而成的一种白色或灰色粉末。在使用时只需加水即能获得黏稠的胶浆。它具有耐水、耐久性好，操作方便、价格低廉等特点。TAM型通用瓷砖胶粘剂适用于在混凝土、砂浆基层和石膏板的表面粘贴瓷砖、马赛克、天然和人造石材等块料。用这种胶粘剂在瓷砖固定5min以后再旋转90°而不会影响它的黏结强度。

（3）TAG 型瓷砖勾缝剂。是一种粉末状的物质，具备各种颜色，能与各种类型的瓷砖相适应，是瓷砖胶粘剂的配套材料，能保证勾缝宽度在 3mm 以下时不开裂。它具有良好的耐水性，在诸如游泳池等有防水要求的瓷砖勾缝中是一种理想的勾缝材料。

（4）TAS 型高强度耐水瓷砖胶粘剂。是一种双组分的高强度耐水瓷砖胶粘剂，具有耐水、耐气候以及耐多种化学物质侵蚀等特点，可用于厨房、浴室、卫生间等场所的瓷砖粘贴。它的强度较高，室温 28d 后，其抗剪强度大于 2.0MPa，可在混凝土、钢材、玻璃、木材等材料的表面粘贴墙面砖和地面砖。另外还有一种 SG—8407 胶粘剂，可改善水泥砂浆的黏结力，提高水泥砂浆的防水性能，适用于在水泥砂浆、混凝土等基层表面上粘贴瓷砖、马赛克等材料。

4．玻璃、有机玻璃类专用胶粘剂

（1）AE 丙烯酸酯胶。AE 丙烯酸酯胶是无色透明黏稠液体，可在室温条件下快速固化，一般在 4～8h 内即可完成固化，固化后它的透光率和光线的折射系数与有机玻璃材料基本相同。AE 丙烯酸酯胶无毒、操作简便、黏结力强，在有机玻璃之间使用这种胶粘剂后，其抗剪强度大于 6.2MPa。它有 AE-01 型和 AE-02 型两种类型，AE-01 型适用于有机玻璃、ABS 塑料、丙烯酸酯类共聚物等材料的黏结；AE-02 型适用于有机玻璃、无机玻璃和玻璃钢等的黏结。

（2）聚乙烯醇缩丁醛胶粘剂。聚乙烯醇缩丁醛胶粘剂是以聚乙烯醇在酸性催化剂存在的情况下与丁醛发生反应生成的。它具有黏结力强、抗水、耐潮和耐腐蚀性良好等特点。玻璃在黏结后的透光率、耐老化性能和耐冲击性能较好，适用于各类玻璃的黏结。

（3）玻璃胶。玻璃胶是一种透明的或不透明的膏状体，有浓烈的醋酸气味，微溶于酒精，不溶于其他溶剂，抗冲击、耐水、柔韧性好，适用于玻璃门窗、橱窗、幕墙等玻璃的黏结及封缝，以及其他防水、防潮场所材料的黏结。施工时应及时清理胶迹，否则玻璃胶干燥后难以清除。

5．塑料薄膜胶粘剂

（1）BH-415 胶粘剂。BH-415 胶粘剂的最低成膜温度为 2℃，储存期一般为 6 个月，有一定的耐热性、耐热蠕变性及耐久性，它的初黏性能好。主要用于 PVC（硬质、半硬质、软质）塑料膜片与胶合板、刨花板、纤维板等木制品的粘合，PVC 塑料薄膜与印刷纸的粘合，PVC 与聚氨酯泡沫塑料的粘合等。

（2）641 软质聚氯乙烯胶粘剂。641 软质聚氯乙烯胶粘剂可用于粘合聚氯乙烯薄膜、软片等材料，也可用于聚氯乙烯材料的印花、印字等。

（3）920 胶粘剂。920 胶粘剂适用于黏结聚氯乙烯薄膜、泡沫塑料、硬 PVC 塑料板、人造革等，但要注意在避光、干燥处保存并采取防火措施，因为 920 胶粘剂是易燃品。

6．竹木类专用胶粘剂

脲醛树脂类胶粘剂是竹木类胶粘剂中使用较多的一类，它是由尿素与甲醛经缩聚而成的，其品种主要有 531 脲醛树脂胶、563 脲醛树脂胶、5001 脲醛树脂胶。531 脲醛树脂胶，可在室温或加热条件下进行固化；563 脲醛树脂胶在室温条件下经 8h 或在加热到 110℃并持续 5～7min 时固化；5001 脲醛树脂胶使用时须加入工业氯化胶水溶液（浓度为

20%），在常温下加热时即能进行固化。脲醛树脂类胶粘剂具有无色、耐光性好、毒性小、价格低廉等特点，广泛用于木材、竹材、胶合板及其他木质材料的黏结。

7. 多用途胶粘剂

（1）4115 建筑胶粘剂。4115 建筑胶粘剂是以溶液聚合的聚醋酸乙烯为基料，配以无机填料经机械作用而制成的一种常温固化的单组分胶粘剂。它的固体含量较高，达60%～70%，因而它的外观看上去像一种灰色膏状的黏稠物质，它的收缩率低、挥发快、黏结力强、防水抗冻、无污染、施工方便。4115 建筑胶粘剂对多种微孔建筑材料有良好的黏结性能，可用于会议室、商店、工厂、学校、民用住宅中的顶棚、壁板、地板、门窗、灯座、衣钩、挂镜线等的粘贴。常用作木材与木材、木材与玻璃纤维增强水泥板、木材与混凝土、纸面石膏板之间、水泥刨花板之间的黏结。

（2）6202 建筑胶粘剂。6202 建筑胶粘剂是常温固化的双组分无溶剂触变环氧型胶粘剂。它的黏结力强，固化收缩小、不流淌、粘合面广，常用于水泥砂浆之间、混凝土之间及木材、钢材、塑料之间的黏结，使用方便、安全、易清洗。可用于建筑五金的安装、电器的安装及不适合打钉的水泥墙面使用。

（3）SG791 建筑胶粘剂。SG791 建筑胶粘剂是以聚醋酸乙烯酯和建筑石膏调制而成的，使用方便，黏结强度高，适用于各种无机轻型墙板、天花板的黏结与嵌缝，如纸面石膏板、石膏空心条板、加气混凝土条板、矿棉吸声板、石膏装饰板、菱苦土板等的自身黏结，以及与混凝土墙面、砖墙面、石棉水泥板之间的黏结。

（4）914 室温快速固化环氧胶粘剂。914 室温快速固化环氧胶粘剂是由新型环氧树脂和新型胺类经固化而组成的，分为 A、B 两组分，具有黏结强度高、耐热、耐水、耐油、耐冷热水冲洗等特点，固化速度较快，25℃时经 3h 后即可固化。可用于金属、陶瓷、木材、塑料等的黏结。

9.6 木材装饰制品

9.6.1 木材的基本知识

9.6.1.1 木材的分类

1. 按树木种类分类

按树种的不同，可分为针叶树和阔叶树两大类。

（1）针叶树。树叶细长如针，多为常绿树，树干通直和高大，纹理平顺，材质均匀，木质较软而易于加工，故又称为"软木材"。针叶树强度较高，表观密度和胀缩变形较小，常含有较多的树脂，耐腐蚀性较强。针叶树树材是主要的建筑用材，主要用作承重构件、装修和装饰部件。常用的树种有红松、落叶松、云杉、冷杉、杉木、柏木。

（2）阔叶树。树叶宽大，叶脉成网状，大多数为落叶树。树干通直部分一般较短，大部分树种的表观密度大，材质较硬，较难加工，故又称为"硬木材"。阔叶树材一般较重，强度高，胀缩和翘曲变形大，易开裂。在建筑中常用作尺寸较小的装修和装饰等构件，对于具有美丽天然纹理的树种，特别适于作室内装修、家具及胶合板等。常用的树种有榉木、柞木、水曲柳、榆木以及质地较软的樟木、椴木等。

2. 按加工程度和用途分类

（1）原木。是指生长的树木被砍伐后，经修枝并截成规定长度的木材。主要用于建筑工程的脚手架、建筑用材、家具等。

（2）条木。是指经过修枝、剥皮，而没有加工造材的木材。主要用作屋架、桩木、坑木、电杆。原木经加工后可制作胶合板。

（3）板方材。是指按一定尺寸锯解、加工而成的板材和方材。板材是指截面宽度为厚度的 3 倍及 3 倍以上者；方材是指截面宽度不足厚度的 3 倍。主要用作模板、闸门、桥梁。

3. 按承重结构的受力情况分类

根据《木结构设计规范》（GBJ 5—88）的规定，按承重结构的受力情况和缺陷多少，对承重结构木构件材质等级分成三级，见表 9.1。

表 9.1　承重结构木构件材质等级

项　　次	构 件 类 别	材 质 等 级
1	受拉或拉弯构件	Ⅰ
2	受弯或压弯构件	Ⅱ
3	受压构件及次要受弯构件（如吊顶小龙骨等）	Ⅲ

9.6.1.2　木材的构造

1. 木材的宏观构造

木材的宏观构造是指用肉眼和放大镜能观察到的组织，通常从树干的横切面（垂直于树轴的面）、径切面（通过树轴的纵切面）和弦切面（平行于树轴的纵切面）三个切面上来进行剖析。

2. 木材的微观构造

针叶树材显微构造简单而规则，它主要由管胞、髓线和树脂道组成，其中管胞占总体积的 90% 以上，且其髓线较细而不明显。

阔叶树材显微构造较复杂，其细胞主要有木纤维、导管和髓线，其最大特点是髓线很发达，粗大而明显，这是鉴别阔叶树材的显著特征。

9.6.2　木材的技术性质

9.6.2.1　木材的物理性质

1. 木材的密度和表观密度

木材的密度基本相等，平均约为 $1.55g/cm^3$。木材细胞组织中的细胞腔及细胞壁中存在大量微小的孔隙，木材表观密度较小，一般只有 $300\sim800kg/m^3$。木材的孔隙率很大，达 50%～80%。

2. 木材的含水量

木材含水量用含水率表示，是指木材中水分质量与干燥木材质量的百分比。木材中的水分为化合水、自由水和吸附水三种。化合水是木材化学成分中的结合水，总含量通常不超过 1%～2%，它在常温下不变化，故其对木材的性质无影响；自由水是存在于木材细胞腔内和细胞间隙中的水，它影响木材的表观密度、抗腐蚀性、燃烧性和干燥性；吸附水是被吸附在细胞壁内的水分，吸附水的变化则影响木材强度和木材胀缩变形性能。

（1）木材的纤维饱和点。当木材中仅细胞壁内吸附水达到饱和，而细胞腔和细胞间隙中无自由水时的含水率称为木材的纤维饱和点。木材的纤维饱和点随树种而异，一般为25%～35%，通常其平均值约为30%。纤维饱和点是含水率是否影响强度和胀缩性能的临界点。

（2）木材的平衡含水率。当木材长时间处于一定温度和湿度的环境中时，木材中的含水量最后会与周围环境相平衡，达到相对恒定的含水率，这时木材的含水率称为平衡含水率。木材的平衡含水率是木材进行干燥时的重要指标。风干木材含水率为15%～25%，室内干燥的木材含水率常为8%～15%。

3. 木材的湿胀与干缩变形

当木材的含水率在纤维饱和点以下时，随着含水率的增大，木材体积产生膨胀，随着含水率减小，木材体积收缩，这分别称为木材的湿胀和干缩。此时的含水率变化主要是吸附水的变化。而当木材含水率在纤维饱和点以上，只是自由水增减变化时，木材的体积不发生变化。

9.6.2.2 木材的力学性质

1. 木材的强度

木材的强度较高，但由于其各向异性，每一种强度在不同方向上均不相同。所以木材的抗压强度、抗拉强度和抗剪强度等又有顺纹和横纹之分。作用力方向与纤维方向平行的称为"顺纹"；作用力方向与纤维方向垂直的称为"横纹"。

从理论上讲，假设顺纹抗压强度为1，木材各种强度之间的关系见表9.2。

表 9.2　　木材各种强度之间的关系

抗压强度		抗拉强度		抗弯强度	抗剪强度	
顺纹	横纹	顺纹	横纹		顺纹	横纹
1	1/10～1/3	2～3	1/20～1/3	1.5～2.0	1/7～1/3	1/2～1

2. 木材强度的影响因素

（1）木材纤维组织的影响。木材受力时，主要靠细胞壁承受外力，厚壁细胞数量越多，细胞壁越厚，强度就越高。当表观密度越大，木材的强度也越高。

（2）含水率的影响。木材的含水率在纤维饱和点以下时，随着含水率降低，木材强度增大；当含水率在纤维饱和点以上变化时，基本上不影响木材的强度。

含水率的变化对各强度的影响是不一样的。对顺纹抗压强度和抗弯强度的影响较大，对顺纹抗拉强度和顺纹抗剪强度影响较小。

（3）负荷时间的影响。木材在长期荷载作用下，即使外力值不变，随着时间延长木材将发生较大的蠕变，最后达到较大的变形而破坏。这种木材在长期荷载作用下不致引起破坏的最大强度，称为持久强度。木材的持久强度比其极限强度小得多，一般为极限强度的50%～60%。

木材的长期承载能力远低于暂时承载能力。因此在设计木结构时，应考虑负荷时间对木材强度的影响。

（4）温度的影响。随环境温度升高，木材中的细胞壁成分会逐渐软化，强度也随之降低。一般气候下的温度升高不会引起化学成分的改变，温度恢复时会恢复原来强度。当木材长期处于 60～100℃ 温度时，强度下降，变形增大。温度超过 140℃ 时，强度明显下降。

（5）木材的疵病。木材在生长、采伐及保存过程中，会产生内部和外部的缺陷，这些缺陷统称为疵病。

木材的疵病主要有木节、斜纹、腐朽及虫害等，这些疵病将影响木材的力学性质，但同一疵病对木材不同强度的影响不尽相同。

9.6.2.3 木材的装饰性质

1. 纹理美观

木材天然生长具有的自然纹理使木装饰制品更加典雅、柔和和温和。例如：直线条纹的栓木、樱桃木；不均匀线条纹的柚木；疏密不均的细纹胡桃木；断续细直纹的红木；山形花纹的花梨木；影芳花纹的梧桐木；勾线花纹的鹅掌楸木等，真可谓是千姿百态，具有极佳的装饰效果。

2. 色泽柔和

木材树种不同，生长条件有别，除具有多种多样天然细腻的纹理之外，还具有丰富的自然色彩和表面光泽。例如，单色调的枫木、橡木和白桦木，乳白色的白蜡木和白杨木，白色至淡灰棕色的椴木，淡粉至红棕色的赤柏木，深色调的檀木、柚木、榉木和核桃木等，红棕色的山毛榉木，红棕色到深棕色的榆木，巧克力棕色的胡桃木，枣红色的红木等。

3. 弹性好、质感好

木材特有的质感和弹性使木材具有极好的视觉、手感和脚感。

4. 涂饰性好

木材的表面可以通过贴、喷、涂和印等处理，使木材具有阻燃性、耐磨性和防腐性等优良的使用性能，充分显示出木材人工与自然的互变性，达到尽善尽美的意境。

9.6.2.4 木材的选用原则

木材在质感、光泽、色彩和纹理等各个方面的装饰性具有绝对的优势。在选择木材时，应注意各类木材的协调组合、搭配，注意木材与其他装饰材料的合理匹配，以最大限度的发挥木材的装饰性在整体装饰效果中的效应，获得最佳的装饰效果。如当确定室内装饰以木质材料为主格调时，即木地板、木踢脚线、木质顶棚等，因为木材属于强质材料（即质感、光泽、质地较好的材料），而强质材料的通性是它们易于达到协调，即使采用单一的色彩也不会冲淡鲜明主题，仍能给人以回归自然和华贵高雅的双重感觉。此外，欲突出木材的装饰效果，也可用异类组合，如木地板与仿木纹壁纸组合，完成一种空间效果的创造；木材与金属的组合，柔和了坚硬与耀眼的表面；木材与玻璃的组合，表现了古朴与现代的交流，更有浪漫气息。

9.6.3 木材的综合利用

9.6.3.1 胶合板

胶合板是用原木沿年轮旋切成大张薄片，再用胶粘剂按奇数层数，以各层纤维互相垂直的方向，粘合热压而成的人造板材。一般为 3～13 层，所用胶料有动植物胶和耐水性好的酚醛、脲醛等合成树脂胶。

1. 分类

胶合板根据耐水性大小可分为四类。

（1）Ⅰ类（NQF）——耐气候、耐沸水胶合板。是用酚醛树脂胶或其他性能相当的胶粘合而成，具有耐久、耐煮沸或蒸汽处理、耐干热、抗菌等性能，能在室外使用。

（2）Ⅱ类（NS）——耐水胶合板。是用脲醛树脂或其他性能相当的胶粘合而成，具有耐冷水浸泡及短时间热水浸泡、但不耐煮沸等性能。

（3）Ⅲ类（NC）——耐潮胶合板。是用血胶、带有多量填料的脲醛树脂胶或其他性能相当的胶合剂胶合而成，具有耐短期冷水浸泡的特点，适于室内常态下使用。

（4）Ⅳ类（BNS）——不耐水胶合板。是用豆胶或其他性能相当的胶合剂胶合而成，有一定胶合强度但不耐水，室内工程一般常态下使用。

2. 特点及应用

胶合板幅面大、平整易加工、材质均匀、不裂不翘、收缩性小，尤其是板面具有美丽、真实的自然木纹，是良好的装饰板材之一，设计施工时采取一定的手法可以获得线条明朗、凹凸有致的装饰效果。

胶合板用途很广，通常用作隔墙、天花板、门面板、家具及室内装修等。耐水胶合板可作混凝土模板。

9.6.3.2　纤维板

纤维板是将木材加工下来的板皮、刨花、树枝等废料，经破碎浸泡、研磨成木浆，再加入一定的胶料，经热压成型、干燥处理而成的人造板材。生产纤维板可使木材的利用率达 90% 以上。

1. 分类

纤维板按表观密度的大小可分硬质纤维板（表观密度大于 $800kg/m^3$，又称为高密度纤维板）、半硬质纤维板（表观密度为 $400\sim800kg/m^3$，又称为中密度纤维板）、软质纤维板（表观密度小于 $400kg/m^3$，又称为低密度纤维板）三种。

2. 特点及应用

纤维板的特点是材质构造均匀、各向强度一致；抗弯强度高，可达 55MPa；耐磨、绝热性好；不易胀缩和翘曲变形，不腐朽，无木节、虫眼等缺陷。

软质纤维板结构疏松、孔隙率大、强度低，是一种良好的绝热材料。中密度纤维板组织结构均匀细密、密度适中，板面坚实、平整光滑，尺寸稳定性好，强度较高，适合于各种表面处理和加工，特别是异型加工，而且和其他材料的黏结力强，是制作家具的好材料，也可用于隔墙、地面等装饰。硬质纤维板在建筑中应用最广，它可代替木板，主要用作室内壁板、门板、地板、家具等。通常在板表面施以仿木纹油漆处理，可达到以假乱真的效果，但其表面不美观，易吸湿变形，一般需做表面处理。

9.6.3.3　细木工板

细木工板属于特种胶合板的一种，为芯板用木板拼接而成，两个表面为胶贴木质单板的实心板材。

细木工板具有质坚、吸声、绝热等特点，适用于家具、车厢和建筑物内装修等。

9.6.3.4 刨花板、木丝板、木屑板

刨花板、木丝板和木屑板是利用刨花碎片、短小废料加工刨制的木丝、木屑等，经过干燥、拌以胶料、热压而成的板材。

这些板材所用的胶结材料可有多种，如动物胶、合成树脂、水泥、氯镁氧水泥等。

这类板材一般表观密度较小，强度低，主要用作吸音和绝热材料，但热压树脂刨花板和木屑板，表面粘贴塑料贴面或胶合板作饰面层后，可用作吊顶、隔墙、家具等材料。

9.6.4 木材的防腐与防火

9.6.4.1 木材的腐朽

木材腐朽主要是由真菌侵害所致，引起木材变质腐朽的真菌有三种，即霉菌、变色菌和腐朽菌，其中腐朽菌的侵害所引起的腐朽较多。

真菌在木材中的生存和繁殖，必须同时具备三个条件，即要有适当的水分、空气和温度。

当木材的含水率在 35%～50%，温度在 25～30℃，木材中存在一定量空气时，最适宜腐朽菌的繁殖，因而木材最易腐朽。如果设法破坏其中一个条件，就能防止木材腐朽。

9.6.4.2 木材防腐措施

通常防止木材腐朽的措施有以下两种。

1. 破坏真菌生存的条件

破坏真菌生存条件最常用的办法是：使木结构、木制品和储存的木材处于经常保持通风干燥的状态，使其含水率低于 20%，可采用防水防潮的措施；再对木结构和木制品表面进行油漆处理，油漆涂层即使木材隔绝了空气，又隔绝了水分。由此可知，木材油漆首先是防腐，其次才是美观。

2. 把木材变成有毒的物质

将化学防腐剂注入木材中，使真菌无法寄生。

木材防腐剂种类很多，一般分三类：水溶性防腐剂如氟化钠、氯化锌、氟硅酸钠、硼酸、硼酚合剂等；油质防腐剂如杂酚油、蒽油、煤焦油等；油溶性防腐剂如五氯酚等。

木材注入防腐剂的方法有多种，通常有表面涂刷或喷涂法、常压浸渍法、冷热槽浸透法和压力渗透法等。

9.6.4.3 木材的防火

木材的防火，就是将木材经过具有阻燃性能的化学物质处理后，变成难燃的材料。

1. 低于木材着火危险温度

让木材使用温度低于 260℃。

木结构设计中将 260℃称为木材着火危险温度。

2. 采用化学药剂

防火剂一般有两类：浸注剂和防火涂料。

其防火原理是化学药剂遇火源时能产生隔热层，阻止木材着火燃烧。

复 习 思 考 题

1. 玻璃在建筑上的用途有哪些？有哪些性质？

2. 常用的安全玻璃有哪几种？各有何特点？用于何处？

3. 什么是吸热玻璃、热反射玻璃、中空玻璃？各自的特点及应用有哪些？

4. 建筑饰面材料的种类有哪些？各有何特点？用于何处？

5. 玻璃马赛克在施工时有哪些注意事项？

6. 建筑涂料对建筑物而言有哪些功能？

7. 建筑涂料的组成成分有哪些？分类有哪些？

8. 常用的建筑陶瓷有哪几种？各有什么用途？

9. 塑料的组分有哪些？它们在塑料中所起的作用如何？

10. 建筑塑料有何优缺点？工程中常用的建筑塑料有哪些？

11. 胶粘剂的组成成分有哪些？胶粘剂的种类有哪些？

12. 木材的纤维饱和点、平衡含水率、标准含水率各有什么实用意义？

13. 木材含水率的变化对其性能有什么影响？

14. 影响木材强度的因素有哪些？

15. 简述木材的腐蚀原因和防腐以及防火方法。

16. 简述木材的选用原则。

第 10 章　绝热材料与吸声材料

内容概述　本章主要介绍了绝热材料与吸声材料的工作原理以及常用的绝热与吸声材料的种类。同时对影响绝热与吸声材料的因素作了简要介绍。

学习目标　掌握常用绝热与吸声材料的种类及其特点，明确其工作原理，能根据不同环境合理选择绝热与吸声材料。

10.1　绝　热　材　料

在工程中，习惯上把控制室内热量外流的材料称为保温材料，把防止室外热量进入室内的材料称为隔热材料。保温材料和隔热材料统称为绝热材料。合理地采用绝热材料，能提高建筑物的使用效能，保证正常的生产、工作和生活。在采暖、空调、冷藏等建筑物中采用必要的绝热材料，能减少热损失，节约能源，降低成本。据统计，绝热良好的建筑，其能源消耗可节省 $25\%\sim50\%$，因此，在建筑工程中，合理地使用绝热材料具有重要意义。

10.1.1　绝热材料的基本特性

绝热材料最基本的性能要求是导热性低。建筑工程中使用的绝热材料，一般要求其导热系数不大于 $0.23W/(m \cdot K)$，表观密度不大于 $600kg/m^3$，抗压强度不小于 $0.3MPa$。在具体选用时，除考虑上述基本要求外，还应了解材料在耐久性、耐火性、耐侵蚀性等方面是否符合要求。

导热系数（λ）是材料导热特性的一个物理指标。当材料厚度、受热面积和温差相同时，导热系数（λ）值主要决定于材料本身的结构与性质。因此，导热系数是衡量绝热材料性能优劣的主要指标。λ值越小，则通过材料传送的热量就越少，其绝热性能也越好。材料的导热系数决定于材料的组分、内部结构、表观密度；也决定于传热时的环境温度和材料的含水量。通常，表观密度小的材料其孔隙率大，因此导热系数小。孔隙率相同时，孔隙尺寸大，导热系数就大；孔隙相互连通比相互不连通（封闭）者的导热系数大。对于松散纤维制品，当纤维之间压实至某一表观密度时，其λ值最小，则该表观密度为最佳表观密度。纤维制品的表观密度小于最佳表观密度时，表明制品中纤维之间的空隙过大，易引起空气对流，因而其λ值反而增大。绝热材料受潮后，其λ值增加，因为水的λ值 $[0.58W/(m \cdot K)]$ 远大于密闭空气的导热系数 $[0.023W/(m \cdot K)]$。当受潮的绝热材料受到冰冻时，其导热系数会进一步增加，因为冰的λ值为 $2.33W/(m \cdot K)$，比水大。因此，绝热材料应特别注意防潮。

当材料处在 $0\sim50℃$ 范围内时，其λ值基本不变。在高温时，材料的λ值随温度的升高而增大。对各向异性材料（如木材等），当热流平行于纤维延伸方向时，热流受到的阻力小，其λ值较大；而热流垂直于纤维延伸方向时，受到的阻力大，其λ值就较小。常用建筑材料导热系数见表10.1。

表10.1　　　　　　　　　　常用建筑材料导热系数

材　料	导热系数 [W/(m·K)]	材　料	导热系数 [W/(m·K)]	材　料	导热系数 [W/(m·K)]
铁	50	软木	0.13	普通烧结砖	0.55
不锈钢	17	有机玻璃	0.18	普通混凝土	1.80
铜	180	刚性PVC	0.17	膨胀珍珠岩	0.04
水	0.58	冰	2.3	空气	0.029

10.1.2　常用的绝热材料

常用的绝热材料按其成分可分为有机和无机两大类。无机绝热材料是用矿物质原料做成的呈松散状、纤维状或多孔状的材料，可加工成板、卷材或套管等形式的制品。有机绝热材料是用有机原料（如各种树脂、软木、木丝、刨花等）制成。有机绝热材料的密度一般小于无机绝热材料。无机绝热材料不腐烂、不燃，有些材料还能抵抗高温，但密度较大。有机绝热材料吸湿性大，易受潮、腐烂，高温下易分解变质或燃烧，一般温度高于120℃时就不宜使用，但堆积密度小，原料来源广，成本较低。

10.1.2.1　无机纤维状绝热材料

这是一类由连续的气相与无机纤维状固相组成的材料。常用的无机纤维有矿棉、石棉、玻璃棉等，可制成板或筒状制品。由于不燃、吸音、耐久、价格便宜、施工简便，因而广泛用于住宅建筑和热工设备的表面。

1.玻璃棉及制品

玻璃棉属于玻璃纤维中的一个类别，是一种人造无机纤维。玻璃棉是将熔融玻璃纤维化，形成棉状的材料，化学成分属玻璃类，是一种无机质纤维，具有成型好、体积密度小、热导率低、保温绝热、吸音性能好、耐腐蚀、化学性能稳定等特点。一般的堆积密度为40～150kg/m³，导热系数小，价格与矿棉制品相近，可制成沥青玻璃棉毡、板及酚醛玻璃棉毡和板，使用方便，因此是广泛用在温度较低的热力设备和房屋建筑中的保温隔热材料，还是优质的吸声材料。

2.石棉及其制品

石棉是一种具有高耐化学和热侵蚀、电绝缘和具有可纺性的硅酸盐类矿物产品。也是一种纤维状无机结晶材料。石棉具有耐火、耐酸碱、绝热、防腐、隔音等特性。通常以石棉为主要原料生产的保温隔热制品有石棉粉、石棉涂料、石棉板、石棉毡等制品，用于建筑工程的高效能保温及防火覆盖等。

3.矿棉和矿棉制品

矿棉一般包括矿渣棉和岩石棉。矿渣棉所用原料有高炉硬矿渣、铜矿渣和其他矿渣等，另加一些调整原料（含氧化钙、氧化硅的原料）。岩石棉的主要原料是天然岩石，经熔融后吹制而成的纤维状（棉状）产品。

矿棉具有轻质、不燃、绝热和电绝缘等性能，且原料来源丰富，成本较低，可制成矿棉板、矿棉防水毡及管套等。可用作建筑物的墙壁、屋顶、顶棚等处的保温隔热和吸声。

10. 1. 2. 2　无机散粒状绝热材料

这是一类由连续的气相与无机颗粒状固相组成的材料。常用的固相材料有膨胀蛭石和珍珠岩等。

1. 膨胀蛭石及其制品

膨胀蛭石是由天然矿物蛭石经烘干、破碎、焙烧（800～1000℃），在短时间内体积急剧膨胀（6～20 倍）而成的一种金黄色或灰白色的颗粒状材料。

膨胀蛭石的主要特性是表观密度 80～900kg/m³，导热系数 0.046～0.070W/(m·K)，可在 1000～1100℃ 温度下使用，不蛀、不腐，但吸水性较大。膨胀蛭石可以呈松散状铺设于墙壁、楼板、屋面等夹层中，作为绝热、隔声之用。使用时应注意防潮，以免吸水后影响绝热效果。

膨胀蛭石也可与水泥、水玻璃等胶凝材料配合，浇制成板，用于墙、楼板和屋面板等构件的绝热。

2. 膨胀珍珠岩及其制品

膨胀珍珠岩是由天然珍珠岩煅烧而成的，呈蜂窝泡沫状的白色或灰白色颗粒，是一种高效能的绝热材料。其堆积密度为 40～500kg/m³，导热系数为 0.047～0.070W/(m·K)，最高使用温度可达 800℃，最低使用温度为－200℃。具有吸湿小、无毒、不燃、抗菌、耐腐、施工方便等特点。建筑上广泛用于围护结构、低温及超低温保冷设备、热工设备等处的隔热保温材料，也可用于制作吸声制品。

膨胀珍珠岩制品是以膨胀珍珠岩为主，配合适量胶凝材料（水泥、水玻璃、磷酸盐、沥青等），经拌和、成型、养护（或干燥、或固化）后而制成的具有一定形状的板、块、管壳等制品。

10. 1. 2. 3　无机多孔类绝热材料

多孔类材料是由固相和孔隙良好地分散材料组成的，主要有泡沫类和发气类产品。

（1）泡沫混凝土。是由水泥、水、松香泡沫剂混合后经搅拌、成型、养护而成的一种多孔、轻质、保温、隔热、吸声材料。也可用粉煤灰、石灰、石膏和泡沫剂制成粉煤灰泡沫混凝土。泡沫混凝土的表观密度为 300～500kg/m³，导热系数为 0.082～0.186W/(m·K)。

（2）加气混凝土。是由水泥、石灰、粉煤灰和发气剂（铝粉）配制而成的一种保温隔热性能良好的轻质材料。由于加气混凝土的表观密度小（500～700kg/m³），导热系数值［0.093～0.164W/(m·K)］比黏土砖小，因此 24cm 厚的加气混凝土墙体，其保温隔热效果优于 37cm 厚的砖墙。此外，加气混凝土的耐火性能良好。

（3）硅藻土。由水生硅藻类生物的残骸堆积而成。导热系数约为 0.060W/(m·K)，其孔隙率为 50%～80%，因此具有很好的绝热性能，可用作填充料或制成制品。

（4）微孔硅酸钙。由硅藻土或硅石与石灰等经配料、拌和、成型及水热处理制成。以托贝莫来石为主要水化产物的微孔硅酸钙，表观密度约为 200kg/m³，导热系数约为 0.047W/(m·K)，最高使用温度约 650℃。以硬硅钙石为主要水化产物的微孔硅酸钙，其表观密度约为 230kg/m³，导热系数约为 0.056W/(m·K)，最高使用温度可达 1000℃。

（5）泡沫玻璃。由玻璃粉和发泡剂等经配料、烧制而成。气孔率达 80%～95%，气孔直径为 0.1～5mm，且大量为封闭而孤立的小气泡。其表观密度为 150～600kg/m³，导

热系数为 $0.058 \sim 0.128 \mathrm{W}/(\mathrm{m \cdot K})$，抗压强度为 $0.8 \sim 15 \mathrm{MPa}$。采用普通玻璃粉制成的泡沫玻璃最高使用温度为 $300 \sim 400 ℃$，若用无碱玻璃粉生产时，则最高使用温度可达 $800 \sim 1000 ℃$。耐久性好、易加工，可满足多种绝热需要。

10.1.2.4 有机绝热材料

（1）泡沫塑料。是以各种树脂为基料，加入一定剂量的发泡剂、催化剂、稳定剂等辅助材料，经加热发泡而制成的一种具有轻质、绝热、吸声、防震性能的材料。泡沫塑料具有表观密度小、隔音性能好等特点。目前我国生产的有聚苯乙烯泡沫塑料，其表观密度为 $20 \sim 50 \mathrm{kg/m^3}$，导热系数为 $0.038 \sim 0.047 \mathrm{W}/(\mathrm{m \cdot K})$，最高使用温度约 $70 ℃$；聚氯乙烯泡沫塑料，其表观密度为 $12 \sim 75 \mathrm{kg/m^3}$，导热系数为 $0.031 \sim 0.045 \mathrm{W}/(\mathrm{m \cdot K})$。聚氨酯泡沫塑料，其表观密度为 $30 \sim 65 \mathrm{kg/m^3}$，导热系数为 $0.035 \sim 0.042 \mathrm{W}/(\mathrm{m \cdot K})$，最高使用温度可达 $120 ℃$，最低使用温度为 $-60 ℃$。此外，还有脲醛泡沫塑料及制品等。该类绝热材料可用作复合墙板及屋面板的夹心层及冷藏和包装等绝热需要。

（2）植物纤维类绝热板。该类绝热材料可用稻草、木质纤维、麦秸、甘蔗渣等为原料经加工而成。其表观密度为 $200 \sim 1200 \mathrm{kg/m^3}$，导热系数为 $0.058 \sim 0.307 \mathrm{W}/(\mathrm{m \cdot K})$，可用于墙体、地板、顶棚等。

（3）窗用绝热薄膜（又名新型防热片）。其厚度为 $12 \sim 50 \mu \mathrm{m}$，用于建筑物窗户的绝热，可以遮蔽阳光，防止室内陈设物褪色，减低冬季热量损失，节约能源，增加美感。使用时，将特制的防热片（薄膜）贴在玻璃上，其功能是将透过玻璃的大部分阳光反射出去，反射率高达 80%。防热片能减少紫外线的透过率，减轻紫外线对室内家具和织物的有害作用，减弱室内的温度变化程度，也可避免玻璃碎片伤人。

10.2 吸 声 材 料

对空气中传播的声能有较大程度吸收作用的材料，称为吸声材料。吸声材料多为蓬松状材料，它的穿孔透气作用设计使它具有很好的吸声性能，吸声材料在音乐厅、影剧院、录音室、演播厅等公众场所中大量使用，不仅可以减少环境噪声污染，而且能适当地改善音质。获得良好的音质效果。

10.2.1 材料吸声的原理及其技术指标

1. 材料吸声的作用原理

声音起源于物体的振动，它迫使邻近的空气跟着振动而成为声波，并在空气介质中向四周传播。声音沿发射的方向最响，称为声音的方向性。

声音在传播过程中，一部分由于声能随着距离的增大而扩散，另一部分则因空气分子的吸收而减弱。声能的这种减弱现象，在室外空旷处颇为明显，但在室内如果房间的体积并不太大，上述的这种声能减弱就不起主要作用，而主要是室内墙壁、天花板、地板等材料表面对声能的吸收。

2. 材料吸声的评价指标

当声波遇到材料表面时，一部分被反射，另一部分穿透材料，其余的部分则传递给材料，在材料的孔隙中引起空气分子与孔壁的摩擦和黏滞阻力，其间相当一部分声能转化为热能而被吸收掉。这些被吸收的能量（E）（包括部分穿透材料的声能在内）与传递给材料的全部声能（E_0）之比，是评定材料吸声性能好坏的主要指标，称为吸声系数。

吸声系数越大，说明材料的吸声效果越好。吸声系数与声音的频率及声音的入射方向有关。因此吸声系数用声音从各方向入射的吸收平均值表示，并应指出是对哪一频率的吸收。通常采用六个频率：125Hz、250Hz、500Hz、1000Hz、2000Hz、4000Hz。任何材料对声音都能吸收，只是吸收程度有很大不同。通常是将对上述六个频率的平均吸声系数大于 0.2 的材料，称为吸声材料。

10.2.2　影响多孔性材料吸声性能的因素

（1）材料的表观密度。对同一种多孔材料（例如超细玻璃纤维）而言，当其表观密度增大时（即孔隙率减小时），对低频的吸声效果有所提高，而对高频的吸声效果则有所降低。因此在一定条件下，材料密度存在一个最佳值。

（2）材料的厚度。增加多孔材料的厚度，可提高对低频的吸声效果，而对高频则没有大的影响。

（3）材料的孔隙特征。孔隙愈多愈细小，吸声效果愈好。如果材料中的孔隙大部分为单独的封闭气泡（如聚氯乙烯泡沫塑料），则因声波不能进入，从吸声机理上来讲，就不属多孔性吸声材料。当多孔材料表面涂刷油漆或材料吸湿时，则因材料的孔隙被水分或涂料所堵塞，其吸声效果亦将大大降低。

（4）材料背后的空气层。材料背后的空气层，相当于增大了材料的有效厚度，因此它的吸声性能一般来说随空气层厚度增加而提高，特别是改善对低频的吸收，它比增加材料厚度来提高低频的吸声效果更有效。通常将吸声材料安装在离墙一定距离处，调整材料距离墙面的安装距离（即空气层厚度）为 1/4 波长的奇数倍时，可获得最好的吸声效果。

10.2.3　工程中常用吸声材料

（1）多孔类吸声材料。是最常用的吸声材料之一，其主要是靠大量内外连通的微孔吸声。声波进入材料内部互相贯通的孔隙，空气分子受到摩擦和黏滞阻力，使空气产生振动，从而使声能转化为机械能，最后因摩擦而转变为热能被吸收。这类多孔材料的吸声系数，一般从低频到高频逐渐增大，所以对中频和高频的声音吸收效果较好。此类材料可分为纤维材料、颗粒材料和泡沫材料。

（2）膨胀珍珠岩装饰吸声制品。是以膨胀珍珠岩为集料，配合适量的胶结剂，并加入其他辅料制成的板块材料。按所用的胶粘剂及辅料不同，可分为水玻璃珍珠岩板、石膏珍珠岩板、水泥珍珠岩板、沥青珍珠岩板、磷酸盐珍珠岩板等多种。膨胀珍珠岩板具有质轻、不燃、吸声、施工方便等优点，多用于墙面或顶棚装饰与吸声工程。

膨胀珍珠岩吸声砖是以适当粒径的膨胀珍珠岩为集料，加入胶粘剂，按一定配比，经搅拌、成型、干燥、焙烧或养护而成。该砖材吸声隔热，可锯可钉，施工方便，常用于消声砌体工程。

（3）矿棉装饰吸声板。是以矿渣棉、岩棉或玻璃棉为基料，加入适量的胶粘剂、防潮剂、防腐剂，经过加压和烘干制成的板状材料，该吸声板具有质轻、不燃、吸声效果好、保温、隔热、装饰效果好等优异性能，适用于宾馆、会议大厅、写字楼、影剧院等公共建筑吊顶和墙面吸声装饰。

（4）泡沫塑料。有聚苯乙烯泡沫塑料、聚氯乙烯泡沫塑料、聚氨酯泡沫塑料和脲醛泡沫塑料等多种。泡沫塑料的孔型以封闭为主，所以吸声性能不够稳定，软质泡沫塑料具有一定程度的弹性，可导致声波衰减，常作为柔性吸声材料。

（5）钙塑泡沫装饰吸声板。是以聚乙烯树脂和无机填料，经混炼模压、发泡、成型制成。该板一般规格为 500mm×500mm×6mm，有多种颜色，可制成凹凸图案、打孔图案。钙塑泡沫装饰吸声板质轻、耐水、吸声、隔热、施工方便，常用于吊顶和内墙面。

（6）穿孔板和吸声薄板。将铝合金板或不锈钢板穿孔加工制成金属穿孔吸声装饰板。由于其强度高，可制得较大穿孔率的微孔板背衬多孔材料使用。金属穿孔吸声装饰板主要起饰面作用。吸声薄板有胶合板、石膏板、石棉水泥板、硬质纤维板等。通常是将它们的四周固定在龙骨上，背后有适当空气层形成的空腔组成共振吸声结构。若在其空腔内填入多孔材料，可在很宽的频率范围内提高吸声系数。

（7）悬挂空间吸声体。由于声波与吸声材料的两个或两个以上的表面相接触，增加了有效的吸声面积，产生边缘效应，加上声波的衍射作用，大大提高了实际的吸声效果。空间吸声体具有用料少、重量轻、投资省、吸声效率高布置灵活等特点。实际使用时，可根据不同的使用地点和要求，设计成各种形式的悬挂在顶棚下的空间吸声体。空间吸声体有平板形、球形、方块形、圆锥形、棱锥形等多种形式。

10.2.4 隔声材料

能减弱或隔断声波传递的材料称为隔声材料。人们要隔绝的声音按传播的途径可分为空气声（由于空气的振动）和固体声（由于固体的撞击或振动）两种。必须指出：吸声性能好的材料，不能简单地就把它们作为隔声材料来使用。

对隔空气声，根据声学中的"质量定律"，墙或板传声的大小，主要取决于其单位面积质量，质量越大，越不易振动，则隔声效果越好，故必须选用密实、沉重的材料（如黏土砖、钢板、钢筋混凝土）作为隔声材料，而吸声性能好的材料，一般为轻质、疏松、多孔材料，不宜作为隔声材料。

对隔固体声最有效的措施是采用不连续的结构处理，即在墙壁和承重梁之间、房屋的框架和隔墙及楼板之间加弹性衬垫，如毛毡、软木、橡皮、设置空气隔离层或在楼板上加弹性地毯等，以阻止或减弱固体声波的连续传播。

复 习 思 考 题

1. 常用的绝热材料有哪几种？其性能和特点各有什么不同？
2. 建筑玻璃品种主要有哪些？
3. 常用的建筑装饰材料都有哪些？各有何特点？

第11章　建筑与装饰材料试验

内容概述　建筑与装饰材料试验是本课程重要的实践性教学环节。本章内容按照高等职业教育教学大纲的要求进行选材，包括水泥试验，混凝土用砂、石试验，普通混凝土试验及砂浆试验，石油沥青试验，钢筋性能试验，常用装饰材料试验等。

学习目标　通过试验，使学生对主要建筑与装饰材料的性能有进一步的了解，巩固和加深理解所学的理论知识，了解常用的试验仪器，掌握常用建筑与装饰材料性能的检验和评定；掌握各技术指标的检测方法、检测仪器的操作、试验数据的处理与报告的填写；培养学生严谨认真的科学态度，提高学生分析和解决问题的能力。了解其他检测方法和新仪器、新设备的发展方向，了解试验所使用的国家标准。

11.1　水　泥　试　验

11.1.1　水泥细度测定（筛析法）

水泥细度是将水泥试样通过 $80\mu m$ 或 $45\mu m$ 的方孔筛，筛分后用筛网上筛余物的质量与试样原始质量的百分数来表示水泥样品的细度。水泥细度常用检测方法有负压筛法、水筛法和干筛法。当有争议时，以负压筛法为准。

11.1.1.1　试验目的

检验水泥颗粒的粗细程度，以它作为评定水泥质量的依据之一。

11.1.1.2　主要仪器设备

（1）试验筛（图 11.1）。$80\mu m$ 方孔筛，分负压筛、水筛和干筛三种。负压筛应附有透明筛盖，并与筛上口有良好的密封性。试验筛每使用 100 次后需重新标定。

（2）负压筛析仪（图 11.2）。由筛座、负压筛、负压源及吸尘器组成。筛座由转速为（30±2）r/min 的喷气嘴、负压表、电机及机壳组成。

（3）水筛架和喷头（图 11.3）。水筛架上筛座内径 140_{-3}^{+0} mm，下部有叶轮可在水流作用时使筛座旋转。喷头直径 55mm，面上均匀分布 90 个孔，孔径 0.5～0.7mm。

（4）天平。感量应不大于 0.01g。

11.1.1.3　试验步骤

1. 负压筛法

（1）仪器设备检查。置负压筛于筛座上并盖上筛盖，接通电源，调节负压至 4～6kPa，

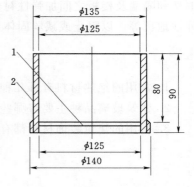

图 11.1　试验筛（单位：mm）

1—筛网；2—筛框

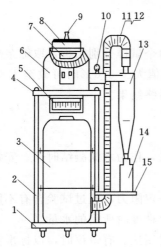

图 11.2 负压筛析仪示意图

1—底座；2—立柱；3—吸尘器；4—面板；5—真空
负压筛；6—筛析仪；7—喷嘴；8—试验筛；
9—筛盖；10—气压接头；11—吸法软管；
12—气压调节阀；13—收尘筒；14—收
集容器；15—把座

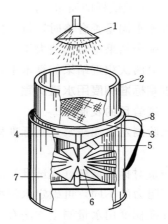

图 11.3 水筛法装置系统图

1—喷头；2—标准筛；3—旋转托架；
4—集水斗；5—出水口；6—叶轮；
7—外筒；8—把手

检查控制系统。

（2）筛分。称取试样 25g 置于洁净的负压筛中，盖上筛盖，开动负压筛析仪，连续筛析 2min。筛毕，称量筛余物 R_s。

注：①筛分中，如有试样附在筛壁筛盖上，应轻敲筛盖使试样下落；②筛析过程中，负压应保持在 4～6kPa 之间。

2. 水筛法

（1）仪器设备检查。检查水中有无泥沙，调整水压（0.05MPa）及水筛架的位置，使其能正常运转。喷头底面距筛网 35～70mm。

（2）筛分。称取试样 50g，置于洁净水筛中，立即用洁净淡水冲洗至大部分细粉通过后，再将水筛置于水筛架上，打开喷头连续冲洗 3min。筛毕，用少量水将筛余物冲至蒸发皿中，沉淀后，小心倒出清水，烘干后，称量筛余物 R_s。

3. 干筛法

（1）仪器检查。筛框有效直径 150mm，高 50mm，并附有筛盖、筛底。

（2）筛分。称取水泥试样 50g 倒入干筛内，用一只手执筛往复摇动，另一只手轻轻拍打，拍打速度每分钟 120 次，每 40 次向同一方向转动 60°，直至每分钟通过试样量不超过 0.03g 为止，称量筛余物 R_s。

11.1.1.4 试验数据计算与评定

按式（11.1）计算水泥筛余百分率：

$$F = \frac{R_s}{m} \times 100\% \tag{11.1}$$

式中 F——水泥试样的筛余百分数；

R_S——水泥筛余物的质量，g；

m——水泥试样的质量，g。

评定被测水泥是否合格时，每个样品应称取两个试样分别筛析，取筛余平均值作为结果。若两次筛余结果绝对误差大于 0.5％时（筛余值大于 5.0％时可放至 1.0％），须再做一次试验，取两次相近结果的算术平均值，作为最终结果。

11.1.2 水泥标准稠度用水量测定

11.1.2.1 试验目的及原理

通过试验测定水泥净浆达到标准稠度的需水量，作为水泥凝结时间、安定性试验的用水量标准。

水泥净浆对标准试杆（或试锥）的沉入具有一定阻力，通过试验含有不同水量的水泥净浆对试杆阻力的不同，可确定水泥净浆达到标准稠度时所需的水量。

水泥标准稠度用水量测定方法有：标准法和代用法。有争议时，以标准法为准。

11.1.2.2 主要仪器设备

（1）标准稠度与凝结时间测定仪（图 11.4）。由铁座、可以自由滑动的金属滑杆〔下部可旋接测定标准稠度用的试杆、试锥和试针，滑动部分的总质量为（300±1）g〕、松紧螺丝、标尺和指针组成。

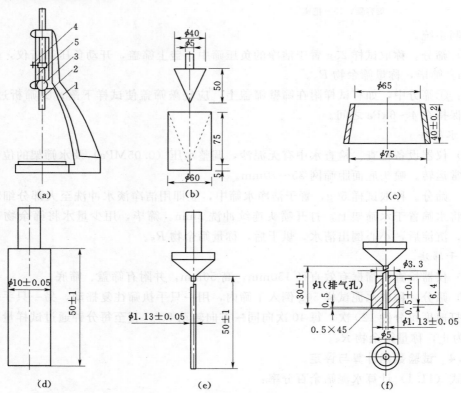

图 11.4 标准稠度与凝结时间测定仪（单位：mm）

（a）维卡仪；（b）试锥和锥模；（c）圆模；（d）标准稠度试杆；（e）初凝用试针；（f）终凝用试针

1—铁座；2—金属滑杆；3—松紧螺丝；4—指针；5—标尺

（2）圆模（图 11.4）。由耐腐蚀、有足够硬度的金属制成，每个圆模应配备一个大于圆模并且厚度不小于 2.5mm 的平板玻璃底板。

（3）水泥净浆搅拌机（图 11.5）。由搅拌锅、搅拌锅座、搅拌叶片、电机和控制系统组成。搅拌锅座可以在垂直方向升降，控制系统具有自动控制和手动控制两种功能。

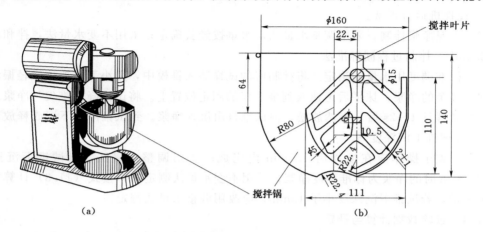

图 11.5　水泥净浆搅拌机示意图（单位：mm）
(a) 水泥净浆搅拌机；(b) 搅拌锅与搅拌叶片

（4）其他。天平（最大称量不小于 1000g，分度值不大于 1g）、量筒（最小刻度为 0.1mL，精度 1%）等。

11.1.2.3　试验步骤

1. 标准法

（1）仪器设备检查。包括以下方面：

1）维卡仪的金属滑杆能靠自重自由下落，不得有紧涩和晃动现象。

2）搅拌机运行正常。

3）将标准稠度试杆旋接在金属滑杆下部，调整滑杆，使试杆接触玻璃板时指针对准零点。

（2）水泥净浆拌制。用湿抹布润湿水泥浆将要接触的仪器表面及用具，将拌和水（水量按经验确定）倒入搅拌锅中，在 5～10s 内将称好的 500g 水泥加入水中，放置在搅拌机锅座上，升至搅拌位置，启动搅拌机，低速搅 120s，停 15s，高速搅 120s，停机。

注：在搅拌机停用的 15s 中，可将叶片和锅壁上的水泥浆刮入锅内。

（3）标准稠度用水量的测定。将拌制好的试样，装入已置于玻璃板上的圆模中，用小刀插捣并轻轻振动数次，刮去多余净浆抹平，迅速移到维卡仪上，并将其中心位于试杆下方。降低试杆使其底端与净浆表面接触，拧紧螺丝 1～2s 后，突然放松，使试杆自由沉入。在试杆停止沉入或释放试杆 30s 时记录试杆距底板间的距离。以试杆沉入净浆并距底板（6±1）mm 的水泥净浆为标准稠度净浆。其拌和水量为该水泥的标准稠度用水量（P），以水泥质量的百分比计。

注：整个操作应在 1.5min 内完成。

2. 代用法（分为调整水量法和不变水量法）

（1）仪器设备检查。包括以下三个方面：

1）维卡仪的金属滑杆能自由滑动。

2）将试锥旋接在金属滑杆下部，调整滑杆使锥尖接触锥模顶面时指针对准零点。

3）搅拌机运行正常。

（2）水泥净浆拌制。采用调整水量法，水量按经验确定；采用不变水量法，拌和水量用142.5mL。拌制过程同标准法。

（3）标准稠度用水量的测定。将拌制好的试样装入锥模中，用小刀插捣，轻轻振动数次，刮去多余的净浆；抹平后迅速放到维卡仪的固定位置上。将试锥降至锥尖与净浆表面接触，拧紧螺丝1～2s后，突然放松，使试锥自由沉入净浆。到试锥停止下沉或释放试锥30s时记录试锥下沉深度S。

注：①整个操作应在搅拌后1.5min内完成；②用调整水量法，以试锥下沉深度（28±2）mm时的净浆为标准稠度净浆；③用不变水量法测定时，按式（11.3）计算标准稠度用水量，若试锥下沉深度小于13mm，应改用调整水量法测定。

11.1.2.4　试验数据计算与评定

（1）用标准法和调整水量法测定时，水泥的标准稠度用水量（P）以水泥质量的百分数计，按式（11.2）计算：

$$P=\frac{m_1}{m_2}\times100\%$$
（11.2）

式中　P——标准稠度用水量；

　　　m_1——水泥净浆达到标准稠度时的拌和用水量，g；

　　　m_2——水泥试样质量，g。

（2）用不变水量法测定时，按式（11.3）计算标准稠度用水量P（%）：

$$P=33.4-0.185S$$
（11.3）

式中　P——标准稠度用水量，%；

　　　S——试锥下沉深度，mm。

11.1.3　水泥净浆凝结时间试验

11.1.3.1　试验目的及原理

测定水泥初凝及终凝时间，评定水泥质量。凝结时间以试针沉入水泥标准稠度净浆至一定深度所需的时间表示。

11.1.3.2　主要仪器设备

（1）湿气养护箱。温度控制在（20±1）℃，相对湿度不低于90%。

（2）其他。同标准稠度用水量测定试验。

11.1.3.3　试验步骤

（1）仪器检查。将维卡仪金属滑杆下部旋接的试杆改为试针，调整试针高度，当试针尖接触玻璃板时，指针对准标尺零点。将圆模内侧少许涂一层机油，放在玻璃板上。

（2）试件制备。以标准稠度需水量的水，制成标准稠度净浆后，立即一次装入圆模，振动数次后刮平，立即放入湿气养护箱内。

注意：①记录水泥全部加入水中的时刻作为凝结时间的起始时刻（T_0）；②从加水30min后开始第一次测定。

（3）测定指针读数。从养护箱中取出圆模放在试针下方，调节试针高度使试针尖与净浆表面接触，拧紧螺丝，然后突然放松，试针自由沉入，观察试针停止下沉或放松30s时指针的读数。

（4）初凝时间测定。最初测定时应轻轻扶持试针上部的滑杆，以防试针撞弯，但初凝时间仍必须以自由降落的指针读数为准。当临近初凝时，再隔5min测定一次指针读数，当试针尖沉入距底板（4 ± 1）mm时，为水泥达到初凝状态，记录初凝时刻 T_1。

（5）终凝时间测定。初凝时间测定后，立即将带浆圆模平移出玻璃板，翻转180°（直径大端向上），放在玻璃板上，继续养护。安装终凝针在仪器上，测定指针读数。当临近终凝时，再隔15min测定一次指针读数。当试针尖沉入距净浆表面0.5mm时，水泥浆达到终凝状态，记录终凝时刻 T_2（图11.6）。

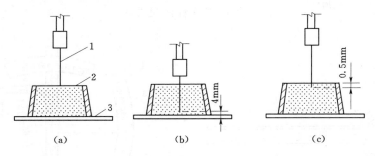

图 11.6　水泥凝结时间测定示意图
（a）开始时；（b）初凝状态；（c）终凝状态
1—试针；2—净浆面；3—玻璃板面

注意：①当达到初凝或终凝状态时，应立即重复测定一次，以两次相同的结果为准；②试针沉入的位置至少要距试模内壁10mm，并且每次试针不得落入原有针孔；③每次测试完毕，须将试针擦净，并将试模放回养护箱内，整个过程中，圆模不得受到振动；④定期检查试针有无弯曲。

11.1.3.4　试验数据计算与评定

凝结时间，按式（11.4）、式（11.5）计算。

初凝时间：
$$T_{初}=T_1-T_0 \tag{11.4}$$

终凝时间：
$$T_{终}=T_2-T_0 \tag{11.5}$$

式中　$T_{初}$——水泥初凝时间；

　　　$T_{终}$——水泥终凝时间；

　　　T_1——水泥初凝时刻；

　　　T_2——水泥终凝时刻；

　　　T_0——起始时刻（水泥全部加入水中时）。

11.1.4　水泥安定性试验

11.1.4.1　试验目的

检验水泥在硬化过程中体积变化是否均匀，用以评定水泥质量。

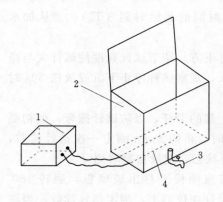

图 11.7　雷氏沸煮箱示意图

1—控制器；2—沸煮箱体；
3—水阀；4—电加热器

水泥安定性的测定方法有雷氏法和试饼法两种，有争议时以雷氏法为准。

11.1.4.2　主要仪器设备

（1）雷氏沸煮箱（图 11.7）：箱内能保证试验用水在（30±5）min 内由室温升到沸腾，并能始终保持沸腾状态 3h 以上，整个试验过程中无需增加水量，箱内各部位温度应一致。

（2）雷氏夹（图 11.8）。

（3）雷氏夹膨胀值测量仪（图 11.9）。

（4）其他。水泥净浆搅拌机、湿气养护箱等。

11.1.4.3　试验步骤

（1）仪器设备检查。检查沸煮箱能否正常工作，雷氏夹弹性满足要求。

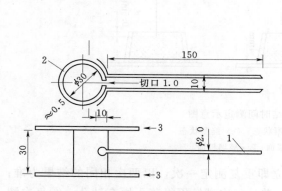

图 11.8　雷氏夹（单位：mm）

1—指针；2—环模；3—玻璃板

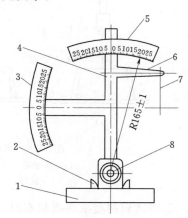

图 11.9　雷氏夹膨胀值测量仪（单位：mm）

1—底座；2—模子座；3—测弹性标尺；

4—立柱；5—测膨胀值标尺；6—悬臂；

7—悬丝；8—弹簧顶钮

（2）试饼法试件的制备。按该水泥的标准稠度用水量，拌制 500g 水泥的水泥净浆。取水泥净浆 150g，分成两份使之成球形，放在预先准备好的涂抹少许机油的玻璃板上，然后轻轻振动玻璃板，并用被湿布擦过的小刀由边缘向中央抹动，做成直径 70~80mm、中心厚约 10mm、边缘渐薄、表面光滑的试饼。接着将试饼放入湿气养护箱内，养护（24±2）h。

（3）雷氏夹试件的制备。将雷氏夹放在已稍擦油的玻璃板上，将已制好的标准稠度净浆装满试模。用宽约 10mm 的小刀插捣 15 次左右，抹平、盖上稍涂油的玻璃板，立即将试模移至湿气养护箱内养护（24±2）h。

注：雷氏夹装浆时，应用手轻扶雷氏夹，抹平不要用力，防止装浆过量，影响检测结果。

（4）沸煮。将养护好的试饼脱去玻璃板，检查试饼无缺陷的情况下，将试饼放在沸煮箱的水中篦板上；当采用雷氏法时，先测量雷氏夹指针尖端间的距离 A（精确到

0.5mm），然后将试件放入水中篦板上，指针向上，试件之间互不交叉。调整好沸煮箱内的水位，在（30±5）min 内加热至水沸，并恒沸 3h±5min。煮毕将热水放出，打开箱盖，待冷却到室温时，取出试件。测量煮后雷氏夹指针尖端间距离 C。

11.1.4.4 试验数据计算与评定

（1）试饼法。煮后目测未发现裂缝，钢直尺检查没有弯曲的试饼为安定性合格；反之为不合格（图 11.10）。当两试饼判定结果有矛盾时，亦不合格。

（2）雷氏法。两个试件沸煮后增加距离（$C-A$）值相差超过 4.0mm 时应重做，再如此，则判定该水泥安定性为不合格。

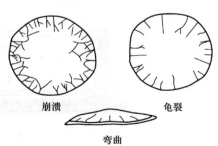

崩溃　　　　龟裂

弯曲

图 11.10　安定性不合格的试样

11.1.5 水泥胶砂强度试验（ISO 法）

11.1.5.1 试验目的

检验水泥各龄期强度，以确定强度等级；或已知水泥强度等级，检验其水泥强度是否满足水泥标准要求。水泥胶砂强度检验主要是水泥强度抗折和抗压强度的检验。

11.1.5.2 主要仪器设备

（1）水泥胶砂搅拌机（图 11.11）。由搅拌锅、搅拌叶片及相应机构组成。

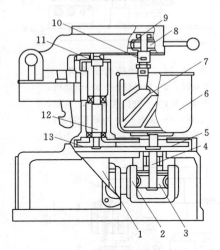

图 11.11　胶砂搅拌机构造示意图
1—电机；2—蜗杆；3—蜗轮；4—蜗轮轴；5—齿轮；6—搅拌锅；7—搅拌机；8—齿轮带；9—齿形带；10—搅拌轴；11—传动轴；12—主轴；13—齿轮

（2）水泥胶砂振实台（图 11.12）。由可以跳动的台盘和使其跳动的凸轮等组成。

（3）试模（图 11.13）。为可装卸的三联模，由隔板、端板和底座组成。

（4）抗折强度试验机（图 11.14）。

（5）抗压强度试验机（图 11.15）、抗压夹具（图 11.16）。

（6）其他。金属直尺、播料器、天平（精度±1g）、量筒（精度±1mL）等。

11.1.5.3 试验步骤

1. 仪器设备检查

检查各仪器设备能否正常工作。将试模擦净用黄油等密封材料涂覆试模的外接缝，内表面刷一薄层机油。

2. 试体成型

（1）胶砂组成材料。标准砂、水泥、水。标准砂的湿含量是在 $105\sim110℃$ 温度下用代表砂样烘 2h 的质量损失来测定，以干砂的质量百分数来表示，其值应小于 0.2%。

标准砂可以单级分包装，也可以各级预配合以（1350±5）g 量的塑料袋混合包装。试验可用饮用水，有争议时用蒸馏水。按水泥试验的一般规定取得水泥。

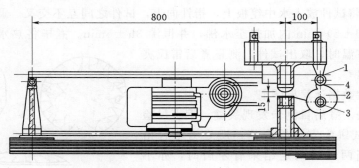

图 11.12 水泥胶砂振实台

1—突头；2—凸轮；3—止动器；4—随动轮

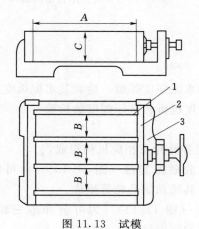

图 11.13 试模

（A：160mm；B：40mm；C：40mm）

1—隔板；2—端板；3—底座

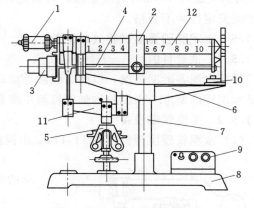

图 11.14 电动抗折试验机

1—平衡锤；2—游动砝码；3—电动机；

4—传动丝杠；5—抗折夹具；6—机架；

7—立柱；8—底座；9—电器控制箱；

10—启动开关；11—下杠杆；12—上杠杆

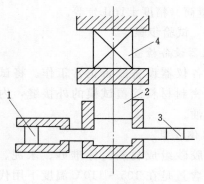

图 11.15 液压式压力机工作原理图

1—油泵柱塞；2—工作油缸；

3—测力活塞；4—试块

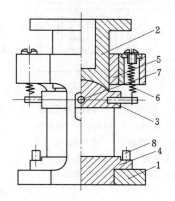

图 11.16 抗压夹具

1—框架；2—传压柱；3—上压板和球座；

4—下压板；5—铜套；6—吊簧；

7—定向销；8—定位销

胶砂的质量配合比应为（水泥：标准砂：水＝1：3：0.5）。每锅材料成型三条试体，需要各材料质量为：水泥（450±2）g、标准砂（1350±5）g、水（225±1）g。精确称量各材料用量。

（2）胶砂搅拌。先把水倒入搅拌锅内，再加水泥，把锅放在固定架上，上升至固定位置后立即开动搅拌机，低速搅拌30s后，在第二个30s开始的同时均匀地将标准砂加入。当各级分装时，从最粗粒级开始，依次将所需的每级砂量加完。再高速搅拌30s，停拌90s，（在停拌时间内可将锅壁和叶片上胶砂刮入锅内），再继续搅拌60s。各搅拌阶段时间误差应在±1s以内。

（3）胶砂装模振实成型。胶砂制备后应立即成型。把空试模和模套固定在振实台上，再放上下料漏斗，用一个小勺从搅拌锅里将胶砂分两层装入试模，装第一层时，每个模里约放300g胶砂，用大播料器播平胶砂，接着振实60次，再装入第二层胶砂，播平、振实60次。移走漏斗模套，从振实台上取下试模，用金属直尺以近似90°的角度架在试模模顶的一端，然后沿试模长度方向，以横向锯割动作慢慢向另一端移动，将超过试模的胶砂刮去，再用金属直尺在近似水平的情况下将试体表面抹平。

3. 试体养护

（1）试体编号、脱模。去掉试模四周的胶砂，在试模上作标记或用字条标明试体的编号。立即将做好标记的试模放入雾室或湿箱的水平架上养护，湿空气应能与试模各边接触。养护到规定的脱模时间时取出脱模，脱模前用防水墨汁或颜料笔对试体进行编号。若有两个以上龄期的试体，在编号时应将同一试模中的三条试体分在两个以上龄期内。

脱模时可用塑料锤、橡皮榔头或专门的脱模器小心脱掉模具。对于24h龄期的，应在破型试验前20min内脱模，对于24h以上龄期的，应在成型后20～24h之间脱模。

（2）标准养护。将做好标记的试体立即水平或竖直放在（20±1）℃的水中养护，水平放置时，刮平面应朝上。养护期间应让水与试件6个面充分接触，试件之间的间隔和上表面水深不得小于5mm。

试件龄期从水泥加水搅拌，开始试验时算起，不同龄期的强度试验应在下列时间内进行：24h±15min、48h±30min、72h±45min、7d±2h、≥28d±8h。

注：①每个养护池只能养护同类型的水泥试体；②最初用自来水装满养护池（或容器），随后随时加水保持适当的恒定水位，不允许在养护期间完全换水；③除24h龄期或延长至48h脱模的试体外，任何到龄期的试体应在试验（破型）前15min从水中取出，抹去试体表面沉积物，并用湿布覆盖至强度试验。

4. 强度试验

（1）抗折强度试验。每龄期取出3条试体先做抗折强度试验（再做抗压强度试验）。试体放入前，应使杠杆成平衡状态。将试体长轴与支撑圆柱垂直并使两侧面与圆柱接触放入抗折夹具中。接通电源，圆柱以（50±10）N/s的速度均匀地将荷载垂直地加在棱柱体相对侧面上，直至折断。

注：①折断后的两个半截棱柱体用湿布包裹直至抗压试验；②当不需要抗折强度数值时，抗折强度试验可以省去。但抗压强度试验应在不使试件受有害应力情况下折断的两截

棱柱体上进行。

抗折强度按式（11.6）进行计算：

$$R_f = \frac{1.5F_tL}{b^3} \qquad (11.6)$$

式中　R_f——单块抗折强度测定值，MPa（精确至 0.1MPa）；

　　　　F_t——折断时施加于棱柱体中部的荷载，N；

　　　　L——支撑圆柱之间的距离，mm；

　　　　b——棱柱体正方形截面的边长，mm。

以一组三个棱柱体抗折强度计算结果的平均值作为试验结果。当三个强度值中有超出平均值±10%时，应剔除后再取平均值作为抗折强度试验结果。

（2）抗压强度试验。抗压强度试验是通过标准规定的仪器，在半截棱柱体的侧面上进行。

将抗折强度试验后的 6 个半截试体立即进行抗压试验。试验时，应使抗压夹具对准压力机压板中心，使试件的侧面为受压面，试件的底面靠紧夹具定位销，接通电源，试验机以（2400±200)N/s 的速率均匀加荷直至破坏。

单块抗压强度 R_c 按式（11.7）计算（精确至 0.1MPa）：

$$R_c = \frac{F_c}{A} \qquad (11.7)$$

式中　R_c——单块抗压强度测定值，MPa，精确至 0.1MPa；

　　　　F_c——破坏时的最大荷载，N；

　　　　A——受压面积，mm²（40mm×40mm＝1600mm²）。

以一组三个棱柱体上得到的 6 个抗压强度测定值的算术平均值作为试验结果。当 6 个测定值中有一个超出 6 个平均值的±10%时，应剔除这个结果，而以剩下 5 个测定值的平均值作为试验结果；如果 5 个测定值中再有超过 5 个平均值的±10%时，则此组试验结果作废。

11.2　混凝土用集料性能试验

11.2.1　砂的颗粒级配（筛分析）试验

11.2.1.1　试验目的

测定砂子的颗粒级配和细度模数，为混凝土配合比设计提供依据。

11.2.1.2　主要仪器设备

（1）试验筛孔径为 9.50mm、4.75mm、2.36mm、1.18mm、600μm、300μm、150μm 的方孔筛，并附有筛底和筛盖，筛框直径为 300mm 或 200mm。

（2）电动振筛机。

（3）烘箱。温度可控制在（105±5)℃。

（4）其他。天平（称量 1000g，感量 1g）等。

11.2.1.3　试验步骤

（1）仪器设备检查。检查试验筛各筛中有无残留砂子，各筛孔是否通畅，振筛机、烘箱工作是否正常。

（2）准备试样。用人工四分法将样品缩分至 1100g 试样。放在烘箱中，在（105±5）℃下烘干至恒量（恒量是指试样在烘干 1～3h 的情况下，其前后质量之差不大于该项试验所要求的称量精度）。冷却至室温，筛去大于 9.5mm 的颗粒（并计算出其筛余百分率）。

（3）筛分试样。称取试样 500g，将试样倒入按孔径大小从上到下组合的套筛（附筛底）最上层筛中，盖上筛盖，将套筛置于振筛机上，振 10min。取下套筛，去掉筛盖，从上到下逐个用手筛，筛至每分钟通过量小于试样总量的 0.1% 为止。通过的砂子并入下一号筛中，并和下一号筛中试样一起过筛。重复以上过程，直到各号筛全部筛完为止。

（4）称出各号筛的筛余量，同时称取筛底质量（精确至 1g），并记录。

注：①手筛过程中，不要将 500g 试样的砂粒丢失或添加；②如每号筛的筛余量与筛底的剩余量之和与原试样质量相对误差超过 1% 时，须重新试验。

11.2.1.4　试验数据计算与评定

（1）计算分计筛余百分率。各号筛的筛余量与试样总量之比，精确至 0.1%。

（2）计算累计筛余百分率（A_i）：某号筛的筛余量百分率加上该号筛以上各筛余百分率之和，精确至 0.1%。

（3）按式（11.8）计算砂的细度模数 M_x（精确至 0.01）：

$$M_x = \frac{(A_2 + A_3 + A_4 + A_5 + A_6) - 5A_1}{100 - A_1} \tag{11.8}$$

式中　　　　　　　　　M_x——细度模数；

A_1、A_2、A_3、A_4、A_5、A_6——4.75mm、2.36mm、1.18mm、600μm、300μm、150μm
筛的累计筛余百分率。

累计筛余取两次试验结果的算术平均值，精确至 1%。细度模数取两次试验结果的算术平均值，精确至 0.1。如两次试验的细度模数之差超过 0.20 时，须重新取样进行试验。

将砂的细度模数、各累计筛余百分率与相应规范对照检查，进行结果评定。

11.2.2　砂的表观密度试验

11.2.2.1　试验目的

评定砂的质量，为混凝土配合比设计提供依据。

11.2.2.2　主要仪器

（1）容量瓶。500mL。

（2）烘箱。能使温度控制在（105±5）℃。

（3）天平。称量 1000g，感量 1g。

（4）其他。干燥器、滴管、毛刷等。

11.2.2.3　试验步骤

（1）准备试样。将样品筛去大于 9.5mm 颗粒，四分法缩分至大约 660g，在 105℃ 烘箱中烘至恒量，冷却至室温后，分为大致相等的两份备用。

（2）称取烘干砂 300g（G_0），精确至 1g，装入容量瓶中，注入冷开水至接近 500mL的刻度，用手旋转摇动容量瓶，使砂样充分摇动，排除气泡。塞紧瓶塞，静置 24h。然后用滴管小心加水至容量瓶 500mL 刻度处，塞紧瓶塞，擦干瓶外水分，称其质量（G_1）精确至 1g。

（3）倒出瓶内水和砂，洗净容量瓶，再向瓶内注冷开水至 500mL 刻度处，塞紧瓶塞，擦干瓶外水分，称出其质量（G_2），精确至 1g。

注：试验步骤（2）、（3）所用冷开水，水温应在 15～25℃ 范围内，并且两次水温误差不超过 2℃。

11.2.2.4　试验数据计算与评定

砂的表现密度按式（11.9）计算（精确至 $10kg/m^3$）：

$$\rho_0 = \left(\frac{G_0}{G_0 + G_2 - G_1}\right)\rho_水 \tag{11.9}$$

式中　ρ_0——砂的表观密度，kg/m^3；

$\rho_水$——水的密度，$1000kg/m^3$；

G_0——烘干后试样质量，g；

G_1——试样、水、容量瓶的总质量，g；

G_2——水及容量瓶的总质量，g。

表观密度取两次试验结果的算术平均值，精确至 $10kg/m^3$。如两次试验之差大于 $20kg/m^3$，须重新试验。

11.2.3　砂的堆积密度试验

11.2.3.1　试验目的

测定砂的堆积密度，计算砂的空隙率，为混凝土配合比设计提供依据。

11.2.3.2　主要仪器设备

（1）鼓风烘箱。能使温度控制在（105±5）℃。

（2）容量筒。圆柱形金属筒，内径 108mm，净高 109mm，容积为 1L。

（3）天平。称量 10g，感量 1g。

（4）方孔筛 1 只。孔径为 4.75mm。

（5）垫棒。直径 10mm，长 500mm 的圆钢。

（6）其他。直尺、漏斗或料勺等。

11.2.3.3　试验步骤

（1）用搪瓷盘按规定方法取样约 3L，放在烘箱中于（105±5）℃下烘干至恒量，待冷却至室温后，筛除大于 4.75mm 的颗粒，分为大致相等的两份备用。

（2）松散堆积密度的测定。取一份试样，用漏斗或料勺将试样从容量筒中心上方 50mm 处徐徐倒入（让试样以自由落体落下），当容量筒上部试样呈锥体，且容量筒四周溢满时，停止加料。然后用直尺沿筒中心线向两边刮平，称出试样和容量筒总质量 G_1，精确至 1g。

注：试验过程应防止触动容量筒。

（3）紧密堆积密度的测定。取一份试样分两层装入容量筒。装完第一层后，在筒底垫一根直径为 10mm、长 50mm 的圆钢，将筒按住，左右交替击地面各 25 次，然后装入第二层，第二层装满后用同样方法颠实（但筒底所垫钢筋的方向与第一层时的方向垂直）

后，再加试样直至超过筒口，然后用直尺沿筒口中心线向两边刮平，称出试样和容量筒总质量 G_1，精确至 1g。

11.2.3.4 试验数据计算与评定

松散或紧密堆积密度按式（11.10）计算（精确至 $10kg/m^3$）：

$$\rho_1 = \frac{G_1 - G_2}{V} \tag{11.10}$$

式中　ρ_1——松散堆积密度或紧密堆积密度，kg/m^3；

G_1——容量筒和试样总质量，g；

G_2——容量筒质量，g；

V——容量筒的容积，L。

堆积密度取两次试验结果的算术平均值，精确至 $10kg/m^3$。

11.2.4 石子颗粒级配（筛分析）试验

11.2.4.1 试验目的

测定石子的颗粒级配，作为混凝土配合比设计的依据。

11.2.4.2 主要仪器设备

（1）方孔筛。孔径为 2.36mm、4.75mm、9.50mm、16.0mm、19.0mm、26.5mm、31.5mm、37.5mm、53.0mm、63.0mm、75.0mm 及 90mm 的筛各一只，并附有筛底和筛盖（筛框内径为 300mm）。

（2）标准烘箱。能使温度控制在（105±5）℃。

（3）台秤（称量 10kg，感量 1g）。

（4）其他。振筛机等。

11.2.4.3 试验步骤

（1）检查振筛机、烘箱能否正常工作，方孔筛筛孔是否通畅。

（2）按规定方法取样，并将试样缩分至略大于表 11.1 规定的数量，烘干或风干后备用。

表 11.1　　　　　　　　　颗粒级配试验所需试样数量

最大粒径（mm）	9.5	16.0	19.0	26.5	31.5	37.5	63.0	75.0
最少试样质量（kg）	1.9	3.2	3.8	5.0	6.3	7.5	12.6	16.0

（3）按规定称取试样一份，精确到 1g，将试样倒入按孔径大小从上到下组合的套筛（附筛底）最上层筛中。

（4）将套筛置于摇筛机上，振 10min；取下套筛，按筛孔大小顺序再逐个用手筛，筛至每分钟通过量小于试样总量 0.1% 为止。通过的颗粒并入下一号筛中，并和下一号筛中的试样一起过筛，按这样的顺序进行，直至各号筛全部筛完为止。称量并记录号筛的筛余质量及筛底质量。

注：①筛分过程中，试样在各筛上的筛余层厚度不得大于试样最大粒径，超过时应将该筛余试样分为两份，分别进行筛分，并以两份筛余量之和作为该号筛的筛余量；②当筛余颗粒的粒径大于 19.0mm 时，在筛分过程中，允许用手指拨动颗粒；③筛分后，如每

号筛的筛余量与筛底的筛余量之和同原试样质量之差超过 1% 时，须重做试验。

11.2.4.4　试验数据计算与评定

（1）计算分计筛余百分率。各号筛的筛余量与试样总质量之比，计算精确至 0.1%。

（2）计算累计筛余百分率。某号筛的筛余百分率加上该号筛以上各分计筛余百分率之和，精确至 1%。

（3）根据各号筛的累计筛余百分率，评定试样的颗粒级配。

11.2.5　石子表观密度试验

石子表观密度测定的方法有液体密度天平法和广口瓶法两种。

11.2.5.1　试验目的

评定石子的质量，为混凝土配合比设计提供依据。

11.2.5.2　液体密度天平法

1. 主要仪器设备

（1）鼓风烘箱。能使温度控制在（105±5）℃。

（2）台秤。称量 5kg、感量 5g，其型号及尺寸应能将吊篮放在水中称量。

（3）吊篮。由孔径为 1~2mm 的筛网或钻有 2~3mm 孔洞的耐锈蚀金属板制成。

（4）方孔筛。孔径为 4.75mm。

（5）其他。盛水容器（有溢流孔），天平（称量 2kg，感量 1g），广口瓶（1000mL，磨口）带玻璃片，温度计、搪瓷盘、毛巾等。

2. 试验步骤

（1）准备试样。按规定方法取样，将样品筛去 4.75mm 以下的颗粒，并缩分至略大于表 11.2 规定的数量，洗刷干净，烘干后分为大致相等的两份备用。

表 11.2　　　　　　　　　　　　　　　表观密度试验所需试样数量

最大粒径（mm）	<26.5	31.5	37.5	63.0	75.0
最少试样质量（kg）	2.0	3.0	4.0	6.0	6.0

（2）将一份试样装入吊篮，并浸入盛水的容器内，液面至少高出试样表面 50mm。浸水 24h 后，移放到称量用的盛水容器中，上下升降吊篮，排除气泡（试样不得露出水面）。吊篮升降一次时间约 1s，升降高度为 30~50mm。

（3）测定水温后（此时吊篮应全浸在水中），准确称出吊篮及试样在水中的质量，精确至 5g。称量时盛水容器中水面的高度由容器的溢水孔控制。

（4）提起吊篮，将试样倒入浅盘，然后放在烘箱中于（105±5）℃下烘干至恒量，待冷却至室温时，称出其质量，精确至 5g。

（5）称出吊篮在同样温度中的质量，精确至 5g。称量时盛水容器的水面高度仍由溢流孔控制。

注：试验时各项称量可以在 15~25℃ 范围内进行，但从试样加水静止的 2h 起至试验结束，其温度变化不应超过 2℃。

3. 试验数据计算与评定

表观密度按式（11.11）计算：

$$\rho_0 = \left(\frac{G_0}{G_0 + G_2 - G_1} \right) \rho_水 \qquad (11.11)$$

式中　ρ_0——表观密度，kg/m^3（精确至 $10kg/m^3$）；

　　　G_0——烘干后试样的质量，g；

　　　G_1——吊篮及试样在水中的质量，g；

　　　G_2——吊篮在水中的质量，g；

　　　$\rho_水$——$1000kg/m^3$。

表观密度取两次试验结果的算术平均值，两次试验结果之差大于 $20kg/m^3$，须重做试验。对颗粒材质不均匀的试样，如两次试验结果之差超过 $20kg/m^3$，可取 4 次试验结果的算术平均值。

11.2.5.3　广口瓶法

本方法不宜用于测定最大粒径大于 37.5mm 的碎石或卵石的表观密度。

1. 主要仪器设备

(1) 鼓风烘箱。能使温度控制在（105±5）℃。

(2) 天平。称量 2kg，感量 1g。

(3) 广口瓶。1000mL，磨口，带玻璃片。

(4) 液体天平。称量 5kg，感量 5g。

(5) 其他。温度计（50±1）℃，方孔筛（孔径为 4.75mm）一只，吊篮及盛水容器、搪瓷盘、毛巾等。

2. 试验步骤

(1) 按规定方法取样，并缩分至规定的数量，风干后筛除小于 4.75mm 的颗粒，然后洗刷干净，分为大致相等的两份备用。

(2) 将试样浸水 24h，然后装入广口瓶中（装试样时，广口瓶应倾斜放置），注入清水，上下左右摇晃广口瓶排除气泡。

(3) 向瓶中添加清水，直至水面凸出瓶口边缘。然后用玻璃片沿瓶口迅速滑行，使其紧贴瓶口水面。擦干瓶外水分后，称出试样、水、广口瓶和玻璃片总质量 G_1，精确至 1g。

(4) 将瓶中试样倒入浅盘，放在烘箱中于（105±5）℃下烘干至恒量，待冷却至室温后，称出其质量 G_0，精确至 1g。

(5) 将瓶洗净并重新注入清水，直至水面凸出瓶口边缘，用玻璃片紧贴瓶口水面，擦干瓶外水分后，称出水、瓶和玻璃片总质量 G_2，精确至 1g。

注：试验时各项称量可以在 15～25℃ 范围内进行，但从试样加水静止的 2h 起至试验结束，其温度变化不应超过 2℃。

3. 试验数据计算与评定

表观密度按式（11.12）计算

$$\rho_0 = \left(\frac{G_0}{G_0 + G_2 - G_1} - \alpha_t \right) \rho_水 \qquad (11.12)$$

式中　ρ_0——石子的表观密度，kg/m^3（精确至 $10kg/m^3$）；

G_0——烘干后试样的质量，g；

G_1——试样、水、瓶和玻璃片的总质量，g；

G_2——水、瓶和玻璃片的总质量，g；

$\rho_{水}$——1000kg/m³；

α_t——考虑称量时的水温对水相对密度影响的修正系数，取值见表 11.3。

表 11.3　　　　　　　　　不同水温下石子的表观密度温度修正系数

水温（℃）	15	16	17	18	19	20	21	22	23	24	25
α_t	0.002	0.003		0.004		0.005		0.006		0.007	0.008

表观密度取两次试验结果的算术平均值，两次试验结果之差大于 20kg/m³，须重做试验。对颗粒材质不均匀的试样，如两次试验结果之差超过 20kg/m³，可取 4 次试验结果的算术平均值。

11.2.6　石子堆积密度试验

11.2.6.1　试验目的

测定石子的堆积密度，作为混凝土配合比设计和一般使用的依据。

11.2.6.2　主要仪器设备

（1）台秤。称量 10kg，感量 10g。

（2）磅秤。称量 50kg 或 100kg，感量 50g。

（3）容量筒。规格见表 11.4。

表 11.4　　　　　　　　　容 量 筒 的 规 格 要 求

最大粒径 （mm）	容量筒容积 （L）	容 量 筒 规 格		
		内径 （mm）	净高 （mm）	壁厚 （mm）
9.5、16.0、19.0、26.5	10	208	294	2
31.5、37.5	20	294	294	3
53.0、63.0、75.0	30	360	294	4

（4）垫棒。直径 16mm、长 600mm 的圆钢。

（5）烘箱。温度可控制在（105±5）℃。

（6）其他。平头铁锹（或小铲）、直尺等。

11.2.6.3　试验步骤

按规定方法取样，烘干或风干后，拌匀并把试样分为大致相等两份备用。

1. 松散堆积密度

取试样一份，用铁锹将试样徐徐倒入容量筒，并使铁锹出口距容量筒上口保持在 50mm。让试样以自由落体落下，当容量筒上试样呈锥体，且容量筒四周溢满时，即停止加料。除去凸出容量筒口表面的颗粒，并以合适的颗粒填入凹陷部分，使表面凸起部分和凹陷部分的体积大致相等，称出试样和容量筒总质量。

注：试验过程应防止触动容量筒。

2. 紧密堆积密度

取试样一份分三层装入容量筒中。装完第一层后，在筒底垫放一根直径为 16mm 的圆钢，将筒按住，左右交替颠击地面各 25 次，再装入第二层；第二层装满后用同样方法颠实（但筒底所垫钢筋的方向与第一层时的方向垂直），然后装入第三层，如上述方法颠实。再加试样直至超过筒口，用钢尺沿筒口边缘刮去高出的试样，并用适合的颗粒填平凹处，使表面凸起部分与凹陷部分的体积大致相等。称取试样和容量筒的总质量，精确至 10g。

11.2.6.4 试验数据计算与评定

松散或紧密堆积密度按式（11.13）计算：

$$\rho_1 = \frac{G_1 - G_2}{V} \tag{11.13}$$

式中 ρ_1——松散堆积密度或紧密堆积密度，kg/m^3（精确至 10 kg/m^3）；

G_1——容量筒和试样的总质量，g；

G_2——容量筒质量，g；

V——容量筒的容积，L。

堆积密度取两次试验结果的算术平均值，精确至 $10kg/m^3$。

11.2.6.5 容量筒的校准方法

将温度为（20±2）℃的饮用水装满容量筒，用一玻璃板沿筒推移，使其紧贴水面。擦干筒外壁水分，然后称出其质量，精确至 1g，容量筒容积按式（11.14）计算（精确至 1mL）：

$$V = G_1 - G_2 \tag{11.14}$$

式中 V——容量筒容积，mL；

G_1——容量筒、玻璃板和水的总质量，g；

G_2——容量筒和玻璃板质量，g。

11.3 普通混凝土试验

11.3.1 普通混凝土拌和物实验室拌和方法

11.3.1.1 试验目的

学会混凝土拌和物的拌制方法，为测试和调整混凝土的性能，进行混凝土配合比设计打下基础。

11.3.1.2 主要仪器设备

（1）混凝土搅拌机。容量 50～100L，转速为 18～22r/min。

（2）磅秤。称量 50kg，感量 50g。

（3）天平。称量 5kg，感量 1g。

（4）其他。拌和钢板等。

11.3.1.3 拌和方法

1. 人工拌和

（1）按所定配合比备料，以全干状态为准。

（2）在拌和前先将钢板、铁锹等洗刷干净并保持湿润。将称好的砂、水泥倒在钢板上，先用铁锹翻拌至颜色均匀，再放入称好的石子中拌和，至少翻拌 3 次，然后堆成锥形。

（3）将中间扒开一凹坑，加入拌和用水，小心拌和，至少翻拌 6 次，每翻拌一次后，应用铁锹在全部拌和物面上压切一次。

（4）拌和时间从加水完毕时算起，应大致符合下列规定：拌和物体积为 30L 以下时，为 4～5min；拌和物体积为 30～50L 时，为 5～9min；拌和物体积为 51～75L 时，为 9～12min。

2. 机械拌和

（1）按所定的配合比备料，以全干状态为准。一次拌和量不宜少于搅拌机容积的 20%。

（2）在机械拌和混凝土时，应在拌和混凝土前预先拌适量的混凝土进行挂浆（与正式配合比相同），避免在正式拌和时水泥浆的损失，挂浆所多余的混凝土倒在拌和钢板上，使钢板也粘有一层砂浆。

（3）将称好的石子、水泥、砂按顺序倒入机内，干拌均匀，然后将水徐徐加入机内一起拌和 1.5～2min。

（4）将机内拌和好的拌和物倒在拌和钢板上，并刮出粘在搅拌机上的拌和物，用人工翻拌 1～2min。

人工或机械拌好后，根据试验要求，立即作坍落度测定和试件成型。从开始加水时算起，全部操作必须在 30min 内完成。

11.3.2　普通混凝土拌和物的和易性测定

11.3.2.1　坍落度法

本方法适用于集料最大粒径不大于 40mm，坍落度不小于 10mm 的稠度测定。测定时需拌制拌和物约 15L。

1. 试验目的

测定混凝土拌和物的坍落度，观察其黏聚性和保水性，评定其和易性。

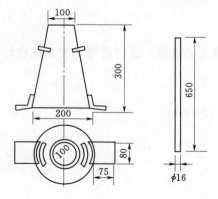

图 11.17　标准坍落度筒和捣棒
（单位：mm）

2. 试验方法

将混凝土拌和物按规定方法搬运，分层装入坍落度筒内捣实，然后垂直提起坍落度筒，拌和物在自重作用下产生一定的坍落度，测其坍落后最高点与筒高的差，即为该混凝土拌和物的坍落度。

3. 主要仪器设备

（1）坍落度筒。由薄钢板或其他金属制成的圆台形筒，如图 11.17 所示。其内壁应光滑、无凹凸部位。底面和顶面应相互平行并与锥体的轴线垂直，在坍落度筒外部 2/3 高度处按两个把手，下端应焊上脚踏板。筒的内部尺寸为：底部直径（200±2）mm，顶部直径（100±2）mm，高度（300±2）mm，筒壁厚度不小于 1.5mm，如图 11.17 所示。

（2）小铲、钢尺、喂料斗等。

（3）捣棒。直径 16mm、长 600mm 的钢棒，端部应磨圆（图 11.17）。

4. 试验步骤

（1）湿润坍落度筒及其他用具，并把筒放在不吸水的刚性水平底板上，然后用脚踩住两个脚踏板，使坍落度筒在装料时保持位置固定。

（2）把按要求取得的混凝土试样用小铲分三层均匀地装入桶内，使捣实后每层高度为筒高的 1/3 左右。每层用捣棒沿螺旋方向在截面上由外向中心均匀插捣 25 次。插捣筒边混凝土时，捣棒可以稍稍倾斜。插捣底层时，捣棒应贯穿整个深度。插捣第二层和顶层时，捣棒应插透本层至下一层的表面。

装顶层混凝土时应高出筒口。插捣过程中，如混凝土沉落到低于筒口，则应随时添加。顶层插捣完后，挂出多余的混凝土，并用抹刀抹平。

（3）清除筒边底板上的混凝土后，垂直平稳地提起坍落度筒。坍落度筒的提离过程应在 5～10s 内完成。

从开始装料到提起坍落度筒的整个过程，应不间断地进行，并应在 150s 内完成。

（4）提起坍落度筒后，两侧筒高与坍落后混凝土试体最高点之间的高度差，即为混凝土拌和物的坍落度值（图 4.3）。

5. 结果评定

（1）坍落度筒提离后，如混凝土发生崩坍或一边剪坏现象，则应重新取样另行测定。如第二次试验仍出现上述现象，则表示该混凝土拌和物和易性差，应予记录备查。

（2）观察坍落度后混凝土试体的黏聚性和保水性。

用捣棒在已坍落的混凝土锥体侧面轻轻敲打，如果锥体逐渐下沉，表示黏聚性良好；如果锥体倒塌、部分崩裂或出现离析现象，表示黏聚性差。坍落度筒体其后，如有较多的稀浆从底部析出，锥体部分的拌和物也因失浆而集料外露，表明其保水性差。如坍落度筒体提起后，无稀浆或仅有少量稀浆自底部析出，表明其保水性良好。

（3）混凝土拌和物坍落度以 mm 为单位，结果精确至 5mm。

11.3.2.2 维勃稠度试验

1. 试验目的

本试验是用维勃时间来测定混凝土拌和物的稠度，适用于集料最大粒径不大于 40mm、维勃稠度在 5～30s 之间的干硬性混凝土的稠度测定。

2. 试验原理

测量混凝土拌和物由圆锥载体被振动至透明圆盘的底面完全被水泥浆所布满瞬间的时间（s），即为该混凝土拌和物稠度的维勃时间。

3. 主要仪器设备

维勃稠度仪（图 11.18）、容器、坍落度筒、旋转架、连接测杆、喂料斗、透明圆盘、捣棒、小铲、秒表等。

4. 试验步骤

（1）用湿布润湿容器、坍落度筒等用具。

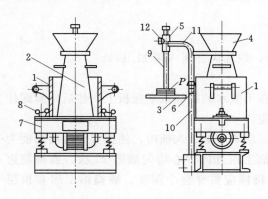

图 11.18　维勃稠度仪

1—容器；2—坍落度筒；3—透明圆盘；
4—喂料斗；5—套筒；6—螺丝；
7—振动台；8—螺丝；9—测杆；
10—支柱；11—旋转架；12—螺丝

（2）将喂料斗提到坍落度筒上方扣紧，校正容器位置，使其中心与喂料斗中心重合，然后拧紧固定螺丝。

（3）装试样同测坍落度方法。

（4）提起坍落度筒，将维勃稠度仪上的透明圆盘转至混凝土锥体试样顶面。

（5）把透明圆盘转到混凝土圆台体顶面，放松测杆螺丝，小心地降下圆盘，使其轻轻地接触到混凝土顶面。

（6）开启振动台并启动秒表，在透明圆盘底面被试样布满的瞬间停表计时，关闭振动台。

（7）记录秒表上的时间（精确至 1s），即为该混凝土拌和物的维勃值。

11.3.3　普通混凝土拌和物的表观密度试验

11.3.3.1　试验目的

测定混凝土拌和物捣实后的单位体积重量（即表观密度），以提供核实混凝土配合比计算中的材料用量之用。

11.3.3.2　主要仪器设备

（1）容量筒。容积及尺寸见表 11.5。

（2）台秤。称量 50kg，感量 50g。

（3）振动台。频度应为（50±3）Hz，空载时的振幅应为（0.5±0.1）mm。

（4）其他。捣棒等。

表 11.5　容量筒选择

集料最大粒径（mm）	内径（mm）	高度（mm）	体积（L）
40	186±2	186±2	5
80	267	267	15

11.3.3.3　试验步骤

（1）用湿布把容量筒内外擦干净，称出其重量，精确至 50g。

（2）混凝土的装料及捣实方法应视拌和物的稠度而定。一般来说。坍落度大于 70mm 的混凝土拌和物用捣棒捣实为宜；不大于 70mm 的用振动台振实为宜。

采用捣棒捣实时，应根据容量筒的大小决定分层与插捣次数：用 5L 容量筒时，混凝土拌和物应分两层装入，每层的插捣次数应为 25 次；用大于 5L 的容量筒时，每层混凝土的高度不应大于 100mm，每层插捣次数应按每 10000mm² 截面不小于 12 次计算。

采用振动台振实时，应一次将混凝土拌和物灌满到稍高出容量筒口。装料时允许用捣棒稍加插捣，振捣过程中如混凝土高度沉落到低于筒口，则应随时添加混凝土。振动直至表面出浆为止。

（3）用刮刀将筒口多余的混凝土拌和物刮去，表面如有凹陷应将其填平。将容量筒外壁擦净，称出混凝土与容量筒总重，精确至 50g。

11.3.3.4　试验结果计算

混凝土拌和物的表观密度按式（11.15）计算，精确至 kg/m³。

$$\gamma_h = \frac{m_2 - m_1}{V} \times 1000 \qquad (11.15)$$

式中　γ_h——混凝土的表观密度，kg/m³；

　　　m_1——容量筒的质量，kg；

　　　m_2——容量筒和试样总质量，kg；

　　　V——容量筒的容积，L。

11.3.4 普通混凝土抗压强度试验

11.3.4.1 试验目的

测定其抗压强度，为确定和校核混凝土配合比、控制施工质量提供依据。

11.3.4.2 试验原理

利用试验机测出混凝土试件破坏荷载值除以其有效受力面积即得立方体抗压强度值。

11.3.4.3 主要仪器设备

(1) 压力试验机。精度（示值的相对误差）至少为±2%，其量程应能使试件的预期破坏荷载值不小于全量程的20%，也不大于全量程的80%。

(2) 钢尺。量程300mm，最小刻度1mm。

(3) 试模。由铸铁或钢制成，应具有足够的刚度并便于拆装。试模内表面应刨光，其不平度应不大于试件边长的0.05%。组装后各相邻面的不垂直度应不超过±0.5°。

(4) 振动台。试验用振动台的振动频率应为（50±3）Hz，空载时振幅应约为0.5mm。

(5) 钢制捣棒。直径16mm、长600mm，一端为弹头。

(6) 其他：小铁铲、镘刀等。

11.3.4.4 试件的成型

(1) 混凝土抗压强度试验一般以三个试件为一组，每一组试件所用的混凝土拌和物应由同一次拌和成的拌和物中取出。

(2) 制作前，应将试模擦拭干净，并在试模内表面涂一薄层矿物油脂。

(3) 所有试件应在取样后立即制作。试件成型方法应视混凝土稠度而定。一般坍落度小于70mm的混凝土，用振动台振实；大于70mm的用捣棒人工捣实。

1) 采用振动台成型时，应将混凝土拌和物一次装入试模，装料时应用抹刀沿试模内壁略加插捣，并使混凝土拌和物高出试模上口。振动时，应防止试模在振动台上自由跳动。振动应持续到混凝土表面出浆位置，刮出多余的混凝土，并用抹刀抹平。

2) 采用人工插捣时，混凝土拌和物应分两层装入试模，每层的装料厚度大致相等。插捣应按螺旋方向从边缘向中心均匀进行，插捣底层时，捣棒应达到试模表面，插捣上层时，到梆硬传入下层深度为20～30mm，插捣使捣棒应保持垂直，不得倾斜。同时，还应用抹刀沿试模内壁插入数次。每层的插捣次数应根据试件的截面而定，一般每100cm²截面积不应少于12次。插捣完后，刮除多余的混凝土，并用抹刀抹平。

11.3.4.5 试件养护

试件成型后，应覆盖表面，以防止水分蒸发，并应在温度为（20±5）℃情况下静停一昼夜（不得超过两昼夜），然后拆模。

(1) 标准养护。拆模后的试件应立即放在温度为（20±3）℃、湿度为90%以上的标准养护室中养护。试件放在架上，彼此间隔为 10～20mm，并应避免用水直接冲淋试件。当无标准养护室时，试件可在温度为（20±3）℃的不流动水中养护，水的 pH 值不应小于 7。

（2）同条件养护。试件成型后，应覆盖表面。试件的拆模时间可与实际构件的拆模时间相同，拆模后，试件仍需保持同条件养护。

11.3.4.6　试验步骤

（1）试件从养护地点取出后应尽快进行试验，以免试件内部的温度、湿度发生显著变化。

（2）先将试件擦拭干净，测量尺寸，并检查外观。试件尺寸测量精确至 1mm，并据此计算试件的承压面积。如实测尺寸与公称尺寸之差不超过 1mm，可按公称尺寸进行计算。

（3）将试件安放在试验机的下压板上，试件的承压面应与成型时的顶面垂直，试件的中心应与试验机下压板中心对准。开动试验机，当上板与试件接近时，调整球座，使接触均衡。

混凝土试件的试验应连续而均匀地加荷，混凝土强度等级小于 C30 时，其加荷速度为 0.3～0.5MPa/s；若混凝土强度等级不小于 C30 时，则为 0.5～0.8 MPa/s。当试件接近破坏而开始迅速变形时，停止调整试验机油门，直至试件破坏，然后记录破坏荷载。

11.3.4.7　结果计算与评定

（1）混凝土立方体试件抗压强度（f_{cu}）按式（11.16）计算，精确至 0.1MPa：

$$f_{cu} = \frac{F}{A} \tag{11.16}$$

式中　f_{cu}——混凝土立方体试件的抗压强度值，MPa；

　　　　F——试件破坏荷载，N；

　　　　A——试件承压面积，mm^2。

（2）以三个试件测值的算术平均值作为该组试件的抗压强度值。三个测值中的最大或最小值中如有一个与中间值的差值超过中间值的 15％时，则把最大值及最小值一并舍去，取中间值作为该组试件的抗压强度值。如有两个测值与中间值的差均超过中间值的 15％，则该组试件的试验结果无效。

（3）取 150mm×150mm×150mm 试件的抗压强度值为标准值，用其他尺寸试件测得的强度值均乘以尺寸换算系数，其值对 200mm×200mm×200mm 试件的换算系数为 1.05，对 100mm×100mm×100mm 试件的换算系数为 0.95。

11.4　建 筑 砂 浆 试 验

11.4.1　试样制备

11.4.1.1　主要仪器设备

砂浆搅拌机、拌和铁板（约 1.5m×2m，厚约 3mm）、磅秤（称量 50kg，感量 50g）、台秤（称量 10kg，感量 5g）、拌铲、抹刀、量筒、盛器等。

11.4.1.2　拌和方法

1. 一般规定

（1）拌制砂浆所用的原材料，应符合质量标准，并要求提前运入试验室内，拌和时试验室的温度应保持在（20±5）℃。

（2）水泥如有结块应充分混合均匀，以 0.9mm 筛过筛；砂以 5mm 筛过筛。

（3）拌制砂浆时，材料称量计量的精度。水泥、外加剂等为±0.5%；砂、石灰膏、黏土膏等为±1%。

（4）拌制前应将搅拌机、拌和铁板、拌铲、抹刀等工具表面用水润湿，注意拌和铁板上不得有积水。

2．人工拌和

按设计配合比（质量比），称取各项材料用量，先把水泥和砂放到拌板上干拌均匀后，然后将混合物堆成堆，在中间作一凹坑，将称好的石灰膏（或黏土膏）倒入凹坑中，再倒入一部分水，将石灰膏或黏土膏稀释，然后充分拌和并逐渐加水，直至混合料色泽一致、观察和易性符合要求为止，一般需拌和 5min。

3．机械拌和

（1）先拌适量砂浆（应与正式拌和的砂浆配合比相同），使搅拌机内壁粘附一薄层砂浆，使正式拌和时的砂浆配合比成分准确。

（2）先称出各材料用量，再将砂、水泥装入搅拌机内。

（3）开动搅拌机，将水徐徐加入（混合砂浆须将石灰膏或黏土膏用水稀释至浆状），搅拌约 3min（搅拌的用量不宜少于搅拌容量的 20%，搅拌时间不宜少于 2min）。

（4）将砂浆拌和物倒至拌和铁板上，用拌铲翻拌两次，使之均匀。拌好的砂浆，应立即进行有关的试验。

11.4.2　砂浆的稠度试验

11.4.2.1　试验目的

测定达到要求稠度的用水量或控制现场砂浆的稠度。

11.4.2.2　试验原理

以砂浆稠度仪上标准质量和尺寸的圆锥体 10s 内自由沉入底部锥筒内的深度，即沉入度值来衡量砂浆的稠度。沉入度值愈大，则砂浆稠度愈小。

11.4.2.3　主要仪器设备

砂浆稠度仪（图 11.19）、捣棒（直径 10mm、长 350mm、一端呈半球形的钢棒）、台秤、拌锅、拌板、量筒、秒表等。

11.4.2.4　试验步骤

（1）将拌好的砂浆一次装入砂浆筒内，装至距筒口约 10mm 为止，用捣棒插捣 25 次，并将筒体振动 5～6 次，使表面平整，然后移置于稠度仪底座上。

（2）放松圆锥体滑杆的制动螺丝，使试锥尖端与砂浆表面接触，拧紧制动螺丝，使齿条测杆下端刚好接触滑杆上端，并将指针对准零点。

（3）拧开制动螺丝，同时计时。待 10s 后立即固定螺

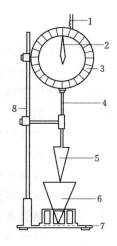

图 11.19　砂浆稠度测定仪
1—齿条测杆；2—指针；3—刻度盘；
4—滑杆；5—圆锥体；6—圆锥桶；
7—底座；8—支架

丝。从刻度盘上读出下沉深度（精确至 1mm）。

（4）圆锥筒内的砂浆，只允许测定一次稠度，重复测定时应重新取样。

11.4.2.5　结果评定

以两次测定结果的平均值作为砂浆稠度测定结果，如两次测定值之差大于 20mm，应重新配料测定。

11.4.3　建筑砂浆分层度试验

11.4.3.1　试验目的

测定砂浆的分层度值，评定砂浆在运输存放过程中的保水性能。

11.4.3.2　试验原理

以砂浆拌合物静置 30min 前后的沉入度值的差值，即分层度来衡量砂浆保水性。分层度应适宜（10～20mm），过大及过小均不利于施工及满足砂浆质量要求。

11.4.3.3　主要仪器设备

砂浆分层度筒（图 11.20），砂浆稠度测定仪，木锤等。

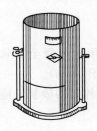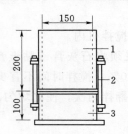

图 11.20　砂浆分层度测定仪（单位：mm）

1—无底圆筒；2—连接螺栓；3—有底圆筒

11.4.3.4　试验步骤

（1）将拌和好的砂浆，经稠度试验后重新拌和均匀，一次注满分层度仪内。用木锤在容器周围距离大致相等的 4 个不同地方轻敲 1～2 次，并随时添加，然后用抹刀抹平。

（2）静置 30min，去掉上层 200mm 砂浆，然后取出底层 100mm 砂浆重新拌和均匀，再测定砂浆稠度。

（3）取两次砂浆稠度的差值，即为砂浆的分层度（以 mm 计）。

11.4.3.5　结果评定

（1）应取两次试验结果的算术平均值作为该砂浆的分层度值。

（2）两次分层度试验值之差，大于 20mm 应重做试验。

11.4.4　建筑砂浆抗压强度试验

11.4.4.1　试验目的

测定砂浆的立方体抗压强度值，评定砂浆的强度等级。

11.4.4.2　试验目的

以砂浆标准立方体试件经标准养护 28d 后的抗压极限强度作为该砂浆的立方体抗压强度，并可以一组标准砂浆试件的立方体抗压极限强度评定其强度等级。

11.4.4.3　主要仪器设备

压力试验机、试模（7.07cm×7.07cm×7.07cm，分无底试模与有底试模两种）、捣棒、垫板等。

11.4.4.4　试验步骤

1. 试件制作

（1）当制作用于多孔吸水基面的砂浆试件时，将无底试模放在预先铺上吸水性较好的湿纸的普通黏土砖上，砖的吸水率不小于 10%，含水率小于 2%。试模内壁应事先涂以机油，将拌好的砂浆一次倒满试模，并用捣棒均匀由外向内按螺旋方向插捣 25 次，使砂浆略高于试模口 6～8mm，待砂浆表面出现麻斑后（约 15～30min），用刮刀齐模口刮平抹光。

（2）当制作用于密实（不吸水）基底的砂浆试件时，用有底试模，涂油后将拌好的砂分两层装入，每层用捣棒插捣 12 次，然后用刮刀沿试模壁插捣数次，静停 15～30min，刮去多余部分抹光。

2. 试件养护

装模成型后，在（20±5）℃环境下经（24±2)h 即可脱模，气温较低时，可适当延长时间，但不得超过 2d。然后，按下列规定进行养护：

（1）自然养护。放在室内空气中养护，混合砂浆在相对湿度 60%～80%、正温条件下养护；水泥砂浆在正温并保持试件表面湿润的状态下（如湿砂堆中）养护。

（2）标准养护。混合砂浆应在（20±3）℃、相对湿度为 60%～80% 条件下养护；水泥砂浆应在温度（20±3）℃、相对湿度为 90% 以上的潮湿条件养护，试件间隔不小于 10mm。

11.4.4.5　抗压强度测定步骤

（1）经 28d 养护后的试件从养护地点取出后，应尽快进行试验，以免试件内部的温、湿度发生显著变化。先将试件擦干净，测量尺寸并检查其外观。试件尺寸测量精确至 1mm，并据此计算试件的承压面积。若实测尺寸与公称尺寸之差不超过 1mm，可按公称尺寸进行计算。

（2）将试件置于压力机的下压板上，试件的承压面应与成型时的顶面垂直，试件中心应与下压板中心对准。

（3）开动压力机，当上压板与试件接近时调整球座，使接触面均匀受压。加荷应均匀而连续，加荷速度应为 0.5～1.5kN/s（砂浆强度不大于 5MPa 时取下限为宜，大于 5MPa 时取上限为宜），当试件接近破坏而开始迅速变形时，停止调整压力机油门，直至试件破坏，记录破坏荷载。

11.4.4.6　结果计算

单个试件的抗压强度按下式计算（精确至 0.1MPa）：

$$f_{m,cu} = \frac{F}{A} \tag{11.17}$$

式中　$F_{m,cu}$——砂浆立方体抗压强度，MPa；

　　　　F——立方体破坏荷载，N；

　　　　A——试件承压面积，mm^2。

每组试件为 6 个，取 6 个试件测值的算术平均值作为该组试件的抗压强度值，平均值计算精确至 0.1MPa。

当 6 个试件的最大值或最小值与平均值的差超过 20% 时，以中间 4 个试件的平均值作为该组试件的抗压强度值。

11.5 石油沥青试验

11.5.1 沥青针入度试验

11.5.1.1 试验目的

测定石油沥青针入度，评定沥青的黏滞性，同时针入度也是划分沥青牌号的主要指标。

11.5.1.2 主要仪器设备

（1）针入度仪。其构造如图 11.21 所示。其中支柱上有两个悬臂，上臂装有分度为 360°的刻度盘及活动齿杆，其上下运动的同时使指针转动；下臂装有可滑动的针连杆（其下端安装标准针），总质量为（50±0.05)g，针入度仪附带有（50±0.5)g 和（100±0.5)g 砝码各一个。设有控制针连杆运动的制动按钮，基座上设有放置玻璃皿的可旋转平台及观察镜。

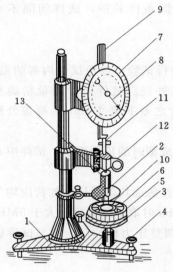

图 11.21 针入度仪

1—底座；2—小镜；3—圆形平台；
4—调平螺丝；5—保温皿；6—试
样；7—刻度盘；8—指针；9—活
动尺杆；10—标准针；11—连杆；
12—按钮；13—砝码

（2）标准针。应由硬化回火的不锈钢制成，其尺寸应符合规定。

（3）试样皿。金属圆柱形平底容器。针入度小于 200 时，试样皿内径 55mm，内部深度 35mm；针入度在 200～350 时，试样皿内径 70mm，内部深度为 45mm。

（4）恒温水浴。容量不小于 10L，能保持温度在试验温度的±0.1℃范围内。

（5）其他仪器。平底玻璃皿（容量不小于 0.5L，深度不小于 80mm），秒表，温度计，金属皿或瓷柄皿，孔径为 0.3～0.5mm 的筛子，砂浴或可控温度的密闭电炉等。

11.5.1.3 试样制备

（1）将预先除去水分的试样在砂浴或密闭电炉上加热，再进行搅拌。加热温度不得超过估计软化点 100℃，加热时间不得超过 30min，用筛过滤，除去杂质。

（2）将试样倒入预先选好的试样皿中，试样深度应大于预计穿入深度 10mm。

（3）试样皿在 15～30℃的空气中冷却 1～1.5h（小试样皿）或 1.5～2h（大试样皿），防止灰尘落入试样皿。然后将试样皿移入保持规定试验温度的恒温水浴中。小试样皿恒温 1～1.5h，大试样皿恒温 1.5～2h。

11.5.1.4 试验步骤

（1）调整针入度基座螺丝使之成水平，检查活动齿杆自由活动情况，并将已擦净的标准针固定在连杆上，按试验要求条件放上砝码。

（2）将恒温 1h 的试样皿自槽中取出，置于水温严格控制为 25℃的平底保温玻璃皿中，沥青试样表面以上水层高度不小于 10mm，再将保温玻璃皿置于针入度仪的旋转圆形平台上。

（3）调节标准针使针尖与试样表面恰好接触，不得刺入试样。移动活动齿杆使之与标准针连杆顶端接触，并将刻度盘指针调整至"0"。

（4）用手紧压按钮，同时开动秒表，使标准针自由地进入沥青试样，到规定时间放开按钮，使针停止进入。

（5）再拉下活动齿杆使与标准针连杆顶端相接触。这时指针也随之转动，刻度盘指针读数即为试样的针入度。在试样的不同点（各测点间及测点与金属皿边缘的距离不小于10mm）重复试验3次，每次试验后，将针取下，用浸有溶剂（煤油、苯或汽油）的棉花将针端附着的沥青擦干净。

（6）测定针入度大于200的沥青试样时，至少用3根针，每次测定后将针留在试样中，直至3次测定完成后，才能把针从试样中取出。

11.5.1.5 试验结果

取3次测定针入度的平均值（取整），作为试验结果。3次测定的针入度值相差不应大于表11.6中的数值。若差值超过表中数值，应重做试验。

表 11.6 　　　　　　　　　　　　　　针入度测定允许最大值

针入度	0~49	50~149	150~249	250~350
最大差值	2	4	6	10

11.5.2 延度试验

11.5.2.1 试验目的

延度是沥青塑性的指标，通过延度测定可以了解石油沥青的塑性。

11.5.2.2 主要仪器设备

延度仪及试样模具（图11.22），瓷皿或金属皿，孔径0.3~0.5mm筛，温度计（0~50℃，分度0.1℃、0.5℃各一支），刀，金属板，砂浴等。

11.5.2.3 试验步骤

（1）用甘油滑石粉隔离剂涂于磨光的金属板上及模具侧模的内表面，将模具置于金属板上。

（2）将预先除去水分的沥青试样放入金属皿，在砂浴上加热熔化、搅拌。加热温度不得比试样软化点高100℃，用筛过滤，并充分搅拌至气泡完全消除。

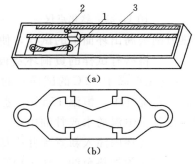

图 11.22　沥青延度仪及模具

（a）延度仪；（b）延度模具

1—滑板；2—指针；3—标尺

（3）将熔化沥青试样缓缓注入模具中（自模具的一端至另一端往返多次），并略高出模具。试件在15~30℃的空气中冷却30min后，放入（25±0.1）℃的水浴中，保持30min后取出，用高出模具的沥青刮去，使沥青面与模面齐平。沥青的刮法应自模具的中间刮向两边，表面应刮得十分光滑。将试件连同金属板再浸入（25±0.1）℃的水浴中保持85~95min。

（4）检查延度仪滑板的移动速度是否符合要求，然后移动滑板使指针正对标尺的零点。

（5）试件移至延度仪水槽中，将模具两端的孔分别套在滑板及槽端的金属柱上，水面距试件表面应不小于 25mm，然后去掉侧模。

（6）测得水槽中水温为（25±0.5）℃时，开动延度仪，观察沥青的拉伸情况。在测定时，如发现沥青细丝浮于水面或沉入槽底时，则应在水中加入乙醇或食盐水，调整水的密度至与试样的密度相近后，再进行测定。

（7）试件拉断时指针所指标尺上的读数，即为试样的延度，以 cm 表示。在正常情况下，试件应拉成锥尖状，在断裂时实际横断面接近于零。如不能得到上述结果，则应报告在此条件下无测定结果。

11.5.2.4　试验结果

取 3 个平行测定值的平均值作为测定结果。若 3 次测定值不在其平均值的 5％以内，但其中两个较高值在平均值的 5％之内，则弃去最低测定值，取两个较高值的平均值作为测定结果，否则重新测定。

11.5.3　沥青软化点试验

11.5.3.1　试验目的

软化点是反映沥青在温度作用下的温度稳定性，是在不同温度环境下选用沥青的最重要的依据之一。

11.5.3.2　主要仪器设备

软化点试验仪（图 11.23），电炉或其他加热设备，金属板或玻璃板，刀，孔径 0.3～0.5mm 筛，温度计，瓷皿或金属皿（熔化沥青用），砂浴等。

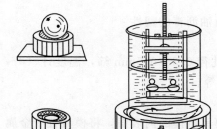

图 11.23　软化点仪

11.5.3.3　试验步骤

（1）将黄铜环置于涂上甘油滑石粉隔离剂的金属板或玻璃板上，将预先脱水的试样加热熔化，石油沥青加热温度不得比试样估计软化点高 110℃，搅拌并过筛后注入黄铜环内至略高出环面为止，如估计软化点在 120℃以上时，应将铜环与金属板预热至 80～100℃，试样在空气（15～30℃）中冷却 30min 后，用热刀刮去高出环面上的试样，使与环面齐平。

（2）将盛有试样的黄铜环及板置于盛满水（估计软化点不高于 80℃的试样）或甘油（估计软化点高于 80℃的试样）的保温槽内，或将盛试样的环水平地安放在环架圆孔内，然后放在烧杯中，恒温 15min，水温保持（5±0.5）℃；甘油温度保持（32±1）℃，同时钢球也置于恒温的水或甘油中。

（3）烧杯内注入新煮沸并冷却至约（5±1）℃的蒸馏水（估计软化点不高于 80℃的试样）或注入预加热至约（30±1）℃的甘油（估计软化点高于 80℃的试样），使水面或甘油液面略低于连接杆的深度标记。

（4）从水或甘油保温槽中取出盛有试样的黄铜环放置在环架内承板的圆孔中，并套上钢球定位器把整个环架放入烧杯内，调整水面或甘油液面至深度标记，环架上任何部分均不得有气泡。将温度计由上承板中心孔垂直插入，使水银球底部与铜环下面齐平。

（5）将烧杯移至有石棉网的三脚架上或电炉上，然后将钢球放在试样上（须使各环的平面在全部加热时间内完全处于水平状态）立即加热，使烧杯内水或甘油温度在 3min 后保持每分钟上升（5±0.5）℃，在整个测定中如温度的上升速度超出此范围时，则试验应重做。

（6）试样受热软化下坠至与下承板面接触时的温度即为试样的软化点。

11.5.3.4 试验结果

取平行测定两个结果的算术平均值作为测定结果。重复测定两个结果间的差数不得大于 1.2℃。

11.6 钢 筋 试 验

11.6.1 拉伸试验

11.6.1.1 试验目的

测定低碳钢的屈服强度、抗拉强度与延伸率。确定应力与应变之间的关系曲线，评定钢筋的强度等级。

11.6.1.2 主要仪器设备

（1）万能材料试验机。为保证机器安全和试验准确，其吨位的选择最好是使试件达到最大荷载时，指针位于指示度盘第三象限内。试验机的测力示值误差不大于 1%。

（2）量爪游标卡尺（精确度为 0.1mm），直钢尺，两脚扎规，打点机等。

11.6.1.3 试件制作和准备

（1）8～40mm 直径的钢筋试件一般不经车削。

（2）如果受试验机吨位的限制，直径为 22～40mm 的钢筋可制成车削加工试件。

（3）在试件表面用钢筋划一平行其轴线的直线，在直线上冲浅眼或划线标出标距端点（标点），并沿标距长度用油漆划出 10 等分点的分格标点。

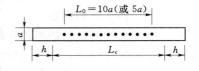

图 11.24 钢筋拉伸试件

（4）测量标距长度 L_0（精确至 0.1mm），如图 11.24 所示。计算钢筋强度用横截面积采用表 11.7 所列公称横截面积。

表 11.7 钢筋的公称横截面积

公称直径 （mm）	公称横截面积 （mm²）	公称直径 （mm）	公称横截面积 （mm²）	公称直径 （mm）	公称横截面积 （mm²）
8	50.27	18	254.5	32	804.2
10	78.54	20	314.2	36	1018
12	113.1	22	380.1	40	1257
14	153.9	25	490.9	50	1964
16	201.1	28	615.8		

11.6.1.4 屈服强度和抗拉强度的测定

（1）调整试验机测力度盘的指针，使对准零点，并拨动副指针，使与主指针重叠。

表 11.8	屈服前的加荷速度	
金属材料的弹性模量（MPa）	应力速度 [N/(mm²·s)]	
	最小	最大
<150000	1	10
≥150000	3	30

（2）将试件固定在试验机夹头内，开动试验机进行拉伸，拉伸速度为：屈服前，应力增加速率按表 11.8 规定，并保持试验机控制器固定于这一速率位置上，直至该性能测出为止；屈服后或只需测定抗拉强度时，试验机活动夹头在荷载下的移动速度不大于 $0.5L_c/$ min（L_c 为试样平行长度）。

（3）拉伸中，测力度盘的指针停止转动时的恒定荷载，或第一次回转时的最小荷载，即为所求的屈服点荷载 F_s（N），按下式计算试件的屈服点：

$$\sigma_s = \frac{F_s}{A} \tag{11.18}$$

式中　σ_s——屈服点，MPa；

F_s——屈服点荷载，N；

A——试件的公称横截面积，mm²。

当 $\sigma_s>1000$MPa 时，应计算至 10MPa；σ_s 为 200～1000MPa 时，计算至 5MPa；$\sigma_s \leqslant$ 200MPa 时，计算至 1MPa。

（4）向试件连续施荷直至拉断，由测力度盘读出最大荷载 F_b（N）。按下式计算试件的抗拉强度：

$$\sigma_b = \frac{F_b}{A} \tag{11.19}$$

式中　σ_b——抗拉强度，MPa，计算精度的要求同 σ_s；

F_b——最大荷载，N；

A——试件的公称横截面积，mm²。

11.6.1.5　伸长率的测定

（1）将已拉断试件的两段在断裂处对齐，尽量使其轴线位于一条直线上。如拉断处由于各种原因形成缝隙，则此缝隙应计入试件拉断后的标距部分长度内。

（2）如拉断处到邻近标距点的距离大于 $1/3L_0$ 时，可用卡尺直接量出已被拉长的标距长度 L_1（mm）。

（3）如拉断处到邻近标距端点的距离不大于 $1/3L_0$，可按下述移位法确定 L_1。

在长段上，从拉断处 O 取基本等于短段格数，得 B 点，接着取等于长段所余格数［偶数，图 11.25（a）］之半，得 C 点；或者取所余格数［奇数，图 11.25（b）］减 1 与加 1 之半，得 C 与 C_1 点。移位后的 L_1 分别为 $AO+OB+BC$ 或者 $AO+OB+BC+BC_1$。

如果直接量测所求得的伸长率能达到技术条

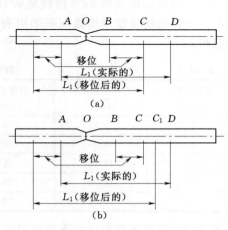

图 11.25　用移位法计算标距

件的规定值，则可不采用移位法。

（4）伸长率按下式计算（精确至1%）：

$$\delta_{10}(\delta_5) = \frac{L_1 - L_0}{L_0} \times 100\%$$ （11.20）

式中　δ_{10}、δ_5——$L_0 = 10d$ 或 $L_0 = 5d$ 时的伸长率；

　　　　L_0——原标距长度 $10d$（$5d$）mm；

　　　　L_1——试件拉断后直接量出或按移位法确定的标距部分长度（测量精确至 0.1mm）。

（5）如试件在标距端点上或标距处断裂，则试验结果无效，应重做试验。

11.6.2　冷弯试验

11.6.2.1　试验目的

检验钢筋承受弯曲程度的变形性能，从而确定其可加工性能，并显示其缺陷。

11.6.2.2　主要仪器设备

压力机或万能试验机，具有不同直径的弯心。

11.6.2.3　试验步骤

（1）钢筋冷弯试件不得进行车削加工，试样长度通常按下式确定：

$$L \approx 5a + 150$$ （11.21）

式中　L——试样长度，mm；

　　　　a——试件原始直径，mm。

（2）半导向弯曲。试样一端固定，绕弯心直径进行弯曲，如图 11.26（a）所示。试样弯曲到规定的弯曲角度或出现裂纹、裂缝或断裂为止。

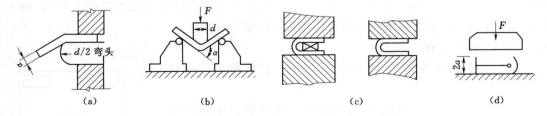

图 11.26　弯曲试验示意图

（3）导向弯曲。

1）试样放置于两个支点上，将一定直径的弯心在试样两个支点中间施加压力，使试样弯曲到规定的角度［图 11.26（b）］或出现裂纹、裂缝、断裂为止。

2）试样在两个支点上按一定弯心直径弯曲至两臂平行时，可一次完成试验，亦可先弯曲到图 11.26（b）所示的状态，然后放置在试验机平板之间继续施加压力，压至试样两臂平行。此时可以加上与弯心直径相同尺寸的衬垫进行试验，如图 11.26（c）所示。

当试样需要弯曲至两臂接触时，首先将试样弯曲到图 11.26（b）所示的状态，然后放置在两平板间继续施加压力，直至两臂接触，如图 11.26（d）所示。

3）试验应在平稳压力作用下，缓慢施加试验压力。两支辊间距离为 $(d + 2.5a) \pm 0.5d$，并且在试验过程中不允许有变化。

4）试验应在 10～35℃或控制条件（23±5）℃进行。

11.6.2.4　结果评定

弯曲后，按有关标准规定检查试样弯曲后的外表面，进行结果评定。若无裂纹、裂缝或裂断，则评定试样合格。

11.7　常用装饰材料试验

11.7.1　饰面石材的光泽度试验

11.7.1.1　试验目的

测定饰面石材的光泽度。饰面石材的光泽度是在规定的几何条件下，其镜面反射光通量与相同条件下标准黑玻璃镜面反射光通量之比乘以 100。

11.7.1.2　主要仪器设备

（1）光电光泽剂。光源系统应满足光源及视觉函数 $V(\lambda)$ 的要求，光泽计光束孔径为 $\phi 30$，在 60 度几何条件下，光学条件见表 11.9。

表 11.9　　　　　　　　　　　　　　光电光泽计的光学条件

孔　径	测量平面内（度）	垂直于测量平面（度）
光源	0.7±0.25	3.00
接收器	4.40±0.10	11.70±0.20

（2）标准板。标准板分高光泽标准板和低光泽标准板两种。高光泽标准板采用表面应平整并经抛光的黑玻璃，其折射率为 1.567，规定 60 度几何条件镜面光泽度为 100；低光泽标准板采用陶瓷板。两者的光泽值经授权的计量单位标定。

11.7.1.3　试验步骤

（1）随机抽取规格为 300mm×300mm 表面抛光的板材 5 块。

（2）仪器的调校。先打开光源预热，将仪器置于标准板上，调整指针到标准板的定标值即可。

（3）测试。用镜头纸或无毛的布擦干净试样表面，按光泽计的操作说明测量每块板材的光泽度，测试位置与点数如图 11.27 所示。

11.7.1.4　试验结果

计算每块板材光泽度的算术平均值，然后取 5 块板材光泽度的算术平均值作为试验结果。

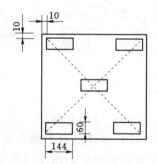

图 11.27　光泽度测点布置
（单位：mm）

11.7.2　釉面内墙砖的耐急冷急热试验

11.7.2.1　试验目的

测定釉面内墙砖的耐急冷急热的能力。耐急冷急热性质是指釉面砖承受温度急剧变化而不出现裂纹的能力。

11.7.2.2　主要仪器设备

　　(1) 电热干燥箱。温度可达到 200℃。

　　(2) 温度计。200℃。

　　(3) 水槽、红墨水、试样架 (图 11.28)。

11.7.2.3　试验步骤

　　(1) 试样。以同品种、同规格、同等级的 $1000 \sim 2000 m^2$ 为一批，从中随机抽取 10 块釉面砖。

　　(2) 测试。测量冷水温度。将试样擦拭干净，放在试样架上。然后把放有试样的架子放入预先加热到比冷水温度高 (130 ± 2)℃ 的烘箱中，关上烘箱门。在 2min 内，使

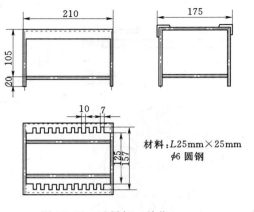

图 11.28　试样架 (单位：mm)

烘箱重新达到此温度，并保持 15min。然后取出试样架，立即放入装有流动冷水的槽中，冷却 15min，取出试样，逐片在釉面上涂红墨水，目测有无破裂、裂纹或釉面剥离现象。

11.7.2.4　试验结果

　　经目测检验釉面无破裂、裂纹或釉面剥离即为合格，否则为不合格。

11.7.3　釉面陶瓷墙地砖的耐磨性试验

11.7.3.1　试验目的

　　测定釉面陶瓷墙地砖的耐磨性。釉面墙地砖的耐磨性是依据釉面在耐磨仪上出现磨损痕迹时的研磨转数将砖分为 4 类。

11.7.3.2　主要仪器设备

　　(1) 磨球。直径 5mm、3mm、2mm、1mm 的钢球。

　　(2) 研磨材料。80 号白刚玉。

　　(3) 蒸馏水或去离子水。

　　(4) 耐磨试验仪。由钢壳、电机传动装置、水平支撑转盘和转数控制装置组成。转盘直径为 70mm，转速为 (300 ± 15)r/min，如图 11.29 所示。

　　(5) 标准筛及烧杯。

　　(6) 照度计能测 300lx 照度。

　　(7) 观察箱。观察箱内装有 2 个 60W 灯泡，照度为 300lx，如图 11.30 所示。

　　(8) 电热恒温干燥箱。能够恒温在 (110 ± 5)℃。

　　(9) 干燥器等。

11.7.3.3　试验步骤

　　(1) 试样。每 $50 \sim 500 m^2$ 为一个检验批，不足 $50 m^2$ 按一个检验批处理。从中，随机抽取试样 8 块和对比试样 8 块。如试样过大 (一般试样为边长 $100 \sim 200mm$ 的矩形砖) 时，可进行切割，若小于 $100mm \times 100mm$，可将其拼接并粘合在合适的支撑材料上，接缝处的边部效应，观察时可以忽略不计。

　　(2) 研磨材料的配制。每块试样所需研磨材料按试表 11.10 配制。

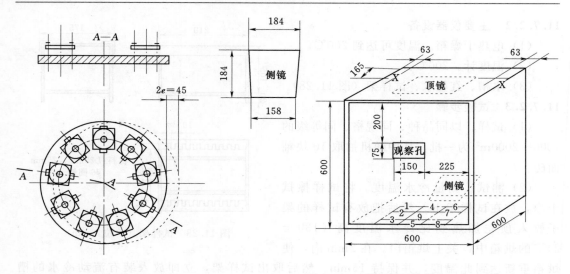

图 11.29　耐磨试验仪

图 11.30　观察箱（单位：mm）
1～8—对比样；9—已磨样；X—60W 灯泡

表 11.10　每块试样所需的研磨材料

研磨材料	规格	质量
钢球	$\phi 5mm$	$(70.00\pm0.50)g$
	$\phi 3mm$	$(52.50\pm0.50)g$
	$\phi 2mm$	$(43.75\pm0.10)g$
	$\phi 1mm$	$(0.75\pm0.10)g$
白刚玉	80 号	3.0g
蒸馏水或去离子水		200mL

（3）测试。将试样擦净后逐一夹紧于夹具下；通过夹具上方的孔加入按表 11.10 配制的研磨材料，盖好盖子，开动试验机。在试验转数分别为 150r、300r、450r、600r、750r、900r、1200r 和 1500r 时，各取出一块试样。取下的试样用 10% 的盐酸溶液擦洗表面后，用清水冲洗干净，放入烘箱内在（110±5）℃下烘干 1h。烘干后的试样按规则放入观察箱内，在 300lx 照度下用眼睛通过观察孔观察未经磨损和经不同转数研磨后砖釉面的差别。

11.7.3.4　试验结果

依据观察未经磨损和经磨损试样的差别，将釉面墙地砖分为 4 类，见表 11.11。

11.7.4　涂料的黏度、遮盖力与耐洗刷性试验

11.7.4.1　涂料的黏度试验

1. 试验目的

测定涂料的黏度。

2. 主要仪器设备

涂-4 黏度计上部为圆柱形，下部为圆锥形，在锥底部有一个可更换的漏嘴，上部有一凹槽，供多余试样溢出使用，如图 11.31 所示。黏度计置于带有调节水平螺钉的架上，由金属或塑料制成，内壁光滑，容量为 $100^{+1}mL$。漏嘴均由不锈钢制成，孔高 $(4\pm0.02)mm$，孔内径 $4^{+0.02}mm$。锥体内部的角度为 $81°\pm15'$，总高度 72.5mm。两种黏度计以金属的为准。

表 11.11　耐磨性能分类

可见磨损下转数（r）	分类
150	Ⅰ
300，450，600	Ⅱ
750，900，1200，1500	Ⅲ
>1500	Ⅳ

3. 试验步骤

（1）试样和黏度计在（23±1）℃状态下放置 4h 以上。

（2）测试前，应用纱布蘸乙醇将黏度计内部擦干净，并干燥或吹干。调整水平螺丝，使黏度计处于水平，在黏度计漏嘴下面放置 150mL 的烧杯，黏度计流出孔离烧杯口 100mm。

（3）用手指堵住流出孔，将试样倒满黏度计，用玻璃板将气泡和多余的试样刮入凹槽，然后松开手指，使试样流出。同时立即按动秒表，当靠近流出孔的流丝中断时，立即停止秒表，记录流出时间，精确到 1s。

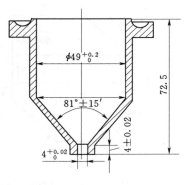

图 11.31　涂-4 黏度计
（单位：mm）

4. 试验结果

取两次测试的平均值作为试验结果，两次测试值之差不应大于平均值的 3%，平均值符合标准规定为合格。

另外，涂料的黏度还可以用 ISO2431 流量杯和斯托默黏度计测试，依不同的涂料标准而定。

11.7.4.2　涂料的遮盖力

1. 试验目的

测定涂料的遮盖力。

2. 主要仪器设备

（1）天平。感量为 0.1g。

（2）木板。尺寸为 100mm×100mm×（1.5～2.5）mm。

（3）漆刷。宽 25～35mm。

（4）玻璃板。尺寸为 100mm×100mm×（1.2～2）mm，100mm×250mm×（1.2～2）mm。

（5）黑白格玻璃板（图 11.32）。将 100mm×250mm 的玻璃板的一端遮住 100mm×50mm（留作试验时手执使用），然后在剩余的 100mm×200mm 的面积上喷一层黑色硝基漆，干后用小刀间隔划去 25mm×25mm 的正方形，再在此处喷上白色硝基漆，即成具有32 个正方形的黑白间隔的玻璃板，然后贴上一张光滑的牛皮纸，刮涂一层环氧胶（防止溶剂渗入破坏黑白格漆膜），即制得牢固的黑白格板。

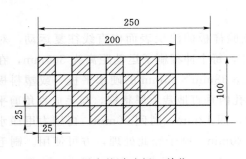

图 11.32　黑白格玻璃板（单位：mm）

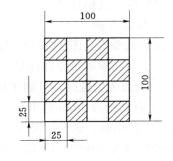

图 11.33　黑白格木板（单位：mm）

239

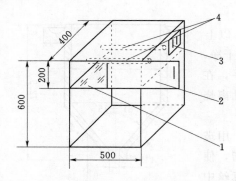

图 11.34　木制暗箱（单位：mm）
1—磨砂玻璃；2—挡光板；3—电源
开关；4—15W 日光灯

（6）黑白格木板（图 11.33）。在 100mm × 100mm 的木板上喷一层黑硝基漆，待干后漆面贴一张同面积大小的白色光滑纸，然后用小刀仔细地间隔划去 25mm × 25mm 的正方形，再喷上一层白色硝基漆，干后仔细揭去存留的间隔正方形纸，即得到具有 16 个正方形的黑白格间隔板。

（7）木制暗箱（图 11.34）。尺寸为 600mm × 500mm × 400mm，其内用 3mm 厚的磨砂玻璃将箱分成上下两部分，磨砂玻璃的磨面向下，使光源均匀，暗箱上部均匀的平行装置 15W 日光灯 2 支，前面安一挡光板，下部正面敞开用于检验，内壁涂上无光黑漆。

3．试验步骤

根据产品标准规定的黏度（如黏度稠无法涂刷，则将试样调至涂刷的黏度，但稀释剂用量在计算遮盖力时应扣除），在天平上称出盛有涂料的杯子和漆刷的总质量，用漆刷均匀地将涂料涂刷于黑白格板上，放于暗箱内，距离磨砂玻璃片 150～200mm，有黑白格的一端与平面倾斜成 30°～45°交角，在日光灯下观察，以都看不到黑白格为终点，然后将盛有剩余涂料的杯子和漆刷称重，求出黑白格板上涂料质量。涂刷时应快速均匀，不应将涂料刷在板的边缘上。

4．试验结果

遮盖力 $X(g/m^2)$ 按下式计算（以湿涂膜计）：

$$X = \frac{W_1 - W_2}{A} \times 10^4 = 50(W_1 - W_2)$$

式中　W_1——未涂刷前盛涂料的杯子和漆刷总质量，g；

　　　W_2——涂刷后盛有剩余涂料的杯子和漆刷的总质量，g；

　　　A——黑白格板涂漆的面积，cm^2。

平行测定两次，结果差不大于平均值的 5%，则取其平均值，否则重新试验。

11.7.4.3　涂料的耐洗刷性

1．试验目的

测定涂料的耐洗刷性。

2．主要仪器设备

（1）洗刷试验机（图 11.35）。刷子在试验样板的涂层表面作直线往复运动，对其进行洗刷。刷子运动频率每分钟往复 37 次循环，每个冲程刷子运动距离为 300mm，在中间 100mm 区间大致为匀速运动。刷子用 90mm × 38mm × 25mm 的硬木平板（或塑料板）均匀打上 60 个直径约为 3mm 的小孔，并在小孔内垂直地栽上黑猪棕，与毛成直角剪平，毛长约 19mm，使用前，刷子应浸入 20℃ 水中，深 12mm，时间 30min，再用力甩净水，浸入符合规定的洗刷介质中，深 12mm，时间 20min。刷子经此处理，方可使用。刷毛磨损后长度小于 16mm 时，须重新换刷子。

（2）洗刷介质。将洗衣粉溶于蒸馏水中，配成 0.5%（按质量计）洗液，其 pH 值为 9.5～10.0。

3. 试样制备

底板采用 430mm×150mm×3mm 的石棉水泥板，在其上单面喷涂一道 C06-1 铁红醇酸底漆或 C04-83 白色醇酸无光磁漆，使其于（105±2）℃下烘烤 30min，干漆膜厚度为（30±3）μm。在涂有底漆的板上，施涂待测的涂料。

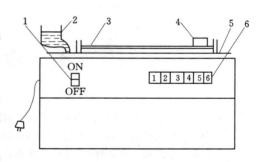

图 11.35　洗刷试验机构造示意图

1—电源开关；2—滴加洗刷介质的容器；3—滑动架；4—刷子及夹具；5—试验台板；6—往复次数显示器

水性涂料以 55% 固含量的涂料刷涂两道。第一道涂布量为（150±20）g/m²；第二道涂布量为（110±20）g/m²（若涂料的固含量不是 55%，可换算成等量的成膜物质进行涂布）。施涂间隔为 4h，涂完末道涂层使样板涂漆面向上，在试验标准条件下干燥 7d。

4. 试验步骤

试验应在（23±2）℃下进行，对同一试样采用 3 块样板进行平行试验。

将试样板涂漆面向上，水平固定于洗刷试验机的试验台板上，将预先处理过的刷子置于试验样板上，试板承受约 450g（刷子及夹具总重）的负荷，往复摩擦涂膜，同时滴加（速度为 0.04g/s）符合规定的洗刷介质，使洗刷面保持润湿。

按产品要求，洗刷至规定次数或洗刷至样板长度的中间 100mm 区域露出底漆颜色后，从试验机上取下样板，用自来水清洗。

5. 试验结果

洗刷至规定次数，3 块试板中至少有 2 块涂膜无破损，不露出底漆颜色，则认为其耐洗刷性合格。

参 考 文 献

[1] 崔长江. 建筑材料［M］. 郑州：黄河水利出版社，2009.

[2] 李亚杰. 建筑材料［M］. 北京：中国水利水电出版社，2007.

[3] 孙敬华，张思梅. 建筑材料［M］. 北京：中国水利水电出版社，2008.

[4] 范文昭. 建筑材料［M］. 武汉：武汉理工大学出版社，2004.

[5] 中国建筑材料科学研究院. 绿色建材与建材绿色化［M］. 北京：化学工业出版社，2003.

[6] 王福川. 新型建筑材料［M］. 北京：中国建筑工业出版社，2003.

[7] 吴科如. 土木工程材料［M］. 上海：同济大学出版社，2003.

[8] 冯文元，张友民，冯志华. 建筑材料检验手册［M］. 北京：中国建材工业出版社，2006.

[9] 高琼英. 建筑材料［M］. 武汉：武汉理工大学出版社，2006.

[10] 钱觉时. 建筑材料学［M］. 武汉：武汉理工大学出版社，2007.

[11] 黄伟典. 建筑材料［M］. 北京：中国电力出版社，2007.

[12] 郑立. 新型墙体材料技术读本［M］. 北京：化学工业出版社，2005.

[13] 烧结普通砖（GB 5101—2003）［S］. 北京：中国标准出版社，2003.

[14] 烧结多孔砖（GB 13544—2000）［S］. 北京：中国标准出版社，2001.

[15] 轻集料混凝土小型空心砌块（GB/T 15229—2002）［S］. 北京：中国标准出版社，2002.

[16] 蒸压加气混凝土砌块（GB 11969—2006）［S］. 北京：中国标准出版社，2006.

[17] 陶瓷砖（GB/T 4100—2006）［S］. 北京：中国标准出版社，2006.

[18] 涂料产品分类、命名和型号（GB/T 2705—2003）［S］. 北京：中国标准出版社，2003.

[19] 通用硅酸盐水泥（GB 175—2007）［S］. 北京：中国标准出版社，2007.

[20] 低合金高强度结构钢的拉伸性能（GB 1591—2008）［S］. 北京：中国标准出版社，2008.